高等学校电子信息类专业系列教材

电路、信号与系统实验指导

宣宗强 秦红波 白丽娜
白小平 张雪萍 马 昆 编著

西安电子科技大学出版社

内 容 简 介

本书共七章。第一章讲述了实验意义和方法以及实验过程中的测量误差与实验数据处理；第二章为常用电子仪器的原理与使用，包括万用表、直流稳压电源、信号发生器、交流毫伏表、数字和模拟示波器、选频电平表等；第三章为基本测量方法，包括电压测量、相位的测量、频率特性的测量、暂态响应的测量、阻抗的测量、时间/频率的测量等内容；第四章介绍了 EDA 工具软件 Multisim 的使用方法，可在相关实验之前指定学生阅读；第五章为基础性实验，包含 19 个实验；第六章为选做性实验，包含 16 个实验；第七章为设计性实验，包含 12 个实验，主要是为了培养读者创新能力而设计的。

本书可作为高等院校电子信息类专业电路分析、信号与系统课程的实验教材，也可作为工程技术人员的参考书。

图书在版编目(CIP)数据

电路、信号与系统实验指导/宣宗强等编著.
—西安：西安电子科技大学出版社，2019.11(2023.2 重印)
ISBN 978-7-5606-5402-7

Ⅰ. ① 电…　Ⅱ. ① 宣…　Ⅲ. ① 电路—实验—高等学校—教材　②信号系统—实验—高等学校—教材　Ⅳ. ① TM13-33　②TN911.6-33

中国版本图书馆 CIP 数据核字(2019)第 167718 号

策　　划　云立实　刘玉芳
责任编辑　南　景
出版发行　西安电子科技大学出版社(西安市太白南路 2 号)
电　　话　(029)88202421　88201467　　邮　　编　710071
网　　址　www.xduph.com　　电子邮箱　xdupfxb001@163.com
经　　销　新华书店
印刷单位　咸阳华盛印务有限责任公司
版　　次　2019 年 11 月第 1 版　2023 年 2 月第 5 次印刷
开　　本　787 毫米×1092 毫米　1/16　印张　16
字　　数　377 千字
印　　数　9001～12 000 册
定　　价　38.00 元
ISBN 978-7-5606-5402-7/TM
XDUP 5704001-5

前　　言

“电路、信号与系统实验指导”是与电气信息类专业“电路分析基础”和“信号与系统”这两门重要基础理论课程相配套的实验教程。通过实验，能够使读者巩固基础理论知识，提高实际动手能力和分析问题、解决问题的能力，培养读者的创新意识，拓展其创新思维。

全书共七章。第一章讲述了实验意义和方法以及实验过程中的测量误差与实验数据处理；第二章和第三章分别介绍了常用电子测量仪器的原理及使用方法和电信号参数的基本测量方法，使读者学会和掌握基本的操作技能，这一部分可在课程中分数段由教师集中讲解；第四章介绍了 EDA 工具软件 Multisim 的使用方法，可在相关实验之前指定学生阅读；第五章为基础性实验，包含 19 个实验，这章内容与基础理论教学相配合，实验内容、要求、方法、步骤等写得较为详细，通过实验，可验证、巩固和扩充某些重点理论知识；第六章为选做性实验，包含 16 个实验，将实际动手操作得到的结果与专用仿真软件在计算机上仿真的结果相比较，还可以根据需要改变实验电路中的元件参数，以了解电路特性的变化趋势。第七章为设计性实验，包含 12 个实验，这部分实验主要是为了培养读者创新能力而设计的。本书在整体安排上，遵循由浅入深，从简到繁，循序渐进的原则。通过实验，培养读者运用所学知识制定实验方案、选择实验方法、分析误差、处理数据和编写实验报告等从事专业技术工作所必需的初步能力和良好作风。

编者把多年来的教学经验和科研成果充实到教材中，使教材内容更加丰富。在本书的编写过程中，宣宗强和秦红波负责总策划，提出编写计划；全书由秦红波、宣宗强统稿整理；白丽娜、白小平、张雪萍、马昆等参与了部分内容的编写。西安电子科技大学电路、信号与系统实验中心刘畅生、王水平、李杰、杨荣录、高建宁、苗苗、董绍峰、郝延红老师参与了本书内容的讨论并提出了建设性意见，在此对他们表示感谢。

由于编者水平有限，书中不妥之处在所难免，恳请专家和读者批评指正。

编　者

2019 年 8 月

目　录

第一章　电路、信号与系统实验基础知识

1.1　实验的意义和方法

在科学技术工作中，为阐明某一现象常需创造出特定的条件，借以观察它的变化和结果，我们把这一工作的全过程称为实验。实验是科学研究领域最早被人们普遍使用的研究方法之一，是近代自然科学建立的基础。科学研究就是实验、实验、再实验，反复寻找的过程。教学实验以教学为目的，其目标不在于探索，而在于培养人才，以传授知识、培养人才为目的。教学实验都是理想化了的，排除了次要干扰因素而简化过了的，是经过精心设计准备的，是一定能成功的。尽管如此，教学实验的地位仍然是非常重要的。因为它担负着培养学生科学素质的任务。人们要攀登科学高峰，首先要培养锻炼自身攀登高峰的能力，这好比建造通向高峰的阶梯。科学高峰正如一座金字塔，有着宽厚的基础和高耸的塔尖。基础愈宽厚，塔尖就可以愈高。每个人建造阶梯的过程和结果取决于诸多主、客观因素，会有所不同，但总以明确目标自觉行动为先。

历史上许多著名的研究成果表明，实验工作在科学发展的过程中起着重大作用，它不仅仅是验证理论的客观标准，还常常是新的发明和发现的线索或依据。1820 年，奥斯特在一项实验中观察到放置在通有电流的导线周围的磁针会受力偏转，由此认识到电流能产生磁场，从此使原来分立的电与磁的研究开始结合起来，开拓了电磁学这一新领域。1873 年，麦克斯韦建立了完整的电磁场方程(即麦克斯韦方程组)，预言了电磁波，并提出光的本质也是电磁波的论点。1887 年，赫兹做了电磁波产生、传播和接收的实验，这项实验的成功不仅为无线电通信创造了条件，还从电磁波传播规律上确认了它和光波一样具有反射、折射和偏振等特性，终于证实了麦克斯韦的论点。再如天文学上发现海王星的例子。人们对刚刚发现的天王星进行大量观测和分析之后产生了一个疑问，为什么它的实际位置与用万有引力定律计算的理论位置并不符合？这使得人们思考，或是引力定律自身存在问题，或是另有一颗未知的行星在起作用。这引起了当时才 23 岁的英国大学生亚当斯和法国青年勒威耶的兴趣。他们受后一估计的启发，利用已掌握的天文资料，经数年努力，先后独立地用数学方法推算出那颗未知行星，即海王星的运行轨道，并在 1846 年经柏林天文台观测证实。还有许多事物在常态下并不能充分暴露其本质，利用实验可以创造出自然界中不可能出现的环境，从而更好地认识研究对象。如 1911 年荷兰科学家昂尼斯把汞的温度降到 0℃以下时，发现汞的电阻突然消失，变成了所谓的超导体，并由此打开了超导研究的大门。自然界中许多事物有的转瞬即逝，有的旷日持久，有的时过境迁，给人们认识某些事物带来了困难，而实验可以在人为的控制下，根据研究的需要来改变自然界中事物的状态。1953 年，美国科学家米勒进行地球大气及闪电的实验，他仿照地球雷电交加的自然条件，对放入真空管中的各种气体进行火花放电，经过八天的反复作用，最后得到了五种构

成蛋白质的重要氨基酸，而这个过程在自然状态下要经过上亿年。

实验在科学技术工作中所具有的重要意义是很明显的。然而，要做好实验工作，还需注意以下几个重要方面。

一般来讲，一次完整的实验应包括定性与定量两方面的工作。强调观察，集中精力于研究对象，观察它的现象、它对某些影响因素的响应、它的变化规律和性质等，属于定性研究；对研究对象本身的量值、它响应外部条件而变化的程度等做数量上的测量和分析属于定量研究。定性是定量的基础，定量是定性的深化，二者互为补充。

在完成定性观察和定量测量取得实验数据之后，工作并未结束。实验的重要一环是对数据资料进行认真整理和分析，去粗取精，去伪存真，由此及彼，由表及里，以求对实验的现象和结果得出正确的理解和认识。

对实验结果的正确理解十分重要，如果亚当斯和勒威耶企图用观察天王星所得资料去否定引力定律，他们势必走向成功的反面。事实上，计算出海王星轨道的天文学家勒威耶的经历足以说明问题。他在研究工作中还曾发现距太阳最近的水星轨道也与用引力定律得出的计算值不一致。于是他套用海王星的经验又去寻找新的行星，结果却遭失败。问题出在哪里？半个世纪后，爱因斯坦的相对论问世，人们才搞清楚，原来万有引力定律的精确性是有条件的，越靠近太阳误差越大，用它计算水星轨道时需做适当修正才能与实际符合。

那么，面对实验数据和结果，怎样才能正确地理解和认识它呢？对于探索性实验，这个问题比较复杂，因为有主观和客观多种因素在起作用，但就主观因素讲，主要依赖于实验者的学识水平和研究能力。所谓学识水平，主要指理论知识的深度和广度以及科学的思想方法。所谓研究能力，是指自学能力、思维能力、分析与综合能力、实验操作能力、运用已有知识解决实际问题能力等的综合能力。学识与能力的提高，需长期学习和实践积累，非朝夕之功。至于学校教学计划中安排的实验课，因其内容是成熟的，目的是明确的，结果是预知的，又有教师的指导，所以任务是不难完成的。但是，为使学生较为系统地获得有关实验的理论知识和有重点地培养有关实验的基本技能，实验课的设置又是必不可少的。我们的目的不是让学生完成多少个实验，而是希望在完成实验的过程中，学生在学识和能力的培养上有更多的收益。

基于上述目的，本书列出了较多的实验课题，其中有些是基本要求，有些则是较高要求。在每个实验课题的指导中，给出了实验所需的基本理论知识。在规定的教学时间内不要求学生把所有实验全部做一遍，但希望学生在接受必需的基本训练之后(或训练之余)，能够根据自己的条件和兴趣，选做几个综合性较强的实验。选做的实验内容不一定全是理论课中讲过的，因而可以使实验者从查阅资料、掌握知识开始，经过确定实验方案(确定方法、选择仪器、制定实验步骤)、观察实验现象、测量和分析数据、排除可能出现的故障，直到得出正确的实验结果并写出完整的报告为止，在实验研究的全过程上得到较为系统的训练。诚然，这需要实验者做充分的实验准备，要多花一些时间和精力，但这对于实验者知识和能力的提高无疑是有益的。

1.2 实验室规则

实验课程多安排在实验室进行，为了保证实验者与实验设施的安全，达到预期的教学目的，应遵守以下实验室规则。

（1）按时上课，未完成实验不得早退，未经主管部门同意，不得更改实验时间。

（2）须听从教师的指导，做好课前预习，按时按编组进行实验。

（3）须以严肃的态度进行实验，严格遵守实验室的有关规定和仪器设备的操作规程，出现问题应及时报告指导教师，不得自行处理，不得自行挪用其他桌上的仪器设备。

（4）爱护教学设备和器材，实验中要做到大胆、心细、有条不紊，实验完毕须经指导教师检查认可后，方可拆除线路，并将仪器设备恢复原状，摆放整齐。

（5）保持实验室肃静、整洁，做到三轻：说话轻、走路轻、关门轻。不得在实验室内吸烟，不得乱抛果皮纸屑。每次实验完毕，应指派专人打扫实验室卫生。

（6）借用实验室器材、仪器设备、工具等，应按规定办理、履行登记手续。丢失和损坏实验器材、设备，应由本人写出书面报告，并视情节轻重给予批评教育，并部分或全部赔偿经济损失。

（7）实验室不得储存大量易燃、易爆和剧毒物品，少量储存应有专人负责管理。注意防火、防盗。无关人员未经允许不得进入实验室。

（8）离开实验室要关好门窗、切断电源，节假日要有保安措施，遇有可疑情况应立即报告上级主管部门和保卫处。

1.3　实验报告要求

1.3.1　实验报告格式

实验报告格式如下：

1. 实验报告封面
2. 实验目的
3. 实验仪器(要按实际使用的仪器写明仪器型号与名称)
4. 实验原理
5. 实验内容

1)（第一实验内容)标题

（1）（第一实验内容)原理线路图及实验条件(包括元件参数、输入信号参数等)。

（2）（第一实验内容)数据表及数据处理结果(包括误差计算和分析)。

（3）（第一实验内容)曲线图或波形图。

（4）（第一实验内容)结论(对实验数据、曲线或波形分析对比后得出的结论，如实验了哪个理论、学到何种测量方法和技巧)。

2)（第二实验内容)标题

（1）（第二实验内容)线路及实验条件。

（2）（第二实验内容)数据表。

（3）（第二实验内容)曲线图或波形图。

（4）（第二实验内容)结论。

……

6. 回答问题(回答实验指导中提出的问题或教师指定的问题)

1.3.2　注意事项

(1) 写实验报告要用实验报告纸，封面要用实验报告封面纸。

(2) 数据记录和数据处理要注意数据的有效位数(详见 1.4 节)。记录和填写数据时，如有错误，不能随意涂改。正确的方法应在需改正数据中央打上一条斜杠，然后在其上方写上正确数据。

(3) 曲线和波形应认真地画在坐标纸上。坐标代表的物理量、单位及坐标刻度均要标明。需要互相对比的曲线或波形，应画在同一坐标平面上，而不必一条曲线(或波形)一张图，但每条曲线(或波形)必须标明参变量或条件。图应贴在相应实验内容的数据表下面。如果所有图集中安排在报告的最后，则每个图必须标明是哪个实验内容的何种曲线(或波形)。

(4) 实验数据的原始记录应写上实验者的姓名，并由指导教师检查签字后方为有效。实验报告必须附有教师签字的原始数据纸，否则视为无效报告。正式报告中的数据表要认真填写，不能用原始记录纸代替。

(5) 教师批改后发还的实验报告要妥善保存，以便复习和课程结束时与教师核对成绩。

1.4　测量误差与实验数据处理

1.4.1　测量误差

1. 测量误差的基本概念

要取得对某一物理量的数量认识，必须对它进行测量。我们把被测物理量的实际大小称为该物理量的真实值，把测量结果称为测量值。在测量过程中因使用的仪器、采用的方法、所处的环境及人员操作技能等多种因素影响而造成的测量值与真实值之间的误差统称为测量误差。测量误差可分为绝对误差和相对误差。

1) 绝对误差

绝对误差 ΔX 定义为测量值 X 与被测量真实值 A_0 之差。事实上，真实值 A_0 是无法测得的，只能理论推导或者实验逼近，所以在计量测量误差时，多采用具有更高准确度等级的仪器的测量值 A 来代替 A_0，通常称 A 为被测量的实际值。于是有

$$\Delta X = X - A_0 \approx X - A \tag{1-4-1}$$

利用某项测量的绝对误差，可对该项测量值进行修正。修正值定义为绝对误差的负值，表示为 C，则

$$C = -\Delta X = A - X \tag{1-4-2}$$

修正值 C 通常是在校准仪器时给出的，给出形式可以是数据也可以是曲线。当测量中得到测量值 X 后，查知所用仪器的修正值 C，便可据式(1-4-2)求得被测量的实际值。例如用某电压表测电压，电压表示值为 10 V，该表在 10 V 刻度处的修正值是 −0.03 V，则被测电压的实际值是 9.97 V。

2）相对误差

相对误差 r 定义为绝对误差 ΔX 占实际值 A 的百分数，即

$$r=\frac{\Delta X}{A}\times 100\% \qquad (1-4-3)$$

相对误差能够表明某项测量的准确程度。例如测得电流 I_1 为 10 mA，知其绝对误差为 0.2 mA；测得电流 I_2 为 1 A，知其绝对误差为 5 mA。比较两项测量的绝对误差，显然是前者小，后者大；但前者的相对误差 $r_1=2\%$，后者的相对误差 $r_2=0.5\%$，可见后者的测量准确度优于前者。

利用由式(1-4-3)定义的相对误差来表示仪表的测量准确度并不方便，因为被测量值不是固定不变的。例如，用同一块电压表测量两个不相等的电压，尽管绝对误差相等，却还是会得出不同的相对误差值。因此，为划分仪表的准确度，统一规定取仪表刻度的上量限作为式(1-4-3)的分母，称其为满度相对误差。

2. 测量误差的种类及其主要来源

测量误差按其性质分为三类：系统误差、随机误差和粗差(或差错)。

1）系统误差

系统误差具有一定的规律性。凡在一定条件下对同一物理量进行多次重复测量时，其测量值不随测量次数变化的误差，或者当条件改变时其测量值随测量次数按一定规律变化的误差，统称系统误差。数值恒定不变的系统误差又称恒值系统误差，数值按一定规律变化的系统误差又称变值系统误差。例如，某一标称值为 1 kΩ 的电阻，其实际值是 1082 Ω，则此电阻的阻值误差是系统误差：$\Delta R=1000-1082=-82$ Ω。此误差值在条件不变的情况下，不管测量多少次都是固定不变的。再如，使用中的标准电池，其电动势会因放电而逐渐下降，即电动势的实际值与标称值间的误差会逐渐增大，这就是变值系统误差。变值系统误差还可按误差值的变化规律分为累加型、周期型和复杂变化型三种类型。

系统误差的主要来源如下：

(1) 仪器误差。仪器误差是指因仪器自身机电性能不完善引起的误差。此项误差范围已由仪器的技术说明书给出。

(2) 使用误差。使用误差又称操作误差，它是在使用时对仪器的安装、调节、操作不当造成的误差。例如，把规定水平放置的仪表垂直放置，使用时未按要求对仪器进行预热、校零，仪器引线过长等都会引起使用误差。减少和消除使用误差的方法是严格按照仪器的技术规程操作，熟练掌握实验操作技巧，提高对实验现象的观察和分析能力。

(3) 方法误差。测量中依据的理论不严密，或者不适当地简化测量公式所引起的误差称为方法误差。例如，在某些情况下用电压表测电压和用电流表测电流时，完全不考虑电表内阻对测量的影响，将会导致不能容许的误差。

(4) 影响误差。影响误差主要指外界环境(温度、湿度、电磁场等)超出仪器允许的工作条件引起的误差。为避免此项误差的产生，应保证电子仪器所要求的额定工作条件。

(5) 人身误差。人身误差为由测量者的不良习惯(如读表时习惯性偏高或偏低)引起的误差。为消除此项误差，要求测量者必须提高操作技巧，改变不良习惯。

2）随机误差

在相同条件下对同一物理量进行多次重复测量(称等精度测量)时，其值具有随机特性

的误差称为随机误差，也称偶然误差。所谓随机特性，就各次测量而言是指误差值(绝对值和符号)的出现无规律，不可能依据前面的测量结果去预估下次测量的误差值；就总体而言是指当测量次数足够多时，误差值的分布满足统计规律，即绝对值小的误差出现率高，绝对值大的误差出现率低，绝对值相等的正误差和负误差的出现机会均等，具有对称性。随机误差的概率密度分布如图1-4-1所示，称为正态分布。

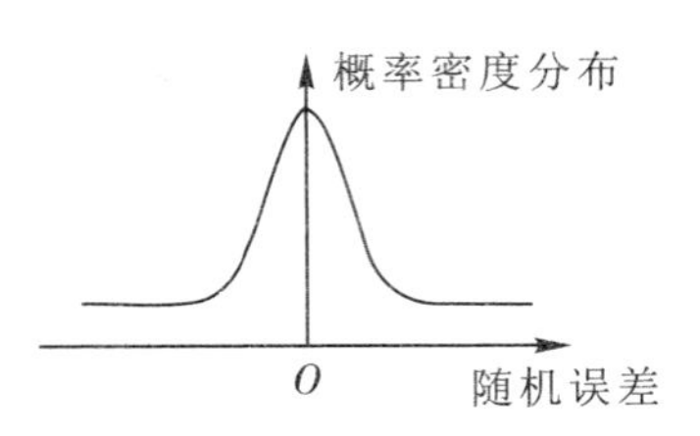

图1-4-1 随机误差的正态分布曲线

导致随机误差的因素很多，例如仪器或被测设备中所用元器件的热噪声、测量现场的外界影响(如温度、振动、电磁场微变、电网电压波动)等。这些影响因素的特点是彼此互不相关，各自的变化毫无规律，但一般来说，它们的变化程度以及对被测量的影响是较弱的，这使得随机误差通常很小，只有当使用高灵敏度和高分辨率的仪器进行精密测量时方才显露出它的影响。

3) 粗差

粗差又称疏失误差或差错，它是因仪器故障，测量者操作、读数、计算、记录错误或存在着不能容许的干扰导致的。这种误差通常数值较大，明显地超过正常条件下的系统误差和随机误差。

粗差通过认真复查一般是能够发现和及时纠正的，当然也有未及时发现或难于纠正的可能。凡确认含有粗差的数据均称坏值，测量数据中的坏值应剔除不用。

3. 测量误差对测量结果的影响

一般来讲，任何一次测量误差 ΔX 中均包含有系统误差 ε 和随机误差 δ，且有 $\Delta X=\varepsilon+\delta$。如果对某一物理量在条件不变的情况下进行 n 次测量，便得到 n 个等精度测量值 X_1，X_2，X_3，…，X_n。设该物理量实际值为 A，第 i 次测量的绝对误差为 $\Delta X_i=\varepsilon_i+\delta_i$，则第 i 次测量值为

$$X_i = A + \Delta X_i = A + \varepsilon_i + \delta_i \tag{1-4-4}$$

式中，ε_i 和 δ_i 分别为第 i 次测量的系统误差和随机误差。由于测量条件不变，故各次测量的系统误差相等，ε_i 可改写为 ε。对 n 次测量结果求算术平均值，且令测量次数 n 为无穷大，则有

$$\overline{X} = \lim_{n\to\infty}\frac{1}{n}\sum_{i=1}^{n}X_i = A + \varepsilon + \lim_{n\to\infty}\frac{1}{n}\sum_{i=1}^{n}\delta_i \tag{1-4-5}$$

由随机误差具有正、负值对称分布的特点可知，因正、负误差相互抵偿，故 $\lim\limits_{n\to\infty}\frac{1}{n}\sum\limits_{i=1}^{n}\delta_i = 0$。这表明，采用求取多次测量平均值的方法可以消除($n\to\infty$时)或减弱($n$为有限值时)随机误差对测量结果的影响，即式(1-4-5)可改写为

$$\overline{X} = \lim_{n\to\infty}\frac{1}{n}\sum_{i=1}^{n}X_i = A + \varepsilon \qquad (1-4-6)$$

所以，在消除系统误差之后，当测量次数 $n\to\infty$ 时，$\overline{X}$ 就等于被测量的实际值 A。在有限次测量情况下，只要测量次数足够多，算术平均值 $\overline{X}$ 可以作为 A 的最佳估值。可以看出，系统误差 ε 的作用是使 $\overline{X}$ 偏离实际值 A，即系统误差的存在直接导致测量的准确度下降。

下面讨论随机误差的影响。由式(1-4-4)和式(1-4-6)可知，第 i 次测量值为

$$X_i = A + \varepsilon + \delta_i = \overline{X} + \delta_i \qquad (1-4-7)$$

由于各次测量的随机误差 δ_i 值彼此不等，所以式(1-4-7)表明各次测量值分布在以 $\overline{X}$ 为中心的一个区间内。也就是说，随机误差的作用是使各次测量结果具有分散性，它直接影响测量的精密度。

测量误差对测量结果的影响可用图 1-4-2 来说明。图 1-4-2 中，“∘”表示被测量的真实值或实际值，“•”表示测量值，“×”表示多次测量值的算术平均值。图 1-4-2(a)中数据点密集，说明测量精密度高，但系统误差大，使 $\overline{X}$ 值偏离真实值较远，说明测量准确度低；图 1-4-2(b)中数据点分散，说明测量精密度差，但因系统误差小，使 $\overline{X}$ 值仍相当靠近真实值；图 1-4-2(c)表明这一列测量结果既准确又精密，在误差理论中称为测量精确度高。

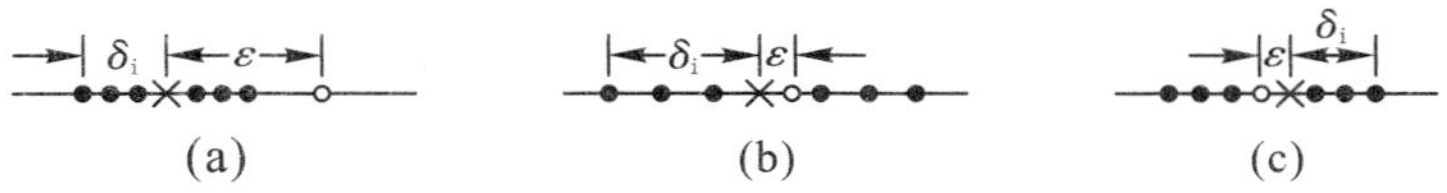

(a) (b) (c)

图 1-4-2 测量误差对测量结果的影响

1.4.2 实验数据的处理

1. 实验数据和有效数字

直接测量数据是从测量仪表上直接读取的。读取数据的基本原则是允许最后一位有效数字(包括零)是估读的欠准数字，其余各高位都必须是确知数字。测量结果的有效数字位数应该与测量误差相对应，例如测得电压值为 5.672 V，测量误差为±0.05 V，则测量结果应为 5.67 V。

测量结果中有时会出现多余的有效数字，此时应按下述舍入原则处理：当多余的有效数字不等于 5 时，按大于 5 则入、小于 5 则舍的原则处理；当多余的有效数字等于 5 时，要看该数字的前一位数是奇数还是偶数，奇数则入，偶数则舍。例如，把下列式中箭头左端的数各删掉一位有效数字，按上述原则即得右端的测量结果。

4.186→4.19　62.734→62.73

0.825→0.82　0.815→0.82

间接测量数据是通过对直接测量数据进行加、减、乘、除等运算得到的。运算结果应取的有效数字位数原则上由参加运算的所有数中精度最差的那个数来决定。例如，10.8725+6.13+21.432=38.4345，应取 38.43；3.98 × 4.125 / 2.5 = 6.567，应取 6.6。这种处理方法比较简单，适用于要求不是很严格的场合。若需精确计算，尚有严格规则可循，可查阅误差理论的有关内容。

2. 单次测量数据的处理

在大多数以工程为目的的测量中，对被测量只需进行一次测量，这时测量误差的大小与测量方法和仪器选用有直接关系。这种单次测量结果的表达，除测量值外还需标明测量的百分误差，分几种情况简述如下：

(1) 在已知被测量实际值 A 的情况下，单次测量的百分误差为

$$r_X = \frac{X-A}{A} \times 100\% \quad (X\text{ 为测得值})$$

(2) 当被测量的实际值未知时，若用直接测量法，单次测量的最大可能误差应取仪器的容许误差。其相对误差的计算举例如下：

用量程为 50 V，1.5 级的电压表测量两个电压，读数分别为 7.5 V 和 10 V，求各自的相对误差。

因为 1.5 级电压表的容许误差为 ±1.5%，它引入的最大绝对误差为 $\Delta u = 50 \times (\pm 1.5\%) = \pm 0.75$ V，故相对误差分别为

对于 7.5 V，

$$r = \frac{\pm 0.75}{7.5} \times 100\% = \pm 10\%$$

对于 10 V，

$$r = \frac{\pm 0.75}{10} \times 100\% = \pm 7.5\%$$

可见，用同一电压表测量不同电压时，指针偏转越接近满度值，测量越准确。

(3) 对于用间接法得到的测量结果，需根据测量时依据的函数关系及对中间量的最大误差估值(利用上述直接法估出)做具体处理。

例 1 设被测量 $X=A\pm B$，A 和 B 是直接测得中间量，试估算其相对误差。

设被测量 X、A 和 B 的绝对误差分别为 ΔX、ΔA 和 ΔB，则有

$$X + \Delta X = (A + \Delta A) \pm (B + \Delta B)$$
$$\Delta X = \Delta A \pm \Delta B$$

考虑最坏情况

$$\Delta X = |\Delta A| + |\Delta B|$$

即 X 的最大可能绝对误差等于 A 和 B 的最大误差之算术和。其相对误差为

$$r_X = \frac{\pm \Delta X}{X} \times 100\% = \pm \left(\frac{|\Delta A| + |\Delta B|}{A \pm B} \times 100\%\right)$$

必须指出，若 $X=A-B$ 且 A 与 B 两个量很接近，相对误差 r_X 值将很大，故在设计 X 的测量方法时应避免采用 A 与 B 之差的方法。

例 2 设被测量 $X=A\times B$，可将等式两边取对数得

$$\ln X = \ln A + \ln B$$

微分得

$$\frac{dX}{X} = \frac{dA}{A} + \frac{dB}{B}$$

上式可表示为

$$\frac{\Delta X}{X}=\frac{\Delta A}{A}+\frac{\Delta B}{B}$$

故得

$$r_X = r_A + r_B$$

考虑最坏情况，r_X应取绝对值最大。

对于 $X=A/B$ 的情况，应有与上述相同的结论，这里不再赘述。

3. 多次测量数据的处理

当对测量精度要求较高时，通常要采用多次等精度测量并求取平均值的方法。这种方法对“中和”随机误差有效，但却不能减弱系统误差，因此在测量前应尽可能消除会引入系统误差的各种影响因素，以求提高测量准确度。现假定不存在粗差，且系统误差已减弱到可以忽略的程度，在这样的条件下来讨论随机误差对等精度测量的影响及数据处理方法。

设对某一物理量做 n 次等精度测量，由于随机误差的存在使每次测量值各不相同，得到 n 个离散数据 X_1，X_2，X_3，…，X_n，它们的算术平均值为

$$\overline{X}=\frac{1}{n}\sum_{i=1}^{n}X_i \tag{1-4-8}$$

随机误差对测量数据的影响可用标准偏差 σ 来估计。我们取各次测量值 X_i与算术平均值 $\overline{X}$ 之差为各次测量的剩余误差，表示为

$$V_i = X_i - \overline{X} \tag{1-4-9}$$

则标准偏差定义为

$$\sigma=\sqrt{\frac{1}{n-1}\sum_{i=1}^{n}V_i^2} \tag{1-4-10}$$

σ 值大表明各测量值对于平均值的分散性大，测量精密度低；反之，σ 值小表明各测量值对于平均值的分散性小，测量精密度高。

由随机误差的正态分布规律得知，在一列等精度测量值中，当 n 足够大时，误差绝对值小于 σ 的数据约占总数据数的 2/3 以上，误差绝对值小于 2σ 的数据约占总数据数的 95%，误差绝对值小于 3σ 的数据约占总数据数的 99.7%。由此可见，只要求出某列等精度测量数据的标准偏差 σ，就可得知其中的任一测量值大致不会超出的误差范围。我们称此误差范围为误差限，表示为

$$\Delta X_m = K_\sigma \tag{1-4-11}$$

式中，系数 K_σ称为置信因数，它与测量次数 n 及所要求的置信概率有关(可参阅误差理论书籍)，其常用值为 2～3。于是，任一次测量值可表示为

$$X_i \pm \Delta X_m = \overline{X} \pm K_\sigma \tag{1-4-12}$$

前已述及，算术平均值 $\overline{X}$ 可作为被测量实际值 A 的最佳估值，故用 $\overline{X}$ 代替 X_i作为测量结果将具有更高的精度和可靠性。同时，在误差理论中已经证明，算术平均值 $\overline{X}$ 的标准偏差为

$$\sigma_{\overline{X}}=\frac{\sigma}{\sqrt{n}} \tag{1-4-13}$$

故此测量结果可最终表示为

$$X = \overline{X} \pm \bar{K}_{\sigma_{\overline{X}}} \tag{1-4-14}$$

从上式可知，被测量实际值的可能范围为

$$\overline{X} - \bar{K}_{\sigma_{\overline{X}}} \leqslant A \leqslant \overline{X} + \bar{K}_{\sigma_{\overline{X}}} \tag{1-4-15}$$

4. 测量数据的计算机处理

一列等精度测量数据往往在20～50个数之间。一般函数计算器虽有求 X、σ 等功能，但剩余误差需一个个计算，运算次数过多难免出现错误，故常借助于计算机解决此类问题。

等精度测量数据的一般分析步骤如下：

(1) 判断有无恒值系统误差。如有，应查明原因并设法消除或修正它。

(2) 求测量数据的算术平均值：

$$\overline{X} = \frac{1}{n}\sum_{i=1}^{n} X_i \tag{1-4-16}$$

式中：X_i 为第 i 次测量值，n 为本列测量数据总数，在此 n 个数据内可能含有粗差。

(3) 求剩余误差：

$$V_i = X_i - \overline{X} \tag{1-4-17}$$

(4) 求标准偏差：

$$\sigma = \sqrt{\frac{1}{n-1}\sum_{i=1}^{n} V_i^2} \tag{1-4-18}$$

(5) 判断有无粗差：

$$|V_i| > 3\sigma \tag{1-4-19}$$

若满足上式条件，则认为相应的测量值为坏值，应予剔除。

(6) 剔除坏值后，重复步骤(3)～(5)，直至无坏值。剔除坏值后求算术平均值 $\overline{X}'$、剩余误差 V_i' 和标准偏差 σ' 时，计算式稍有变化，分别为

$$\overline{X}' = \frac{1}{n-a}\sum_{i=1}^{n} X_i \tag{1-4-20}$$

$$V_i' = X_i - \overline{X}' \tag{1-4-21}$$

$$\sigma' = \sqrt{\frac{1}{n-a-1}\sum_{i=1}^{n} (V_i')^2} \tag{1-4-22}$$

式中，a 是坏值个数。X_i 中不含坏值，即 $\sum X_i$ 和 $\sum (V_i')^2$ 中不含与坏值相对应的项。

(7) 判断有无变值系统误差(误差理论中有各种判据供引用，本书从略)。当存在变值系统误差时，上述数据无效，需消除误差根源后重新测量数据。

(8) 求 X' 的标准偏差。其公式为

$$\sigma_{\overline{X}'} = \frac{\sigma'}{\sqrt{n-a}} \tag{1-4-23}$$

(9) 求最终测量结果。其结果为

$$X = \overline{X}' \pm 3\sigma_{\overline{X}'} \tag{1-4-24}$$

以上坏值判据取 3σ，事实上根据 n 值及对测量精密度的要求，可选 $(2\sim3)\sigma$。依照上述流程，读者可自行编制程序，上机实习。

1.4.3　实验结果的图示处理

实验测量的最终结果，除用如上所述经过处理的各种数据表达外，有时还需要从一系列测量数据中求得表明各量之间关系的曲线。利用各种关系曲线表达实验结果的方法属于图示处理方法，这种方法对于研究电网络各参数对其特性(如传输特性等)的影响是十分有用的。

以直角坐标系为例，根据 n 对离散的测量数据 $(x_i, y_i)(i=1, 2, 3, \cdots, n)$ 绘制出表明这些数据变化规律的曲线，并不是简单地在坐标图上把所相邻的数据点用直线相连。由于测量数据中总会包含误差，要求所求的曲线通过所有数据点 (x_i, y_i)，无疑会保留一切测量误差，显然这不是我们所希望的。因此，曲线的绘制不是要求它必须通过每一个数据点，而是要求寻找出能反映所给数据的一般变化趋势的光滑曲线来，我们称为“曲线拟合”。

在要求不严的情况下，得到拟合曲线的最简单方法通常是利用观察法人为地画出一条光滑曲线，使所给数据点均匀地分布于曲线两侧。这种方法的缺点是不精确，不同人画出的曲线可能会有较大差别，如图 1－4－3 所示。

工程上最常用的曲线拟合法是“分段平均法”。先把所有数据点在坐标图上标出；再根据数据分布情况，把相邻的 2～4 个数据点划为一组，共得 m 组数据；然后求取每组数据的几何重心，把它们标于坐标图上；最后根据它们绘制出光滑曲线，如图 1－4－4 所示。这种分段平均法可以抵消部分测量误差，具有一定的精度。

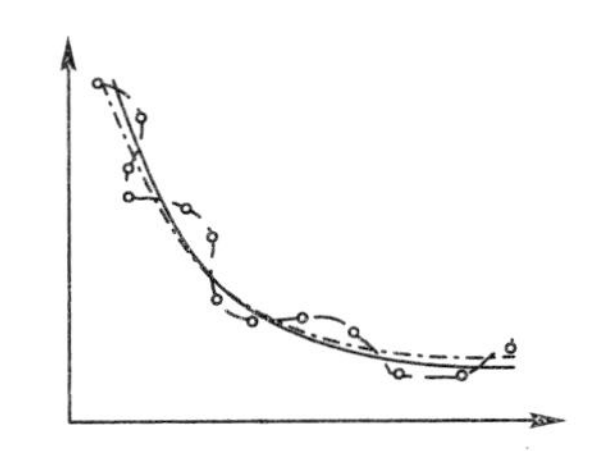

图 1－4－3　观察法拟合曲线

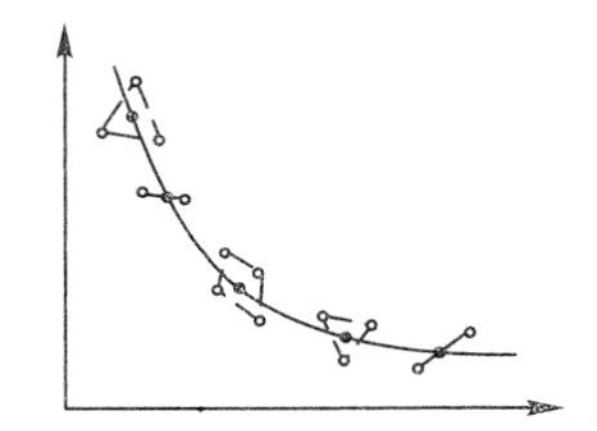

图 1－4－4　分段平均法拟合曲线

在精度要求相当高的情况下，可采用最小二乘法进行数据的曲线拟合。

用最小二乘法求数据的曲线拟合问题可表述为：根据测量得到的 n 组数据 (x_i, y_i) 确定一个近似函数式：

$$y = f(x_i, a_0, a_1, a_2, \cdots, a_m) \tag{1-4-25}$$

式中，$a_j(j=0, 1, 2, \cdots, m)$ 为待定系数。此函数的图像即所求曲线。确定式(1－4－25)的步骤如下：

(1) 确定函数 y 的类型。y 的类型通常需根据专业知识选择。当未知函数类型时，可按数据点在坐标图上大致描出一条曲线，找出与此曲线相近的数学表达式。若仍不能写出表达式 y，还可用幂级数

$$y = a_0 + a_1x + a_2x^2 + \cdots + a_mx^m \quad (m < n) \tag{1-4-26}$$

来逼近。

(2) 根据测量数据求待定系数 a_j，使函数 y 对于给定数据有“最好的满足”(用最小二乘法)。

(3) 将求出的系数代入 y，画出它的图像，即得所求曲线。以多项式(1－4－26)为例，具体说明如下：

将式(1－4－26)改写为

$$y = \sum_{j=0}^{m} a_j x^j \quad (m < n) \tag{1-4-27}$$

把点(x_i，y_i)代入式(1－4－27)，应有

$$y_i = \sum_{j=0}^{m} a_j x_x^j \quad (i = 1, 2, 3, \cdots, n) \tag{1-4-28}$$

因为曲线并不通过所有数据点，故式(1－4－28)可改写为

$$\sum_{j=0}^{m} a_j x_i^j - y_i = R_i \tag{1-4-29}$$

式中，R_i 不完全为零，称为剩余误差。式 (1－4－29)即为 n 个误差方程。

最小二乘原理(证明见有关参考书)指出，对于 n 对数据(x_i，y_i)去求系数 a_j 的最佳值，就是能使剩余误差 R_i 的平方和为最小的那些值，即使得

$$\sum_{i=1}^{n} R_i^2 = \sum_{i=1}^{n} \left(\sum_{j=0}^{m} a_j x_i^j - y_i \right)^2 = \phi(a_0, a_1, \cdots, a_m) \tag{1-4-30}$$

的值为最小。据最小值求法，对上式求偏导数并令其为零，即可求得各系数，于是

$$\frac{\partial \phi}{\partial a} = 2 \sum_{i=1}^{n} \left(\sum_{i=1}^{n} a_j x_x^j - y_i \right) x_i^j = 0 \quad (j = 0, 1, 2, \cdots, m)$$

或

$$\sum_{i=1}^{n} y_i x_i^k = \sum_{j=0}^{m} a_j \sum_{i=1}^{n} x_i^{k+j} \tag{1-4-31}$$

设

$$\begin{cases} \sum_{i=1}^{n} x_i^k = S_k \\ \sum_{i=1}^{n} y_i x_i^k = T_k \end{cases} \tag{1-4-32}$$

则式(1－4－31)可简化为

$$\sum_{j=0}^{n} a_j S_{k+j} = T_k \quad (k = 0, 1, 2, \cdots, m) \tag{1-4-33}$$

上述方程组共有方程 $m+1$ 个，称为“正规方程组”，用来求解 $m+1$ 个待定系数 a。

求解式(1－4－33)的工作是相当繁琐的，故多用计算机完成，并打印出所求曲线。有关程序可参阅《FORTRAN 应用程序库》(上海科学技术文献出版社)一书。

第二章　常用电子仪器的原理与使用

2.1 万　用　表

万用表(或称复用表)是一种直读式电工测量仪表。其精确度不高，但因功能繁多、使用方便而获广泛使用。

国家规定，根据仪表固有误差的大小，直读式电工测量仪表的准确度划分为七级，如表 2-1-1 所示。表中，固有误差是以测量仪器的绝对误差与该仪器刻度尺上量限(称量程)之比的百分数来定义的。不同型号或同一型号但工作在不同功能和量程的万用表，其准确度可不同。各量程的准确度级别均于万用表面板或使用说明书上标明。

表 2-1-1　直读式电工测量仪表的准确度

准确度级别	0.1	0.2	0.5	1.0	1.5	2.5	5.0
固有误差(%)	±0.1	±0.2	±0.5	±1.0	±1.5	±2.5	±5.0

万用表可以分为指针式万用表和数字式万用表。

2.1.1 指针式万用表原理

指针式万用表由测量机构(也称表头)、测量电路和转换开关组成。表头用以指示被测量的数值；测量电路用来把各种被测量转换为适合表头测量的直流微小电流；转换开关用来实现对不同测量电路的选择，以适应各种测量要求。

1. 测量机构

指针式万用表的测量机构采用高灵敏度磁电式表头。它利用载流线圈在永久磁铁磁场中的受力效应使表头指针产生偏转，指针偏转角度 α 与流过表头(即线圈)的电流的关系为

$$\alpha = SI \qquad (2-1-1)$$

式中，S 为表头灵敏度，表示单位电流引起指针偏转的角度。使不同大小的标准电流流过表头，指针将产生不同的偏转角，据此可制定表盘刻度。由于 α 和 I 成正例，故此种刻度是均匀分布的，如图 2-1-1 所示。

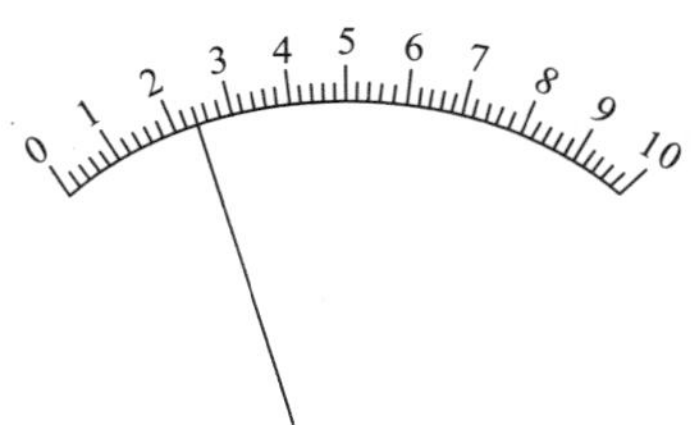

图 2-1-1　表盘刻度

表盘最大刻度对应的电流值是使指针产生最大偏转的“满偏电流”，也称为表头的量程。磁电式表头的量程一般从几十微安到几毫安，有多种规格。由式(2-1-1)可知，当最大偏转角给定时，满偏电流与灵敏度成反比，所以习惯上也用表头的量程来表示表头的灵敏度，即量程越小灵敏度越高。

2. 测量电路

磁电式表头仅仅是一个具有微小量程的磁电式电流表，用它组成万用表时必须配以各种电路。不论使用万用表进行何种测量，都是利用一定的测量电路，使流过表头的电流与被测量值之间建立一定的关系，这样便可根据表头指针的偏转从刻度盘上读出被测量的值。

1）直流电流测量电路

图 2-1-2 示出了万用表中通常采用的测量直流电流的电路原理图。

图 2-1-2 所示是一个环形分流电路，r_1、r_2、r_3 为分流电阻，共有三个量程：$I_3>I_2>I_1$；S 为量程开关。假设表头满偏电流为 I_0，内阻为 r_A。图中符号 $R_1=r_1+r_2+r_3$，$R_3=r_3$，R 为可变电阻。实际生产中，每只表头内阻 r_A 不可能完全相同，可调整 R 使 $R_A=r_A+R$ 为规定值。

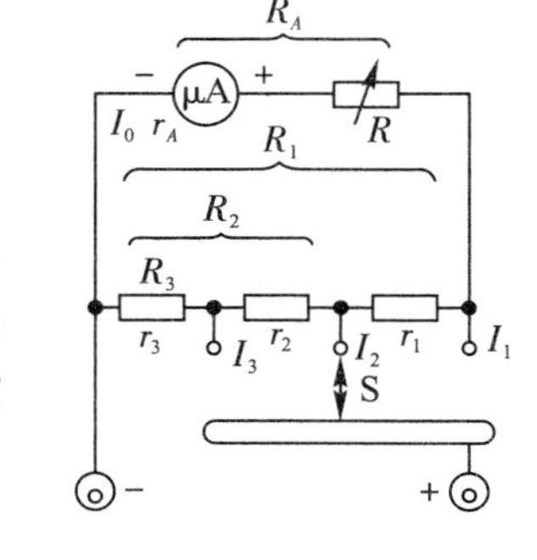

图 2-1-2 直流电流测量电路

当开关 S 位于不同位置时，根据分流关系可以得出

$$R_1=\frac{R_A}{\frac{I_1}{I_0}-1} \tag{2-1-2}$$

及

$$R_1I_1=R_2I_2=R_3I_3 \tag{2-1-3}$$

只要给定 I_0、R_A 及 I_1、I_2、I_3，便可首先据式(2-1-2)求出 R_1，再据式(2-1-3)求出 R_2 和 R_3，最后可求出各分流电阻值。

2）直流电压测量电路

图 2-1-3 示出了测量直流电压的电路原理图，共有三个量程：$U_3>U_2>U_1$，可用开关转换。测量指示部分不是直接使用磁电式表头，而是用最小量程的电流测量电路(如图 2-1-3中虚线框所示)，其量程为 I_1，等效内阻为 R_e。R_1、R_2、R_3 称倍压电阻，其计算公式如下：

$$\begin{cases}R_1=\dfrac{U_1}{I_1}-R_e\\[2ex] R_2=\dfrac{U_2-U_1}{I_1}\\[2ex] R_3=\dfrac{U_3-U_2}{I_1}\end{cases} \tag{2-1-4}$$

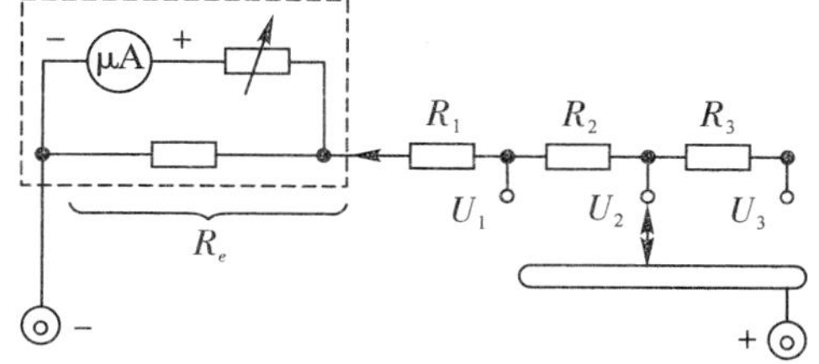

图 2-1-3 直流电压测量电路

电压测量中常需估计电压表内阻，而电压表内阻既与电压表量程有关，也与表头灵敏度有关。量程一定时，表头越灵敏内阻就越高。通常把内阻 R_V 与量程 U 之比定义为电压表的“每伏欧姆(Ω/V)数”，用以表征电压表的这种特性。“Ω/V”即表头满偏电流之倒数(对于图 2-1-3 之电路应为 $1/I_1$)，“Ω/V”越大，为使指针偏转同样角度所需的驱动电流越小，故“Ω/V”也称为电压灵敏度。

“Ω/V”通常标明于万用表的表盘上，可借以推算不同量程时电压表的内阻。例如，某万用表测直流电压时电压灵敏度为“20 kΩ/V”，则知其 10 V 量程内阻为 R_V=200 kΩ，还可推算出该万用表所用表头的满偏电流为 50 μA。

3) 交流电压测量电路

测量交流电压的原理与测量直流电压基本相同，只是在测量电路中附加一整流电路，把交流电压变换为直流电压后再加到表头上。

图 2-1-4 示出万用表测量交流电压的电路原理图，图中采用的是半波整流电路，交流电正半周时电流方向如实线所示，负半周时电流方向如虚线所示。

万用表中还常用桥式全波整流电路，其原理如图 2-1-5 所示。

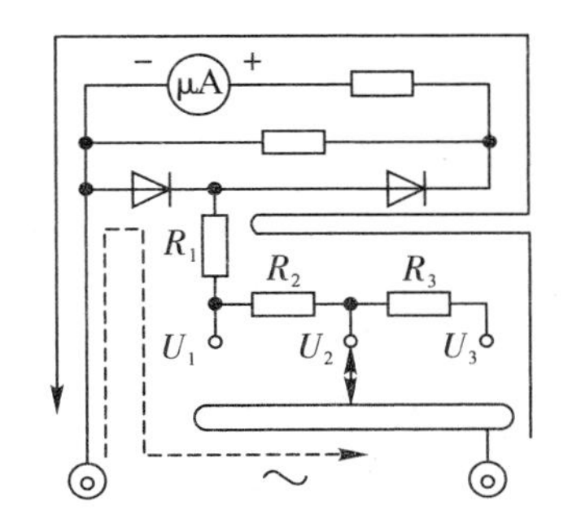

图 2-1-4　交流电压测量电路

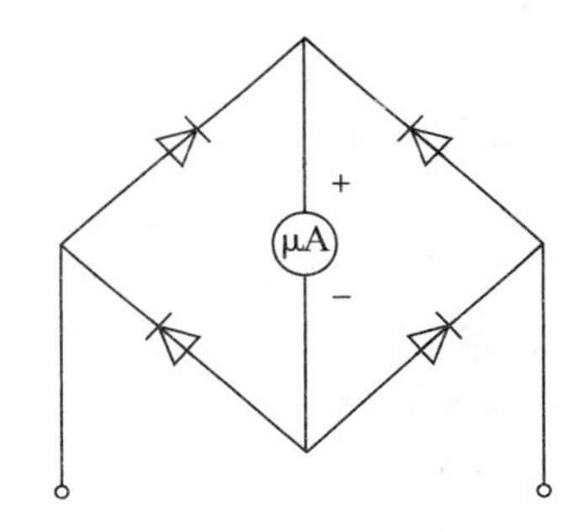

图 2-1-5　桥式全波整流电路

4) 电阻测量电路

(1) 欧姆表原理。万用表测电阻是依据欧姆定律的原理，其测量电路如图 2-1-6 所示。图中，c、d 间测量指示部分，实际上就是直流电流测量电路。设其量程为 I_m，等效电阻为 R_{cd}，R_4 是限流电阻，U 是万用表内部电池的电压，A 和 B 是万用表的两个测量端。

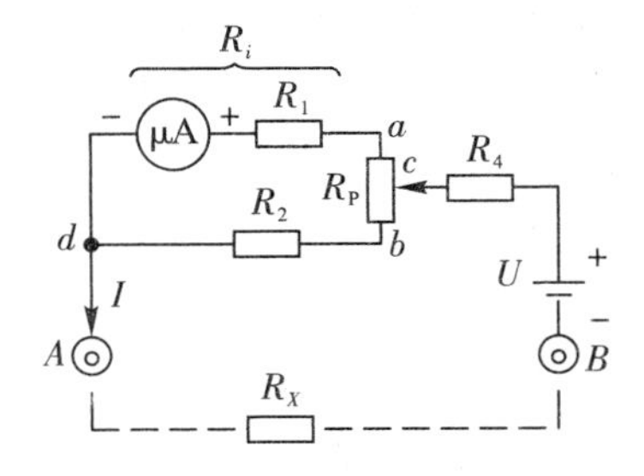

图 2-1-6　电阻测量电路

设被测电阻 R_X 接于 A、B 间，由图 2-1-6 得主回路电流为

$$I=\frac{U}{R_4+R_{cd}+R_X} \tag{2-1-5}$$

限流电阻 R_4 的选择原则是当 $R_X=0$(A、B 间短路)时使电表指针满偏，此时

$$I=\frac{U}{R_4+R_{cd}}=\frac{U}{R_T}=I_m \qquad (2-1-6)$$

式中，$R_T=R_4+R_{cd}$，为欧姆表内阻。引用上述关系，式(2-1-5)可改写为

$$I=\frac{U}{R_T+R_X}=\frac{I_m}{1+\dfrac{R_X}{R_T}} \qquad (2-1-7)$$

可见，$R_X\neq 0$ 时，$I<I_m$，且对应每一个 R_X 值，主回路电流就有一确定值，表头指针也有相应的偏转角。若据式(2-1-7)求出一系列对应于不同 R_X 的电流，并在表头刻度盘的各电流刻度上标以相应的欧姆值，就得到了图 2-1-7 所示的欧姆表刻度，这样测量时就可据电表指针的指示直接读出被测电阻值 R_X。

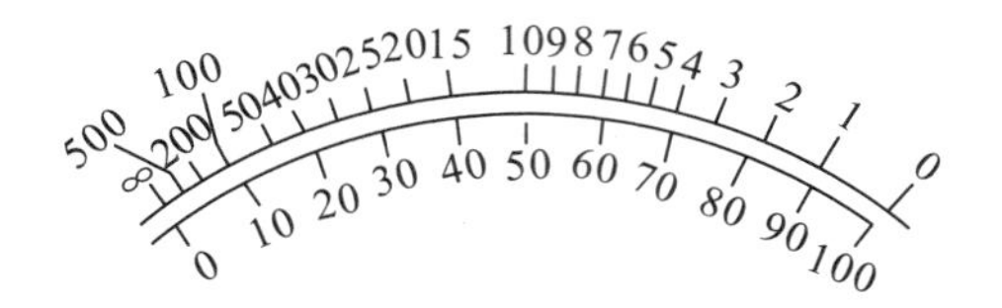

图 2-1-7 欧姆表刻度

当 $R_X=R_T$ 时，主回路电流 $I=I_m/2$，欧姆表指针恰指向中间位置，故内阻 R_T 也称中值电阻。

(2) 零点调整。欧姆表使用日久，电池端电压将会降低，当 $R_X=0$ 时，会因 $I=U/R_T<I_m$ 使指针不能满偏，仍用它去测量电阻，必将导致较大误差。为解决此问题，欧姆表中均采用了“零点调整线路”。

图 2-1-6 中，采用电位器 R_P 就是一种常用的零点调节措施。调节零点电位器 R_P 的滑动触点 c，可改变表头支路与 R_2 支路的电流分配关系。只要设计得当，可保证在 U 的一定变化范围内，当 $R_X=0$ 时，通过调节 R_P 均可使指针归零。

由图 2-1-6 可写出该欧姆表的中值电阻为

$$R_T=R_4+\frac{(R_1+R_{ac})(R_2+R_{bc})}{R_1+R_2+R_P} \qquad (2-1-8)$$

显然，点 c 位置的变动改变了表头与 R_2 两支路并联总阻值 R_{cd}(即上式等号右端第二项)，亦即改变了中值电阻 R_T 值而使测量不准。通常选择 R_4 阻值较大而 R_1、R 及 R_P 均较小，这样可将 R_T 的变动限制在较小范围，以保证欧姆表的误差不致过大。

(3) 多量程欧姆表。欧姆表的刻度包含了从 0 到 ∞ 的全部电阻数值，但是当被测电阻很大或者很小时，因读数不易分辨，将导致大的测量误差。事实上，只有在相当于 1/5～5 倍中值电阻的阻值范围内，才能保证一定的测量准确度。就是说，欧姆表也有改变其“有效量程”之必要，而欧姆表量程的改变是通过改变其中值电阻来实现的。

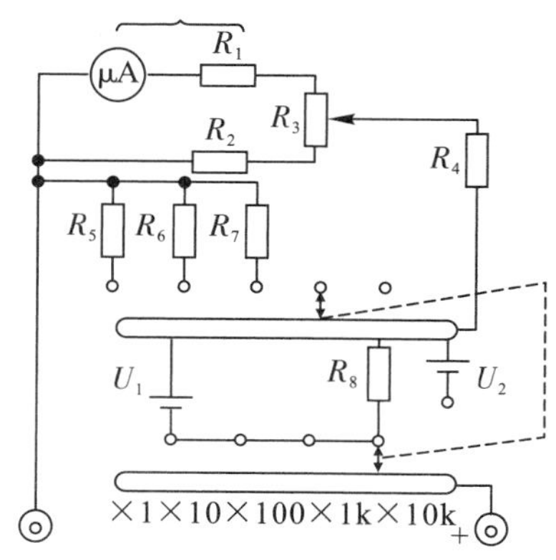

图 2-1-8 多量程欧姆表

图 2-1-8 示出了多量程欧姆表的线路图，通过联动开关(共有两组触点，用虚线连接表示它们联动)可以变

换量程。例如开关位于×1k 位置，此时线路的中值电阻为 10 kΩ，即表盘中央刻度线“10”（图 2-1-7）代表的阻值应为 10×1 kΩ。若开关位于×100 位置，可以看出在电路负端与电池正端间并接了电阻 R_7，使得中值电阻减少 9/10，即为 1 kΩ。此时表盘中央刻度线“10”所代表的电阻值也减少到 1/10，读数应为 10×100 Ω。同样，开关在×10 和×1 位置时，欧姆表中值电阻均递减 9/10，刻度所代表的欧姆数也作相应的变化。当开关在×10k位置时，线路中串入电阻 R_8，使得中值电阻提高至 100 Ω，所代表的欧姆数为“刻度×10 kΩ”。要注意的是，因内阻加大，为使欧姆表能正常工作，应在测量线路中串入电池 U_2。

2.1.2　数字式万用表工作原理及基本指标

1. 工作原理

数字式万用表主要是在指针式万用表的基础上，以数字电压表为核心器件，将内部的模拟电路变为数字电路，并把表头换成液晶屏。测量电压、电流和电阻功能是通过模拟/数字转换电路部分实现的，而电流、电阻的测量都是基于电压的测量，也就是说数字万用表是在数字直流电压表的基础上扩展而成的。模拟/数字转换电路将随时间连续变化的模拟电压量变换成数字量，再由电子计数器对数字量进行计数得到测量结果，然后由显示模块将测量结果显示出来。

2. 基本指标

1）分辨率、位数、字

分辨率是指万用表测量值的最小变化。例如，数字式万用表在 4 V 范围内的分辨率是 1 mV，那么在测量 1 V 的信号时，就可以看到 1 mV 的微小变化。

位数、字是用来描述万用表的分辨率的。一个 3 位半的万用表，可以显示三个从 0 到 9 的全数字位和一个半位（只显示 1 或没有显示）。一个 3 位半的数字式万用表可以达到 1999 字的分辨率，一个 4 位半的数字式万用表可以达到 19999 字的分辨率。

例如，一个 1999 字的表，在测量大于 200 V 的电压时，不可能显示到 0.1 V。

2）精度

精度是指万用表测量值与实际值的接近程度。指针式万用表的典型精度是全量程的 ±2%或±3%。数字式万用表的典型精度在读数的±(0.7%+1)和±(0.1%+1)之间。

例如，标明 1%的读数精度的含义是数字式万用表显示 100.0 V 时，实际的电压可能会在 99.0 V 到 101.0 V 之间。标±(1%+2)的读数精度，如果万用表的读数是 100.0 V，实际的电压会在 98.8 V 到 101.2 V 之间。

2.1.3　万用表简介

1. 500 型万用表

1）概述

图 2-1-9 给出了 500 型万用表的面板图。利用两个旋钮式功能（量程）转换开关的不同位置组合，可以选择不同的测量功能和量程。它的测量范围及准确度等级示于表 2-1-2。

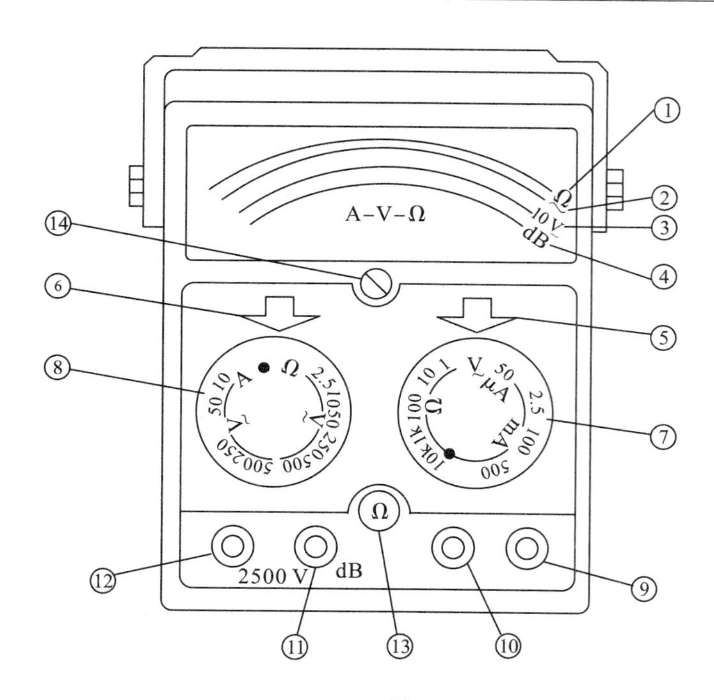

①—欧姆刻度；
②—直、交流刻度；
③—交流 10 V 专用刻度；
④—音频电平(分贝刻度)；
⑤、⑥—标志符；
⑦、⑧—功能、量程开关；
⑨—公共插孔；
⑩—通用测量插孔；
⑪—音频电平插孔；
⑫—测高压插孔(直、交流通用)；
⑭—机械调零

图 2-1-9 500 型万用表面板图

表 2-1-2 500 型万用表测量指标

测量范围		灵敏度	准确度等级	基本误差表示法
直流电压	2.5 V, 10 V, 50 V, 250 V, 500 V	20 000 Ω/V	2.5	以刻度尺工作部分上限百分比
	2500 V	4 000 Ω/V	4.0	
交流电压	10 V, 50 V, 250 V, 500 V	4 000 Ω/V	5.0	
	2500 V	4 000 Ω/V	5.0	
直流电流	50 μA, 2.5 mA, 100 A, 500 mA		2.5	
电　　阻	×1, ×10, ×100, ×1 k, ×10 k		2.5	刻度尺工作部分长度百分比

图 2-1-10 为 500 型万用表直流电流挡 50 μA 量程分解电路原理图。

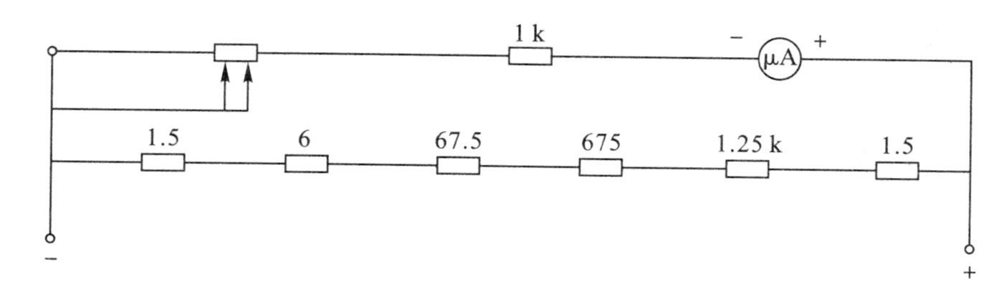

图 2-1-10 直流电流挡 50 μA 量程分解电路

图 2-1-11 给出了 500 型万用表的电路原理图。作为练习，建议读者结合前述原理看懂此图，即“走通”电流、电压(直流和交流)和电阻的测量电路。

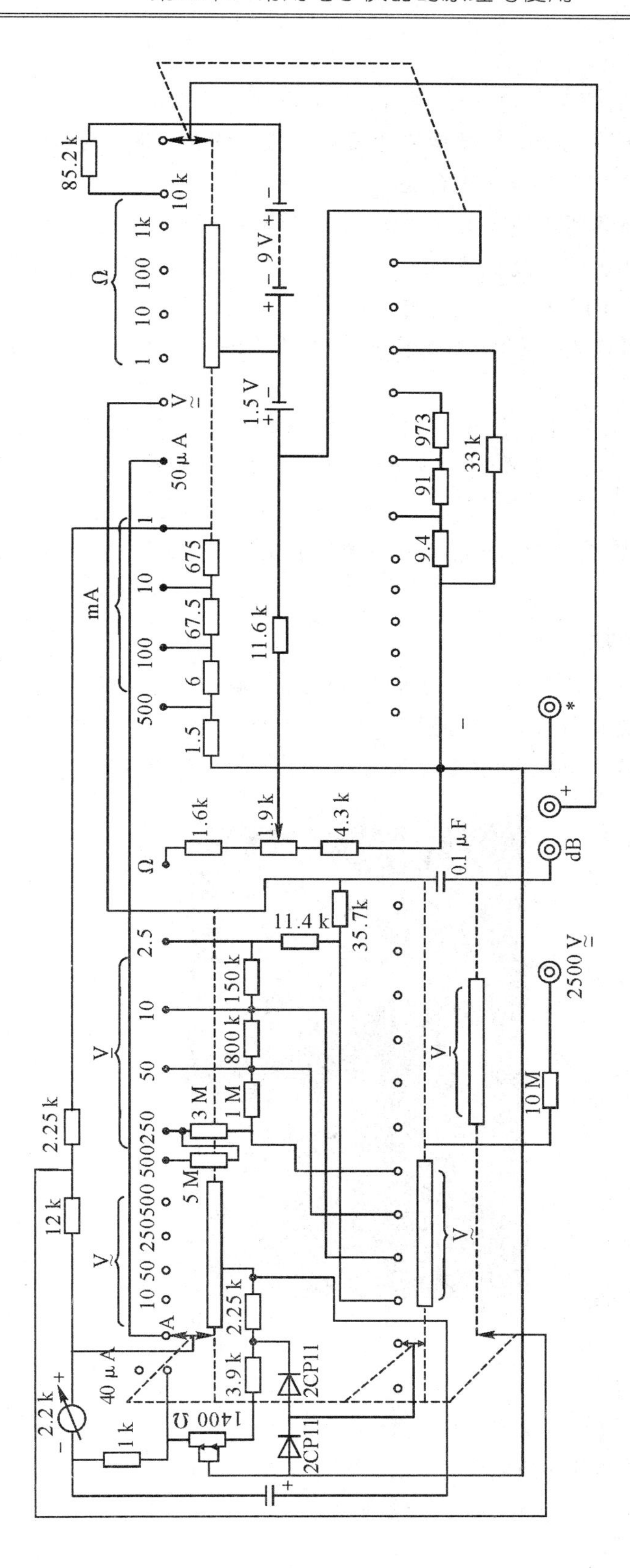

图2-1-11　500型万用表电路原理图

2）万用表使用方法及注意事项

(1) 测量前应将功能(量程)转换开关旋至所需位置。量程的选择以能使表头指针在所选量程之内有最大偏转角为佳。当不能估计被测量的大约数值时，应首先选取较大量程，然后再根据指针偏转的实际情况选用合适量程。

(2) 不同功能和量程所用的表盘刻度尺不同，读取数据时要注意认清，防止出错。

(3) 测电流时万用表应串接于被测支路，测电压时万用表应并联于被测支路。绝对禁止把处于测电流状态下的万用表并接于电压两端。

(4) 测量电阻之前需先调零(零欧姆校准)，即将二输入端短接，旋动万用表调零旋钮使表针对准 0 Ω。

(5) 测量电阻时，不能带电作业，即被测量的电阻上不能带有电压。

(6) 在用万用表测量市电(交流 220 V 或 380 V)时，必须用一只手握住两表笔的方法测量，以免出危险。

(7) 万用表使用完毕，应将功能(量程)转换开关旋至“·”位置上，或置电压最大量程挡。

2. MF47F 型万用表

图 2-1-12 给出了 MF47F 型万用表的面板图。MF47F 型万用表是设计新颖的磁电系整流式便携多量程万用电表，可供测量直流电流、交直流电压、直流电阻等，具有 26 个基本量程和电平、电容、电感、晶体管直流参数等 7 个附加参考量程。

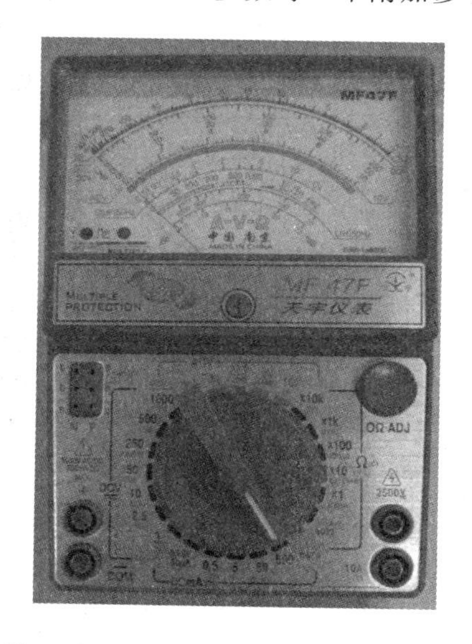

图 2-1-12　MF47F 型万用表的面板图

1）刻度盘与挡位盘

MF47F 型万用表的刻度盘与挡位盘分为成红、绿、黑三色。表盘颜色分别按交流红色、晶体管绿色、其余黑色对应制成，使用时便于读数。刻度盘共有六条刻度，第一条专供测电阻用；第二条供测交直流电压、直流电流用；第三条供测晶体管放大倍数用；第四条供测量电容用；第五条供测电感用；第六条供测音频电平用。刻度盘上装有反光镜，以消除视差。

除交直流 2500 V 和直流 5 A 分别有单独插座之外，其余各挡只需转动一个选择开关，使用方便。图 2-1-13 示出了 MF47F 型万用表的电路原理图。

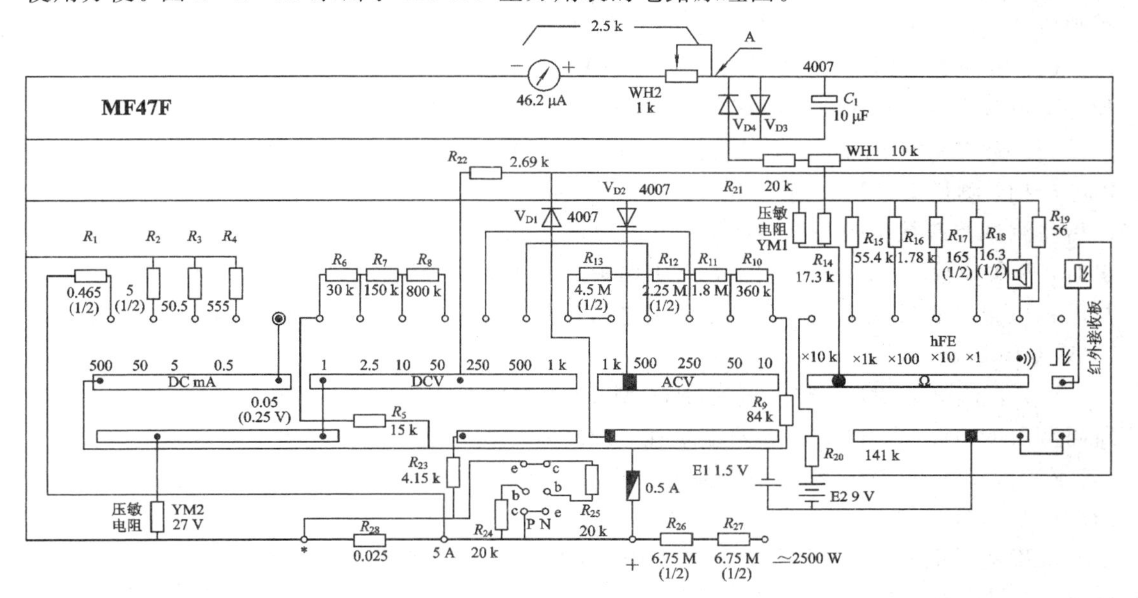

图 2-1-13　MF47F 型万用表的电路原理图

2）MF47F 型万用表的技术规范

表 2-1-3 为 MF47F 型万用表在测量各个对象时的测量指标。

表 2-1-3　MF47F 型万用表测量指标

测量范围		灵敏度及电压降	准确度等级	基本误差表示法
直流电压	0.25 V，1 V，2.5 V，10 V，50 V，250 V	20 000 Ω/V	2.5	量程的百分比
	500 V，1000 V，2500 V	4000 Ω/V	4.0	
交流电压	10 V，50 V，250 V，500 V	4000 Ω/V	5.0	
	1000 V，2500 V	4000 Ω/V	5.0	
直流电流	50 μA，0.5 mA，5 mA，50 mA，500 mA	−500 mA～5 A	2.5	
电　阻	×1，×10，×100，×1 k，×10 k		2.5	量程的百分比
音频电平	−10～+22 dB			
电感	20～1000 H			
电容	0.001～0.3 μF			

3）万用表使用方法

在使用前应检查指针是否指在机械零位上，如不指在零位，可旋转表盖的调零器使指针指示在零位上。

将测试棒红黑插头分别插入“+”“-”插座中，如测量交直流2500 V或直流5 A，红插头则应分别插到标有“2500”或“5 A”的插座中。

(1) 直流电流测量。测量0.05～500 mA时，转动开关至所需电流挡。测量5 A时，转动开关可放在500 mA直流电流量限上，而后将测试棒串接于被测电路中。

(2) 交直流电压测量。测量交流10～1000 V或直流0.25～1000 V时，转动开关至所需电压挡。测量交直流2500 V时，开关应分别旋转至交流1000 V或直流1000 V位置上，而后将测试棒跨接于被测电路两端。若配以高压探头，可测量电视机≤25 kV的高压。测量时，开关应放在50 μA位置上，高压探头的红黑插头分别插入“+”“-”插座中，接地夹与电视机金属底板连接，而后握住探头进行测量。测量交流10 V电压时，读数请看交流10 V专用刻度。

(3) 直流电阻测量。装上电池(R14型2#1.5 V及6F22型9 V各一只)。转动开关至所需测量的电阻挡，将测试棒两端短接，调整零欧姆调整旋钮，使指针对准欧姆“零”位，(若不能指示欧姆零位，则说明电池电压不足，应更换电池)，然后将测试棒跨接于被测电路的两端进行测量。

准确测量电阻时，应选择合适的电阻挡，使指针尽量能够指向表刻度盘中间三分之一区域。测量电路中的电阻时，应先切断电路电源，如电路中有电容应先行放电。当检查电解电容器漏电电阻时，可转动开关到$R\times1$ k挡，测试棒红插头必须接电容器负极，黑插头接电容器正极。

(4) 音频电平测量。在一定的负荷阻抗上，用以测量放大极的增益和线路输送的损耗，测量单位以分贝表示。

音频电平以交流10 V为基准刻度，如指示值大于+22 dB可以在50 V以上各量限测量，其示值可按表2-1-4所示值修正。

表2-1-4　音频电平测量修正

量限	按电平刻度增加值	电平的测量范围
10 V	0 dB	-10～+22 dB
50 V	14 dB	+4～+36 dB
250 V	28 dB	+18～+50 dB
500 V	34 dB	+24～+56 dB

测量方法与交流电压基本相似，转动开关至相应的交流电压挡，并使指针有较大的偏转。如被测电路中带有直流电压成份，可在“+”插座中串接一个0.1 μF的隔离电容器。

(5) 电容测量。转动开关至交流10 V位置，用0 Ω调零电位器校准调零，被测量电容串接于任一测试棒，而后跨接于10 V交流电压电路中进行测量。表针摆动的最大指示值即为该电容的电容量，随后表针将向回摆动，表针停止位置即为该电容的品质因数(损耗电阻)。

注：①每次测量后应将电容彻底放电后再进行测量，否则测量误差及损耗电阻将增

大。② 有极性电容应按正确极性接入，否则测量误差及损耗电阻将增大。

（6）电感测量。与电容测量方法相同。

（7）晶体管放大倍数 hFE 的测量。转动开关至 $R\times10$hFE 处，同欧姆挡方法调零后将测试棒插入 NPN 型或 PNP 型晶体管的 N 或 P 孔内，表针指示值即为该管直流放大倍数。如指针偏转指示大于 1000 应首先检查：① 是否插错管脚。② 晶体管是否损坏。本仪表按硅三极管定标，复合三极管、锗三极管测量结果仅供参考。

（8）通路蜂鸣器检测。首先同欧姆挡一样将仪表调零，待蜂鸣器工作发出约 1 kHz 长鸣叫声，即可进行测量。当被测电路阻值低于 10 Ω 左右时，蜂鸣器发出鸣叫声，此时不必观察表盘即可了解电路通断情况。音量与被测线路电阻成反比关系，表盘指示值约为 $R\times3$（参考值）。

（9）红外遥控器发射信号检测。该挡是为判别红外线遥控发射器工作是否正常而设置的。旋至该挡时，将红外线发射器的发射头垂直对准表盘左下方接收窗口（偏差不大于±15°），按下需检测功能按钮如红色发光管闪亮，表示该发射器工作正常。在一定距离内（1～30 cm）移动发射器，还可以判断发射器输出功率状态。使用该挡时应注意：① 发射头必须垂直于接收窗口±15°内检测。② 当有强光直射接收窗口时，红色指示灯会点亮，并随入射光线强度不同而变化（此时可做光照度计参考使用）。所以检测红外遥控器时应将万用表表盘面避开强光直射。

（10）电池电量测量。使用 BATT 刻度线，该挡位可供测量 1.2～3.6 V 的各类电池（不包括纽扣电池）电量用。负载电阻 $R_L=8\sim12\ \Omega$。测量时将电池按正确极性搭在两根插头上，观察表盘上 BATT 对应刻度，分别为 1.2 V、1.5 V、2 V、3 V、3.6 V 刻度。绿色区域表示电池电力充足，“？”区域表示电池尚能使用，红色区域表示电池电力不足。测量纽扣电池及小容量电池时，可用直流 2.5 V 电压挡（$R_L=50$ k）进行测量。

（11）负载电压 V_L(V)（稳压）、负载电流 I_L(mA)（参数测量）。该挡主要用于测量在不同的电流下非线性器件电压降性能参数或反向电压降（稳压）性能参数，如发光二极管、整流二极管、稳压二极管及三极管等在不同电流下的电压曲线，或稳压二极管性能。测量方法同欧姆挡。

（12）标准电阻箱应用（Ω）。在一些特殊情况下，可利用本仪表直流电压或电流挡作为标准电阻使用，当该表位于直流电压挡时，如 1 V 挡相当于 20 k 标准电阻（1.0 V×20 k＝20 k），其余各挡以此类推。当该表位于直流挡时，如 5 mA 挡相当于 50 Ω 标准电阻（0.25 V÷0.005 A＝50 Ω），其余各挡可根据技术规范类推。（注意：使用该项功能时，应避免表头过载而出现故障。）

（13）200 V 火线判别（测电笔功能）。将仪表旋至 220 V 火线判别挡位，首先将正负表棒插入 220 V 插孔内，此时红色指示灯应发亮，将其中任一根表棒拔出红色指示灯继续点亮的一端即为火线端。使用此挡时如发光管亮度不足应及时更换 9 V 层叠电池以免发生误判断。

（14）LED（稳压管）检测。挡位旋钮旋至 LED 挡，按欧姆挡调零方法调零，当指针不能调至零位时，请立即更换新电池，否则将影响测量精度。测量时可使用表棒或晶体管 ce 插孔，注意插孔的极性标识。表上标注的是 LED 的测试极性，稳压管为反向。读数参照 LED 专用刻度线。

4）注意事项

(1) 万用表虽有双重保护装置，但使用时仍应遵守下列规程，避免意外损失。

① 测量高压或大电流时，为避免烧坏开关，应在切断电源情况下变换量限。

② 测未知量的电压或电流时，应先选择最高数，待第一次读取数值后，方可逐渐转至适当位置以取得较准读数并避免烧坏电路。

③ 偶然发生因过载而烧断保险丝时，可打开表盒换上相同型号的保险丝(0.5 A/250 V)。

(2) 测量高压时，要站在干燥绝缘板上，并一手操作，防止意外事故。

(3) 电阻各挡用干电池应定期检查、更换，以保证测量精度。平时不用万用表应将挡位打到交流 250 V 挡；如长期不用应取出电池，防止电液溢出腐蚀损坏其他零件。

3. 胜利(VICTOR 88A)数字万用表

图 2-1-14 给出了 VICTOR 88A 型数字万用表的面板图。

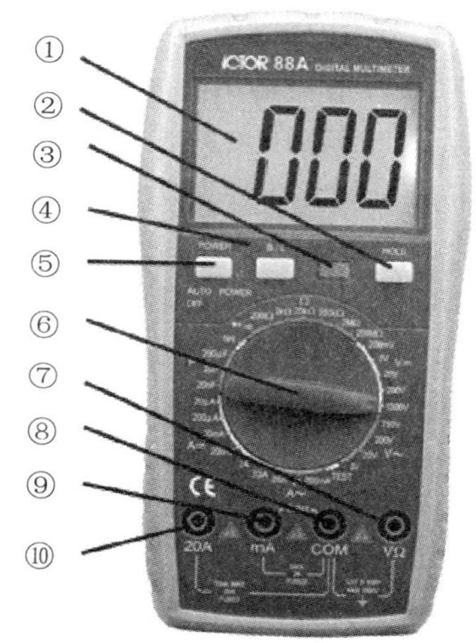

① 液晶显示测量数值；② HOLD 开关，保持显示数值；③ 火线识别指示灯；④ B/L 背光开关；
⑤ POWER 电源开关；⑥ 旋钮开关，用以选择测量功能和量程；⑦ 测量电压和电阻接口；
⑧ 公共地；⑨ 电流小于 2 A 的测量接口；⑩ 20 A 电流测量接口

图 2-1-14 胜利数字万用表

1）主要特性

(1) 液晶显示；

(2) 3 位半，最大显示 1999 字；

(3) 双积分式 A/D 转换测量；

(4) 约每秒 3 次的采样速率；

(5) 工作温度 0～40℃；

(6) 一块 9 V 电池供电。

2）基本功能、量程和准确度

胜利数字万用表的基本功能及性能见表 2-1-5，它同时还具备二极管测试、三极管测试、通断报警、火线判断、低电压显示、数据保持、自动关机、背光显示、保险保护、防震保护等功能。

表 2-1-5　胜利数字万用表的基本功能、量程及准确度

基本功能	量　程	基本准确度
直流电压	200 mV/2 V/20 V/200 V/1000 V	±(0.5%+3)
交流电压	2 V/20 V/200 V/750 V	±(0.8%+5)
直流电流	20 μA/200 μA/20 mA/200 mA/2 A/20 A	±(0.8%+4)
交流电流	200 mA/2 A/20 A	±(2.0%+5)
电阻	200 Ω/2 kΩ/20 kΩ/200 kΩ/2 MΩ/200 MΩ	±(0.8%+3)
电容	20 nF/2 μF/200 μF	±(2.5%+20)

2.2　直流稳压电源

在做各种电子线路实验时，经常需要一路或数路直流电压源来维持电路工作。这些电源的电压一般都不高，常用值有 3 V、5 V、6 V、9 V、12 V、15 V、18 V、24 V、30 V 等数种。需要它们提供的电流也不大，约为数百毫安至数安。在通常情况下，这些电压均用小功率直流稳压电源来产生。

2.2.1　概述

直流稳压电源的构成如图 2-2-1 虚线方框所示。变压器把 220 V 市电电压降低，经整流滤波后得到未经稳压的直流电压。这种直流电压的大小直接随市电电压变化，同时，由于整流滤波级存在不小的内阻，此电压也将随负载电流变化。稳压器的作用是使输出的电压恒定，不随市电电压和负载电流的大小变化。过流保护信号取自输出回路，由于某种原因(如发生负载短路等)使输出电流超过稳压电源所能提供的电流额定值时，过流保护电路工作，使稳压器截止，不再输出电压，从而保护了稳压器不受损害。当故障排除后，经人工启动(有的是自动启动)稳压器又重新恢复工作。

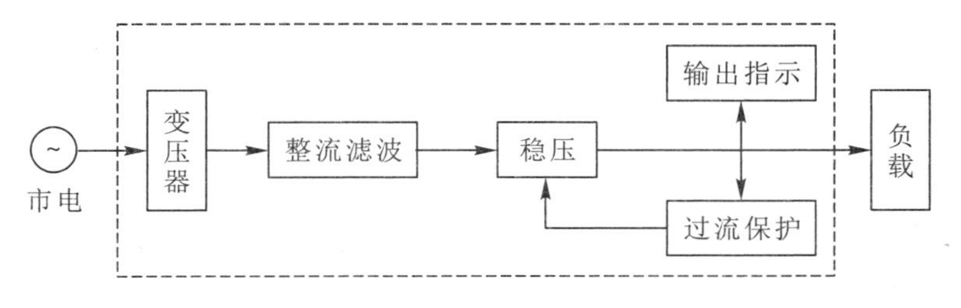

图 2-2-1　直流稳压电源方框图

2.2.2　SS1791 可跟踪直流稳定电源

SS1791 可跟踪直流稳定电源是一种高稳定度晶体管直流稳压电源，其面板图见图 2-2-2。该电源有两路独立输出，每路均有一只电表指示输出电压或输出电流，由“电压/

电流”(V/A)按钮开关控制转换。当输出过载或短路时，该电源能自动保护，使输出中断。当外电路故障排除后，只需重置电源开关，电源即自动恢复工作。

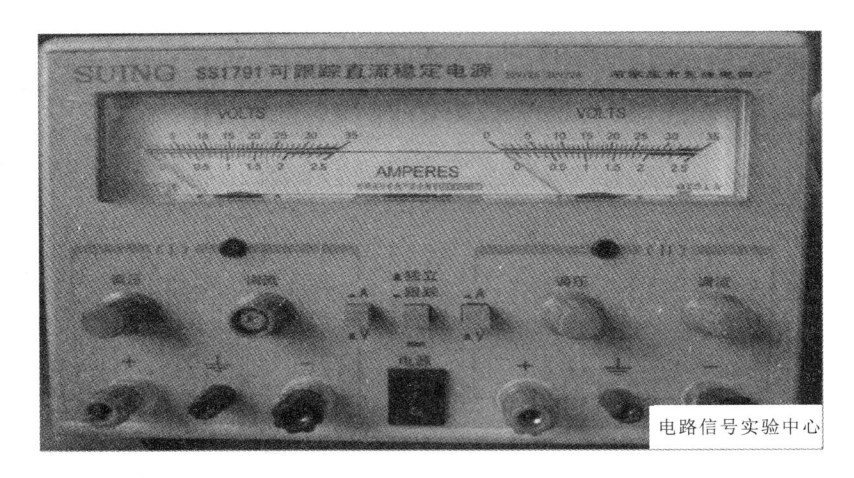

图 2-2-2　SS1791 可跟踪直流稳定电源面板图

1. 面板控制功能说明

(1) 电源开关：置“关”为电源关；置“开”为电源开。

(2) 调压：电压调节，调整稳压输出值。

(3) 调流：电流调节，调整稳流输出值。

(4) VOLTS：电压表，指示输出电压。

(5) AMPERES：电流表，指示输出电流。

(6) 跟踪/独立：跟踪/独立方式选择键，置独立时，两路输出各自独立；置跟踪时，两路为串联跟踪工作方式(或两路对称输出工作状态)。

(7) A/V：表头功能选择键，置 V 时，为电压指示；置 A 时，为电流指示。

2. 主要技术指标

(1) 输入交流电源为 220 V、50 Hz，允许电源电压变化范围为±10%。

(2) 两路输出电压均为 0～30 V，分挡连续可调。

(3) 两路输出电流，左边一路额定输出电流为 3 A；右边一路额定输出电流为 1 A。

(4) 电压稳定度不大于 3×10^{-4}。

(5) 纹波电压不大于 1 mV。

(6) 直流内阻不大于 5 mΩ。

3. 输出工作方式

(1) 独立工作方式：将跟踪/独立工作方式选择开关置于独立位置，即可得到两路输出相互独立的电源。

(2) 串联工作方式：将跟踪/独立工作方式选择开关置于独立位置，并将主路负接线端子与从路正接线端子用导线连接。此时两路预置电流应略大于使用电流。

(3) 跟踪工作方式：将跟踪/独立工作方式选择开关置于跟踪位置，并将主路负接线端子与从路正接线端子用导线连接，即可得到一组电压相同极性相反的电源输出，此时两路预置电流应略大于使用电流，电压由主路控制。

(4) 并联工作方式：将跟踪/独立工作方式选择开关置于独立位置，两路电压都调至使用电压，分别将两正接线端子、两负接线端子连接，便可得到一组电流为两路电流之和的输出。

4. 直流电压稳压输出时过流保护值的设定方法

调整调压旋钮使输出电压在 0.5～1.5 V 之间，将调流旋钮逆时针调至 0，短接本路输出接线柱，将电表选择开关置于电流挡，根据所需工作电流大小缓慢顺时针调节调流旋钮，同时观察电流表指示，使指示电流为所需要的保护电流(一般比使用电流稍大)，断开短接线，调节调压旋钮使输出电压为所需的工作电压，并将负载接至输出端即可正常使用。如不需要设定过流保护值，可将调流旋钮顺时针调至最大使用。将调流旋钮逆时针调至 0，电压调不上去或负载电压降属正常现象。

2.2.3　插接式实验板

插接式实验板结构示于图 2-2-3。实验板上半部装有若干个插孔组，每组插孔数不等(有 2、3 和 4 三种)，彼此用导线相连，形成一个“节点”。实验板的下半部装有五个实验用的电位器、晶体管等元件，元件的每一条引线均接有一个插孔。做实验所需的 R、L、C 等元件均焊接在专用的元件架上。每个元件架有两个插头，上面焊接一个元件。元件架可任意插于两相邻“节点”的两个相距最近的插孔上，相当于在两节点间接入一个元件。利用元件架的不同插接位置、外接仪表、实验板上提供的元件和带插头的导线，可以组成各种所需的实验线路(如图 2-2-3 中 A、B 端接有 R_1 和 R_2 串联电路)，使用灵活方便。

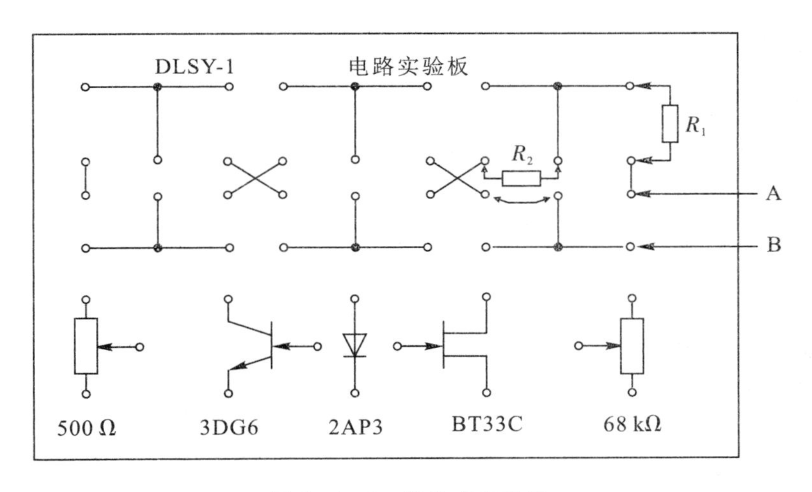

图 2-2-3　插接式实验板

2.3　信号发生器

信号发生器是电子测量技术中的基本信号源。根据测量技术的各种需要，信号发生器有多种类型。例如，按照产生信号的波形分有正弦波、方波、脉冲及能够输出多种波形的函数发生器等，其中最基本的是正弦波信号发生器。正弦波信号发生器按照产生信号的频率范围又分为超低频、低频、高频、超高频等类型。此外，尚有其他分类方法，不一一叙述。

2.3.1 概述

正弦波信号发生器的一般组成如图 2-3-1 所示。振荡器用来产生稳定的正弦电压，其频率可通过频率粗调旋钮(又称频段开关)和频率细调旋钮分别做频段变换，可实现在任一频段内对振荡频率的连续调节，频率读数由专设频率刻度(或数字显示)给出。放大器的作用是将振荡器产生的正弦电压适当放大，同时使振荡器与负载隔离，以保证振荡器自身的工作条件不受负载变化的影响。放大器设有幅度调节旋钮，借助于电压表的指示可调节输出电压的大小，使之达到所需数值。输出衰减旋钮用来改变衰减器的衰减值，它可使放大器输出的电压衰减若干倍后再送往信号发生器的输出端。

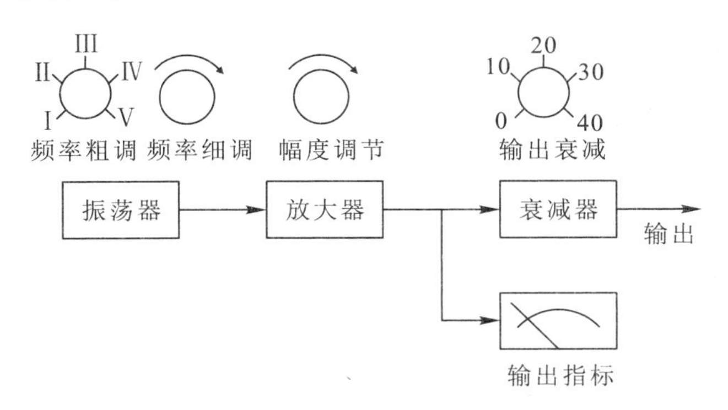

图 2-3-1 正弦波信号发生器组成

正弦波信号发生器的主要工作特性如下：

(1) 有效频率范围。输出信号在此频率范围内保证满足仪器规定的各项技术指标。当有效频率范围较宽时，可分若干频段，在每一分频段内频率连续可调。低频信号发生器的有效频率范围一般是 20～200 kHz，有的仪器频率上限可达 5 MHz～10 MHz，高频信号发生器的有效频率范围是 100 kHz～30 MHz。

(2) 频率准确度。频率准确度指信号发生器输出信号的实际频率偏离刻度盘标识读数(标称值)的百分数，一般为±(1～3)%。

(3) 频率稳定度。频率稳定度是频率准确度的保证，是在一定时间间隔内仪器连续工作时，输出信号频率偏离标称值的百分数。频率稳定度一般应比频率准确度高 1～2 个数量级，通常的水平是优于 10^{-3}～10^{-4}。频率稳定度可以包含在工作误差极限内而不单独给出，此时应给出仪器不超过工作误差极限的连续工作的最长时间间隔。

(4) 输出电平。低频信号发生器有电压输出(一般为 0～10 V 连续可调)及功率输出(0.5 W 以上，最大输出功率视仪器的用途而异)两种。高频信号发生器的输出电压一般较低，但连续可调范围极宽，通常可从 1 μV 调至 1～2 V。

2.3.2 SPF10A 型数字合成信号发生器

图 2-3-2 所示 SPF10A 型数字合成信号发生器是一台精密的测试仪器，具有输出函数信号、调频、调幅、FSK、PSK、猝发、频率扫描等功能。此外，该仪器还具有测频和计数的功能。该仪器是电子工程师、电子实验室、生产线及教学、科研的理想测试设备。

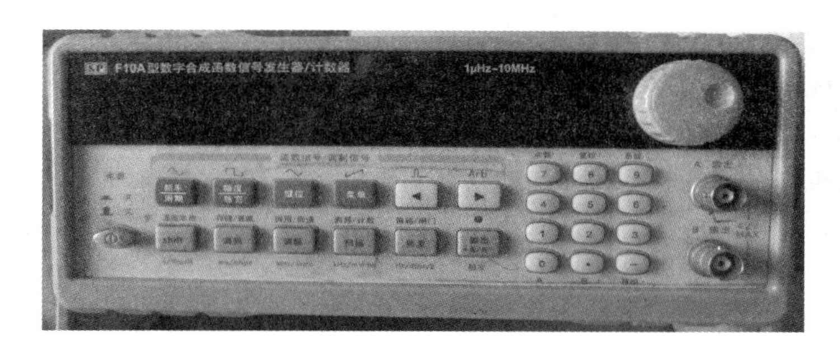

图 2-3-2　SPF10A 型数字合成信号发生器

1. 主要特性

(1) 采用直接数字合成技术(DDS)。

(2) 主波形输出频率为 1 μHz～20 MHz。

(3) 小信号输出幅度可达 1 mV。

(4) 脉冲波占空比分辨率高达千分之一。

(5) 数字调频、调幅分辨率高。

(6) 猝发模式具有相位连续调节功能。

(7) 频率扫描输出可任意设置起点、终点频率。

(8) 相位调节分辨率达 0.1 度。

(9) 调幅调制度在 1%～100%之间可任意设置。

(10) 具有频率测量和计数的功能。

(11) 机箱造型美观大方，按键操作舒适灵活。

(12) 具有第二路输出，可控制和第一路信号的相位差。

2. 技术指标

1) 波形特性

(1) 主波形：正弦波、方波、TTL 波；

(2) 波形幅度分辨率：12 bit；

(3) 采样速率：200 Msa/s；

(4) 正弦波谐波失真：－50 dBc(频率≤5 MHz)、－45 dBc(频率≤10 MHz)、－40 dBc(频率＞10 MHz)；

(5) 正弦波失真度：≤0.2%(f：20 Hz～100 kHz)；

(6) 方波升降时间：≤25 ns(SPF05A≤40 ns)。

2) 频率特性

(1) 可调信号频率范围：1 μHz～10 MHz；

(2) 频率误差：≤$\pm 5\times 10^{-4}$；

(3) 频率稳定度：优于$\pm 1\times 10^{-4}$。

3) 幅度特性

(1) 幅度范围：1 mV～20 Vp-p(高阻)、0.5 mV～10 Vp-p(50 Ω)；

(2) 最高分辨率：2 μVp-p(高阻)，1 μVp-p(50 Ω)；

(3) 幅度误差：≤±2%+0.2 mV(频率 1 kHz 正弦波)；

(4) 幅度稳定度：±1% /3 小时；
(5) 输出阻抗：50 Ω；
(6) 幅度单位：Vp－p、mVp－p、Vrms、mVrms、dBm。
4) 偏移特性
(1) 直流偏移(高阻)：±(10 V－Vpk ac)，(偏移绝对值≤2×幅度峰峰值)；
(2) 最高分辨率：2 μV(高阻)、1 μV(50 Ω)；
(3) 偏移误差：≤±5% ＋20 mV(高阻)。
5) 调幅特性
(1) 载波信号：波形为正弦波，频率范围同主波形；
(2) 调制方式：内或外；
(3) 调制信号：内部 5 种波形(正弦、方波、三角、升锯齿、降锯齿)或外输入信号；
(4) 调制信号频率：1 Hz～20 kHz；
(5) 失真度：≤2%；
(6) 调制深度：1%～100%；
(7) 相对调制误差：≤±5% ＋0.5；
(8) 外输入信号幅度：3 Vp－p(－1.5 V～＋1.5 V)。
6) 调频特性
(1) 载波信号：波形为正弦波，频率范围同主波形；
(2) 调制方式：内或外(外为选件)；
(3) 调制信号：内部 5 种波形(正弦、方波、三角、升锯齿、降锯齿)；
(4) 调制信号频率：1 Hz～10 kHz；
(5) 频偏：内调频最大频偏为载波频率的 50%，同时满足频偏加上载波频率不大于最高工作频率＋100 kHz；
(6) FSK：频率 1 和频率 2 任意设定；
(7) 控制方式：内或外(外控 TTL 电平，低电平 F1，高电平 F2)；
(8) 交替速率：0.1 ms～800 s。
7) 调相特性
(1) 基本信号：波形为正弦波，频率范围同主波形；
(2) PSK：相位 1(P1)和相位 2(P2)范围为 0.1°～360.0°；
(3) 分辨率：0.1°；
(4) 交替时间间隔：0.1 ms～800 s；
(5) 控制方式：内或外(外控 TTL 电平，低电平 P2，高电平 P1)。
8) 触发
(1) 基本信号：波形为正弦波，频率范围同主波形；
(2) 触发计数：1～30000 个周期；
(3) 触发信号交替时间间隔：0.1 ms～800 s；
(4) 控制方式：内(自动)/外(单次手动按键触发、外输入 TTL 脉冲上升沿触发)。
9) 频率扫描特性
(1) 信号波形：正弦波；

(2) 扫描范围：扫描起始点频率(1 μHz≤f≤20 MHz)；

(3) 扫描终止点频率：1 μHz≤f≤20 MHz；

(4) 扫描时间：1 ms～800 s(线性)，100 ms～800 s(对数)；

(5) 外触发信号频率：≤1 kHz(线性)，≤10 Hz(对数)；

(6) 控制方式：内(自动)/外(单次手动按键触发、外输入 TTL 脉冲上升沿触发)。

10)调制信号输出

(1) 输出频率：1 Hz～20 kHz；

(2) 输出波形：正弦、方波、三角、升锯齿、降锯齿；

(3) 输出幅度：5 Vp-p±2%；

(4) 输出阻抗：600 Ω。

11) 存储特性

(1) 存储参数：信号的频率值、幅度值、波形、直流偏移值、功能状态；

(2) 存储容量：10 个信号；

(3) 重现方式：全部存储信号用相应序号调出。

12) 计算特性

在数据输入和显示时，既可以使用频率值也可以使用周期值，既可以使用幅度有效值也可以使用幅度峰值和 dBm 值。

13) 操作特性

除了数字键直接输入以外，还可以使用调节旋钮连续调整数据，操作方法可灵活选择。

2.3.3　XFG-7 型高频信号发生器

1. 工作原理

XFG-7 型高频信号发生器是一台频率从 100 kHz 至 30 MHz 的标准调幅信号发生器。输出信号的频率分八个频段，每个频段内频率连续可调。频率调节使用游标旋钮，有缓动装置，正确调节时频率刻度的基本误差不超过±1%。

图 2-3-3 示出了 XFG-7 型高频信号发生器的原理方框图和面板图。高频振荡器产生高频载波信号(等幅正弦信号)，送至高频放大器。在高放级可以调节载波电平，同时也可加入低频信号对载波进行调制(使载波幅度随低频信号变化)。被放大的载波信号或已调信号经细调衰减器后可由 0～1 V 插孔输出，也可再经步进衰减器由 0～0.1 V 插孔输出。高频放大器输出的载波信号由输出电压测量器指示其大小，调幅信号的调制度由调制度测量器显示。

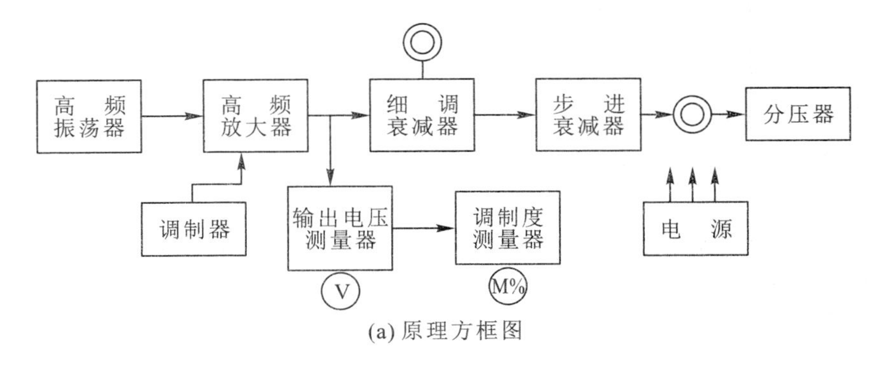

(a) 原理方框图

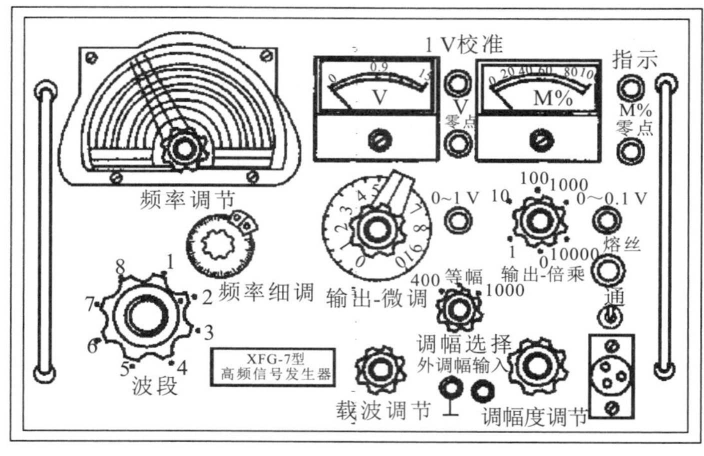

(b) 面板图

图 2-3-3 XFG-7 型高频信号发生器

2. 使用方法

1）开机前的准备及注意事项

(1) 检查仪器的电源电压变换插头，看其与供电电压是否相符。

(2) 仪器接通电源前应将各旋钮旋至起始位置，即“载波调节”和“调幅度调节”左旋至极点，“微调”旋钮旋至最小，“倍乘”旋钮旋至 1，电源开关置“断”。

(3) 输出电压大小不要求精确时，可使用“0～1 V”插孔，并用无分压器的电缆输出。

(4) 输出电压要求精确时，需开机预热半小时以上再使用仪器，并且在下列条件下才能保证读数准确：由“0～0.1 V”插孔并用带有分压器的电缆输出；电表精确调零：将波段开关旋至空挡(此时发生器不工作)，用“零点”调节旋钮调整“V”表至零位。载波电压保持在 1 V 指示上。

2)等幅波输出

(1) “调幅选择”置“等幅”位置。

(2) 先将“游标旋钮”的零分度线与标志线对齐，再将“波段”开关旋至所需波段，转动“频率调节”旋钮使频率指针指向所需频率。旋动“载波调节”使“V”表指针指向“1”，然后用游标旋钮精确地调节频率。

游标旋钮使用方法：使用“游标旋钮”时，应首先确定在所用频率附近该旋钮每旋动一个分度所代表的频率变化数值。例如，使用频率在 1000 kHz 附近，应首先把波段开关置第 4 波段，调节游标旋钮至零位，再转动频率调节旋钮使频率指针指向 1000 kHz，此时输出振荡频率为 1000 kHz；转动游标旋钮，使振荡频率改变 $\Delta f=20$ kHz，发现游标旋钮变化 $n=10$小分度，由此得知每一分度代表的频率增量为 $\Delta=\Delta f/n=2$ kHz/分度。所以，自游标零位，频率指针自 1000 kHz 起，若游标旋钮向频率增加方向每旋动 2 分度，则输出振荡频率 $f=1000\ \text{kHz}+2\Delta=1004$ kHz。若向频率减小方向旋转游标旋钮，则上式变为相减。

注意：频率刻度盘为不均匀刻度，且每条刻度线所代表的频率值不同，而游标旋钮为等分度，故每分度所代表的频率增量与使用波段及频率指针位置有关。只有当频率变化范围不大时，方可近似地把不均匀刻度“等分”为几个游标分度，才有上述结果。

(3) 若使用“0～1 V”插孔，则“V”表指向“1”，“微调”指向“10”时，输出电压为1 V，故输出电压可直接从“输出微调”刻度盘上读出。

(4) 使用“0～0.1 V”插孔时，输出读数为

“V”读数×“微调”度盘刻度×“倍乘”数×分压系数

例如，频率为 1 MHz，“V”表指 1，“微调”指 5，“倍乘”为 10，电缆终端分压系数为 0.15，则输出电压为 1×5×10×0.15(μV)。

3) 内调制

(1) “调幅选择”开关置“400～”或“1000～”，“调幅度调节”旋钮左旋至最小。

(2) 按前述方法把“V”表调零，然后调节“调幅度调节”旋钮，使“M%”表指到所需的调幅度，即可得到 400 Hz 或 1000 Hz 的正弦调幅波输出。

2.3.4　TFG1010 DDS 函数信号发生器

1. 概述

TFG1010 系列 DDS 函数信号发生器采用直接数字合成技术(DDS)，具有快速完成测量工作所需的高性能指标和众多的功能特性。其简单而功能明晰的前面板设计和液晶显示界面更便于操作和观察，可扩展的选件功能可获得更强的系统特性。

图 2-3-4 为 TFG1010 DDS 函数信号发生器的面板图。

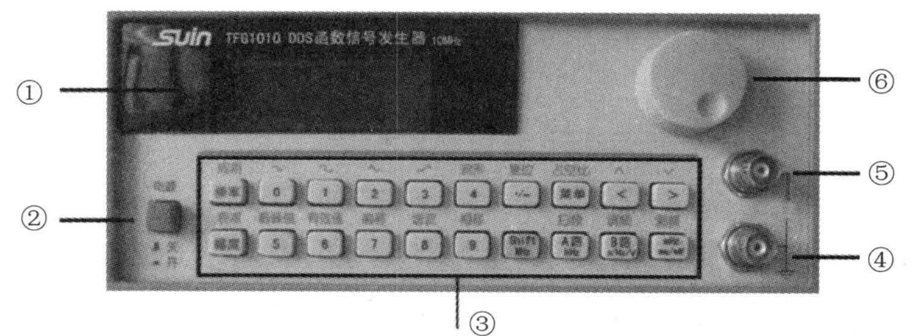

①液晶显示屏；②电源开关；③键盘；④输出；⑤输出A；⑥调节旋钮

(a) 前面板

①调制/外测输入；②TTL输出；③AC220 V电源插座

(b) 后面板

图 2-3-4　TFG1010 DDS 函数信号发生器的面板图

1) 显示说明

液晶显示屏上面一行为功能和选项显示，左边两个汉字显示当前功能，在“A 路单频”和“B 路单频”功能时显示输出波形；右边四个汉字显示当前选项，在每种功能下各有不同的选项。带阴影的选项为常用选项，可使用面板上的快捷键直接选择。不带阴影的选项较不常用，需要首先选择相应的功能，然后使用【菜单】键循环选择。显示屏下面一行显示当

前选项的参数值。

2）键盘说明

仪器前面板上共有20个按键(见图2-3-4(a))，按键上已表示该键的基本功能，直接按键即可执行该功能。键上方的文字表示该键的上挡功能，首先按【Shift】键，屏幕右下方显示“S”，再按某一键可执行该键的上挡功能。20个按键的基本功能如下，19个按键的上挡功能将在后面相应章节中叙述。

【频率】【幅度】键：频率和幅度选择键。

【0】【1】【2】【3】【4】【5】【6】【7】【8】【9】键：数字输入键。

【·/-】键：在数字输入之后输入小数点，“偏移”功能时输入负号。

【MHz】【kHz】【Hz】【mHz】键：双功能键，在数字输入之后执行单位键功能，同时作为数字输入的结束键。不输入数字，直接按【MHz】键执行“Shift”功能；直接按【kHz】键执行“A路”功能；直接按【Hz】键执行“B路”功能；直接按【mHz】键可以循环开启或关闭按键时的提示声响。

【菜单】键：用于选择项目表中不带阴影的选项。

【<】【>】键：光标左右移动键。

2. 工作原理

图2-3-5为TFG1010 DDS函数信号发生器的原理框图。

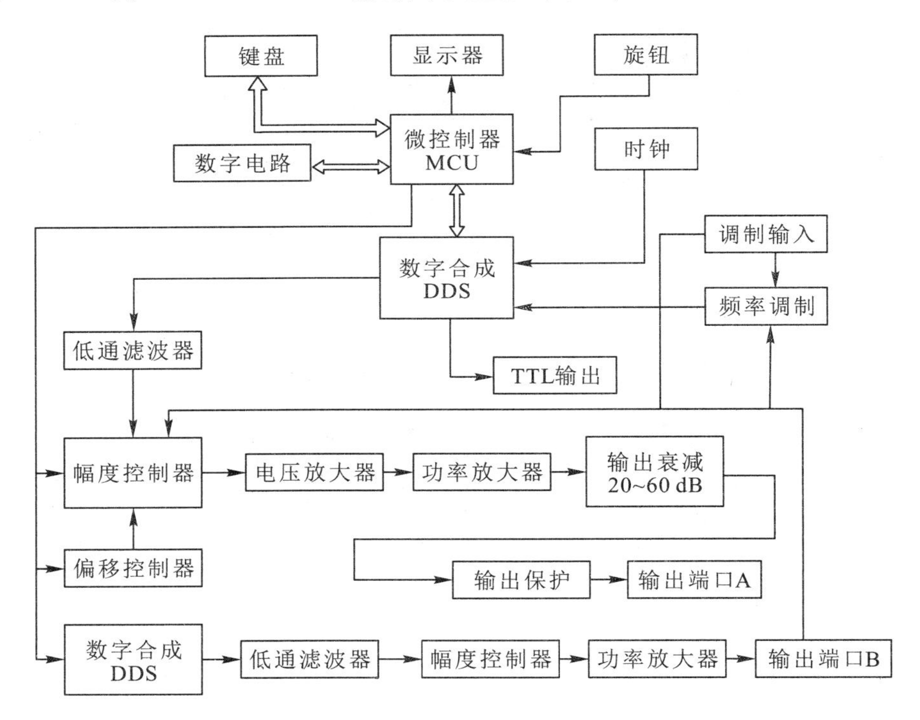

图2-3-5 TFG1010 DDS函数信号发生器原理框图

1）直接数字合成工作原理

要产生一个电压信号，传统的模拟信号源是采用电子元器件以各种不同的方式组成振荡器，其频率精度和稳定度都不高，而且工艺复杂，分辨率低，频率设置和实现计算机程控也不方便。直接数字合成(DDS)技术是最新发展起来的一种信号产生方法，它完全没有振荡器元件，而是用数字合成方法产生一连串数据流，再经过数/模转换器产生出一个预先设定的模拟信号。

例如要合成一个正弦波信号，首先将函数 $y=\sin x$ 进行数字量化，然后以 x 为地址，以 y 为量化数据，依次存入波形存储器。DDS 使用了相位累加技术来控制波形存储器的地址，在每一个采样时钟周期中，都把一个相位增量累加到相位累加器的当前结果上，通过改变相位增量即可改变 DDS 的输出频率值。根据相位累加器输出的地址，由波形存储器取出波形量化数据，经过数/模转换器和运算放大器转换成模拟电压信号。由于波形数据是间断的取样数据，所以 DDS 发生器输出的是一个阶梯正弦波形，必须经过低通滤波器将波形中所含的高次谐波滤除掉，输出即为连续的正弦波。数/模转换器内部带有高精度的基准电压源，因而保证了输出波形具有很高的幅度精度和幅度稳定性。

幅度控制器是一个数/模转换器，根据操作者设定的幅度数值，产生出一个相应的模拟电压，然后与输出信号相乘，使输出信号的幅度等于操作者设定的幅度值。偏移控制器是一个数/模转换器，根据操作者设定的偏移数值，产生出一个相应的模拟电压，然后与输出信号相加，使输出信号的偏移等于操作者设定的偏移值。经过幅度、偏移控制器的合成信号再经过功率放大器进行功率放大，最后由输出端口 A 输出。

2) 操作控制工作原理

微控制器通过接口电路控制键盘及显示器，当有键按下的时侯，微处理器识别出被按键的编码，然后转去执行该键的命令程序。显示电路使用菜单字符将仪器的工作状态和各种参数显示出来。面板上的旋钮可以用来改变光标指示位的数字，每旋转 15°角可以产生一个触发脉冲，微控制器能够判断出旋钮是左旋还是右旋，如果是左旋则使光标指示位的数字减一，如果是右旋则加一，并且连续进位或借位。

3. 使用方法

下面举例说明 TFG1010 DDS 函数信号发生器的基本操作方法，可满足一般使用的需要，如果遇到疑难问题或较复杂的使用，可以仔细查阅相关资料或仪器说明。

1) A 路参数设定

(1) 按【A 路】键，选择“A 路单频”功能，A 路频率设定：设定频率值 3.5 kHz 为【频率】【3】【.】【5】【kHz】。

(2) A 路频率调节：按【<】或【>】键可移动数据上边的三角形光标指示位，左右转动旋钮可使指示位的数字增大或减小，并能连续进位或借位，由此可任意粗调或细调频率。其他选项数据也都可用旋钮调节，不再赘述。

(3) A 路周期设定：设定周期值 25 ms 为【Shift】【周期】【2】【5】【ms】。

(4) A 路幅度设定：设定幅度值为 3.2 V 为【幅度】【3】【.】【2】【V】。

(5) A 路幅度格式选择：有效值或峰峰值为【Shift】【有效值】或【Shift】【峰峰值】。

(6) A 路常用波形选择：A 路选择正弦波、方波、三角波、锯齿波为【Shift】【0】，【Shift】【1】，【Shift】【2】，【Shift】【3】。

(7) A 路其他波形选择：A 路选择指数波形为【Shift】【波形】【1】【2】【Hz】。

(8) A 路占空比设定：A 路选择方波，占空比 65％为【Shift】【占空比】【6】【5】【Hz】。

(9) A 路衰减设定：选择固定衰减 0 dB(开机或复位后选择自动衰减 AUTO)为【Shift】

【衰减】【0】【Hz】。

(10) A路偏移设定：在衰减选择0 dB时，设定直流偏移值为−1 V为【Shift】【偏移】【−】【1】【V】。

(11) A路频率步进：设定A路步进频率12.5 Hz为按【菜单】键选择“步进频率”，按【1】【2】【.】【5】【Hz】，然后每按一次【Shift】【∧】，A路频率增加12.5 Hz；每按一次【Shift】【∨】，A路频率减少12.5 Hz。

2) B路参数设定

(1)按【B路】键，选择“B路单频”功能，B路的频率、周期、幅度、峰峰值、有效值、波形、占空比的设定和A路相类同。

(2) B路谐波设定：设定B路频率为A路频率的一次谐波为【Shift】【谐波】【1】【Hz】。

(3) B路相移设定：设定A B两路的相位差为90°即【Shift】【相移】【9】【0】【Hz】。

3) A路频率扫描

按【Shift】【扫频】，A路输出频率扫描信号，使用默认扫描参数。扫描方式设定：设定往返扫描方式。按【菜单】键选中“扫描方式”，按【2】【Hz】。

4) A路频率调制

按【Shift】【调频】，A路输出频率调制(FM)信号，使用默认调制参数。调频频偏设定：设定调频频偏5%，按【菜单】键选中“调频频偏”，按【5】【Hz】。

5) 复位初始化

开机后或按【Shift】【复位】键后仪器的初始化状态如下：

(1) A B路波形：正弦波 A B路频率为1 kHz；A B路幅度为1 Vp-p。

(2) A B占空比：50% A路衰减为AUTO；A路偏移为0 V。

(3) B路谐波：1.0；B路相移为90°。

(4) 始点频率：500 Hz终点频率为5 kHz；步进频率为10 Hz。

(5) 间隔时间：10 ms扫描方式为正向。

(6) 载波频率：50 kHz载波幅度为1 Vp-p；调制频率为1 kHz。

(7) 调频频偏：1.0%调制波形为正弦波。

(8) 闸门时间：1000 ms。

2.4 交流毫伏表

交流毫伏表是一种测量正弦交流电压有效值的指针式仪表。

2.4.1 概述

交流毫伏表与普通的交流电压表有三个明显的区别：一是它可以测量很微弱(mV数量级)的交流电压信号(因为它的内部有放大电路)；二是测量精度高；三是输入电阻很高，它的接入对被测电路影响很小。

2.4.2 YB2174C型交流毫伏表

YB2174C型交流毫伏表如图2-4-1所示。

图 2-4-1　YB2174C 型交流毫伏表

1. 常用控制按键及其功能

(1) 电源开关(开、关交流毫伏表);

(2) 机械零点调整旋钮(调整指针的零点);

(3) 量程选择旋钮(选择交流毫伏表的量程);

(4) 输入端口(输入被测信号);

(5) 输出端口(输出信号)。

2. 主要技术指标

(1) 电压测量范围:100 μV～300 V;

(2) 电压测量频率范围:5 Hz～2 MHz;

(3) 电压量程:12 挡 100 μV～－300 V;

(4) 分贝量程:12 挡－60 dB～＋50 dB;

(5) 测量电压误差:满度(kHz 为基准)≤ ±3%;

(6) 频率响应:20 Hz～200 kHz 时≤±3%,5 Hz～20 Hz、200 kHz～2 MHz 时≤±10%;

(7) 最大输入电压:300 V(1 mV～1V 量程),500 V(3 V～300 V 量程);

(8) 输入阻抗:≤10 MΩ;

(9) 输入电容:≤50 pF。

3. 交流毫伏表的使用

(1) 初始设置。量程选择旋钮置于 300 V。

(2) 开机。按下电源开关,电源指示灯亮,经过约 1 分钟预热,仪器便处于工作状态。

(3) 调零。将输入探头的信号端和接地端短路,分别变换量程选择旋钮,若发现指针不在零点,则使用平口小起子调整机械零点调整旋钮,使指针指向零点,有时需要反复调整。

(4) 测量。用探头将被测信号引入交流毫伏表输入端口,调节量程选择旋钮,选择适当的量程使仪器指针偏转尽可能大，但不能超过量程。接地端要接牢，否则测试效果不好，测量完毕时，拆线先拆接非地端连接导线，后拆接地端。

(5) 读数。YB2172 型晶体管毫伏表有三条刻度线：第一条满偏值为 1.1，供量程开关 0.1，1，10 等位置时使用；第二条满偏值为 3.5，供量程开关 0.3，3，30 等位置时使用；第三条刻度线为测量电平(dB)时使用。

读数时注意让表针压住表针在镜中的像。

(6) 善后处理。仪器使用完毕，将量程选择旋钮置于最大(300 V)处，关闭电源开关，拆去探头。

2.5 示　波　器

示波器是一种具有多种用途的电信号特性测试仪，可用它观察电信号波形，测试电信号幅度、周期、频率和相位，测量脉冲信号的宽度、前后测量时间以及观察脉冲的上冲、下冲、阻尼振荡等现象。若配合各种传感器(换能器)，示波器还可用来测量温度、压力、张力、振动、速度、加速度等各种非电物理量。所以，示波器是一种应用范围极广的电子测量仪器。

2.5.1 概述

示波器主要可分为模拟示波器和数字示波器两大类；也可以根据具体应用场景进行分类，有用于频率很低的超低频示波器，也有用于频率极高、响应速度极快的高速采样示波器；有单迹显示的示波器，也有双迹和多迹显示的示波器。当前，配有电脑的智能示波器的应用也日趋广泛。

示波器始创于 20 世纪 40 年代，泰克公司成功开发了带宽为 10 MHz 的同步示波器，早期应用于雷达和电视的开发，是近代示波器的基础。50 年代，半导体和电子计算机的问世，促使示波器的带宽达到了 100 MHz。70 年代，模拟示波器技术达到高峰，模拟示波器技术从此没有更大的发展，逐渐被数字示波器取代。90 年代后，数字示波器除了带宽提高到 1 GHz 以上，更重要的是它的全面性能已超越了模拟示波器。

2.5.2 模拟示波器原理简介

普通示波器结构框图示于图 2-5-1。它由示波管、Y 通道(或称 Y 轴系统)、X 通道、扫描发生器和高低压供电电源几部分组成。

1. 模拟示波器的工作原理

阴极射线示波管(简称 CRT)由电子枪、荧光屏和偏转板三大部分组成，其结构示意于图 2-5-2。示波管的工作原理简述如下。

1) 电子枪

如图 2-5-2 所示，电子枪包括灯丝 f、阴极 K、控制栅极 G、加速极 M、第一阳极 A_1 和第二阳极 A_2。灯丝用来给阴极加热，使氧化物阴极产生热电子发射。控制栅做成圆筒形，顶部开孔，罩在阴极上，栅极电位比阴极低，对电子起排斥作用，改变栅极电位可以控制穿过栅极小孔的电子流密度，从而达到调节荧光屏上光迹亮度的目的。K、G、M 和 A_1 构成第一电子透镜，使穿过 G 小孔的电子受 M 加速的同时又向中央“聚焦”成电子束射向荧光屏。调节聚焦旋钮，即改变 A_1 的电位以改变电子透镜的焦距。聚焦好时，电子束汇聚的焦点刚好落在荧光屏上，打出小而清晰的光点。A_1 和 A_2 又形成第二电子透镜，调节 A_2 电位可改善聚焦，使光点更圆更小，称辅助聚焦。

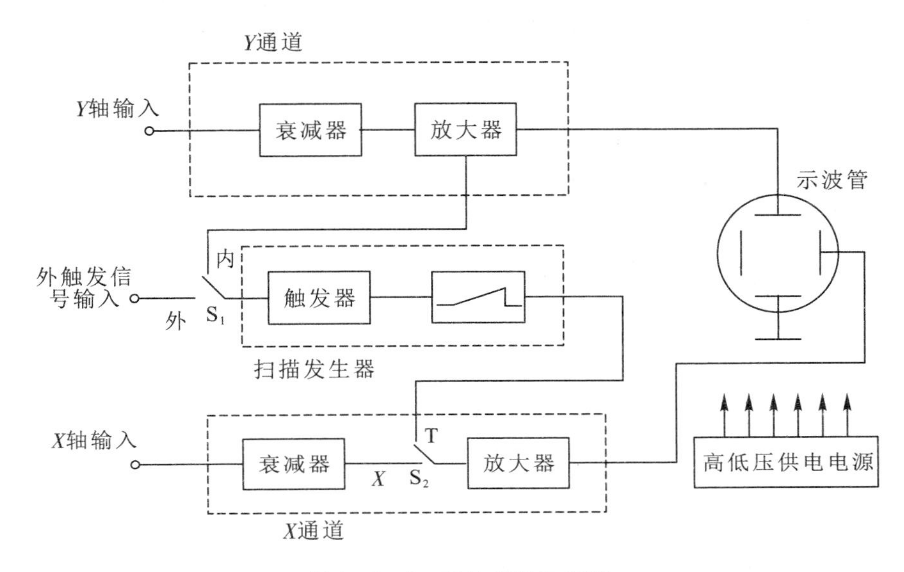

图 2-5-1　示波器结构框图

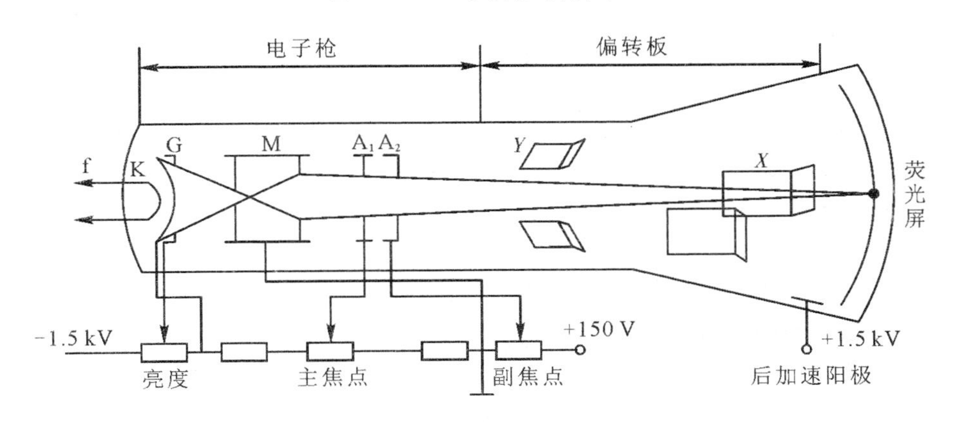

图 2-5-2　示波管及其供电系统

2）荧光屏

示波管的荧光屏是在示波管屏幕内壁上敷一层荧光粉制成的。荧光粉受高速电子流轰击时便发出荧光。电子流轰击停止，荧光屏不马上消失而要保留一段时间，称为余辉。不同材料制成的荧光粉其余辉长短不同，通常分三种：短余辉(10 μs～1 ms)、中余辉(1 ms～0.1 s)和长余辉(0.1 s～1 s 以上)。短余辉示波管适于观察高速变化的信号或过程，长余辉则适于观察缓慢变化的过程。

高速电子流轰击荧光屏使之发光的同时还伴有热量产生，电子密度过密的电子束长时间轰击屏幕上一点时，会导致该点因过热而使发光效率降低，严重时可能烧出黑斑，所以使用示波器时不要使光迹过亮，更不能使电子束长时间轰击一点。

3）偏转板

示波管中共有两对偏转板：一对叫 Y 偏转板，也叫垂直偏转板，由上、下两块平行的金属极板组成；一对叫 X 偏转板，也叫水平偏转板，由左、右两块平行的金属极板组成。

当 X 和 Y 两对偏转板上都不加电压时，电子束将穿过它们直射荧光屏中心，所以光点位于屏的正中央。

若于 Y 偏转板上施加电压 U_Y，二极板间就建立了电场。电子束穿过此电场时便向高电位极板方向发生偏转，打在荧光屏上的位置将偏离中心一定距离 y，如图 2-5-3 所示。事实上 $y \propto U_Y$，即电子束在荧光屏上偏移的距离 y 正比于加到偏转板两端的电压 U_Y，这是示波器测量的理论基础。

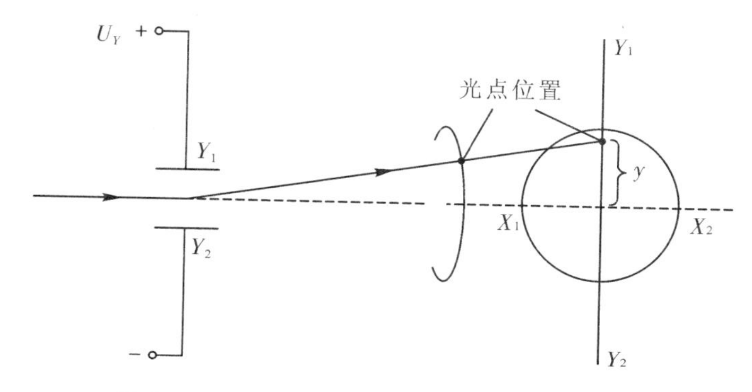

图 2-5-3　电子束在偏转电场作用下发生偏转

通常，上述关系可简写为 $y=A_YU_Y$。A_Y 表示二偏转板间每加 1 V 电压光点在荧光屏上移动的距离；它的倒数 $S_Y=1/A_Y$ 称为 Y 轴灵敏度，表示欲使光点在荧光屏上沿 Y 轴方向每移动单位距离，Y 偏转板需加的电压值，常表示为 V/cm 或 V/div（div 即 division，意为分度）。使用示波器测电压时，经常用到这一参数。

若加于 Y 偏转板上的电压是交变电压 u，则电子束在交变电场力作用下不停地上下摆动，在荧光屏上描出的轨迹将是一条竖直方向的亮线。

X 偏转板的原理与 Y 偏转板相同，对应地有 $x=A_XU_X$ 及 $S_X=1/A_X$。S_X 称为 X 轴灵敏度，表明欲使光点在荧光屏上沿 X 轴方向每移动单位长度，X 偏转板需施加的电压值。不过在进行波形测量时，X 轴均用作时间轴 t，这时应将灵敏度 S_X 中的电压 U_X 与时间 t 相关联，于是 S_X 表示为 S_t，单位为 s/cm 或 s/div。

2. 波形显示原理

要显示随时间 t 变化的电压波形，例如显示正弦电压 $u(t)=U_m\sin(\omega t)$ 的波形，我们可选取荧光屏的纵轴 Y 为电压轴，横轴 X 为时间轴。

为使 X 轴代表时间，需在 X 偏转板上加一周期性锯齿形电压（由锯齿电压发生器产生，经 X 轴系统加于 X 偏转板）。由于在每一周期之内锯齿电压是时间的线性函数（见图 2-5-4），即 $u_X(t)=kt$，所以只需调整光点位置，使之在锯齿周期之始（$u_X(0)=0$）处于 X 轴的左端，在锯齿周期之末（$u_X(T)=kT$）处于 X 轴的右端，则光点将在每一锯齿电压控制下，周而复始地从左端沿 X 轴等速移动到右端，我们称之为“扫描”。这样，光点在 X 轴的位置就与时间相关联，所以也称光点扫描轨迹为“时间基线”，简称时基。时基通常以 μs/cm 定标，即前面述及的 S_t。

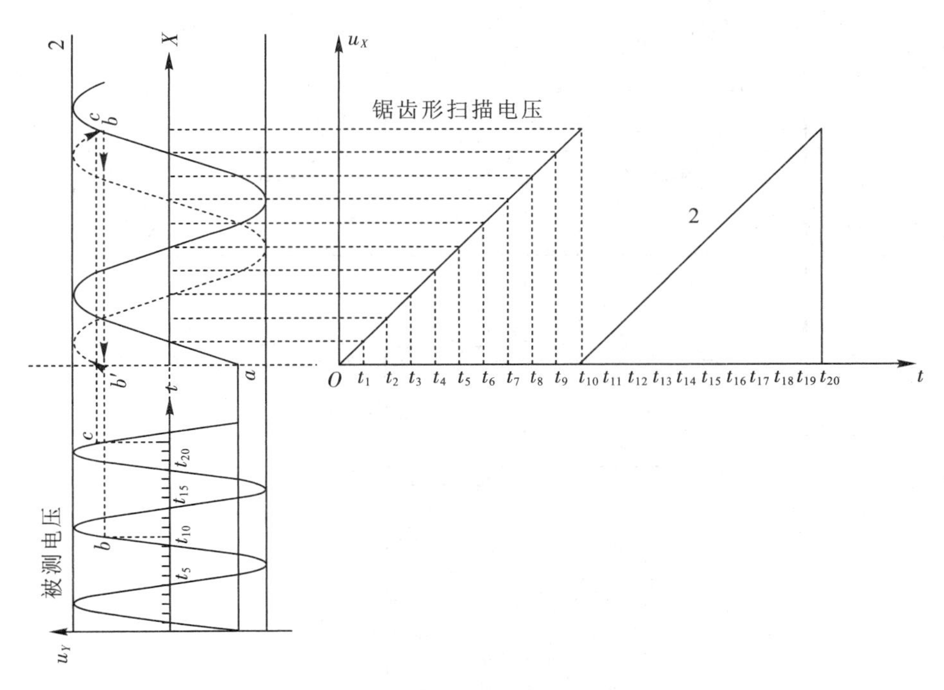

图 2-5-4　波形显示原理

为使 Y 轴代表被测电压，需将 $u(t)$加于 Y 轴输入端，再经 Y 轴系统最后加于 Y 偏转板上，表为 u_Y。这时电子束的偏转便受控于 $u_Y=u(t)$，使得光点随 $u(t)$而上下移动。最终，光点在屏上的位置由 X 和 Y 两个方向的位移来决定，合成结果就得到电压 $u(t)$按时间 t 的展开波形，见图 2-5-4。

最后指出，示波器常见的横向扫描方式有两种：一种叫“连续扫描”，即扫描发生器处于连续工作状态，它产生重复周期为 T 的周期性锯齿电压，在此电压驱使下，光点在屏上连续地扫描，即使没有外加信号，屏上也能显示出一条时基线；另一种叫“触发扫描”，这种扫描方式的特点是扫描发生器平时处于等待状态，只有触发脉冲输入时才产生一个扫描电压，故无外加信号触发它时屏上不会出现时基线。

3. 触发扫描

图 2-5-4 显示的是连续扫描工作状态。可以看出，在锯齿电压与被测正弦电压共同驱使下，电子束(或扫描光点)在屏上的扫描轨迹对应于锯齿电压的第一周期描出 $u(t)$的 ab 段；但在 t_{10} 瞬间锯齿电压发生周期交替，这时到达 b 点的光点迅速“跳回”左端(称回扫)，再开始新的扫描周期。而在 t_{10} 时刻 u_Y 值连续，它使得光点在“跳回”屏幕左端时保持了与 b 点相等的垂直位移，所以新的扫描周期的起点是 b'。可想而知，由于不能保证每次扫描的起点一致，荧光屏上就得不到一条稳定不变的波形。要解决这个问题，需使时基扫描与被测信号相关联(称“同步”)，以保证每次扫描的起点相同。

对于连续扫描方式，可利用被测信号(或与被测信号相关联的其他信号)去控制扫描发生器，使它在一定的频率稳定度范围内，保证扫描周期 T_n 是被测信号周期 T 的整数倍。设 n 是1、2、3…等整数，上述关系可表示为 $T_n = nT$。

对于触发扫描方式，就是利用被测信号（或与被测信号相关联的其他信号）去触发扫描，其原理如图2-5-5所示。

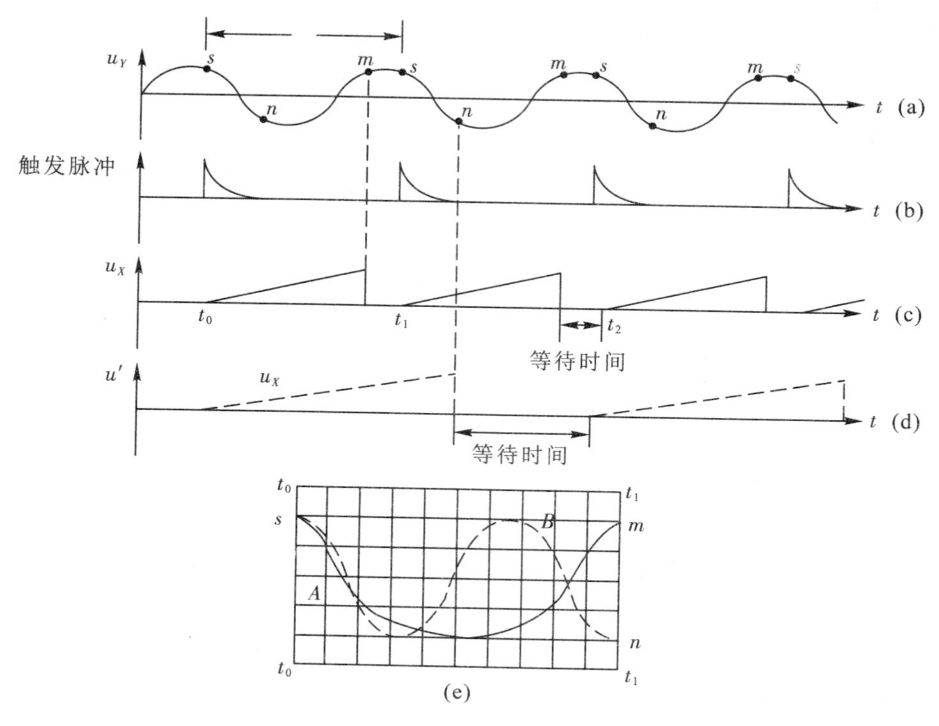

图2-5-5 触发扫描波形显示原理

利用被测信号 u_Y 波形上的某固定点 S 使触发同步系统产生脉冲序列，用此脉冲序列去依次触发扫描发生器，使之产生锯齿形电压以驱动电子束扫描，这样就保证了每次扫描的起点相同。

锯齿电压的幅度是固定的，它保证扫描光点在屏幕 X 方向满偏。锯齿波的宽度（或者说锯齿电压的上升速率）决定了扫描时基。扫描发生器均设有“扫描速率”开关，用它变换电路参数即可改变锯齿波宽度，给时基以不同定标，以满足对不同时间的测量要求。

当锯齿波宽度小于信号周期 T 时，每个触发脉冲均可触发一个锯齿波（见图2-5-5(b)和(c)），启动CRT扫描一次。由于每次扫描轨迹均是 u_Y 波形的 sm 段，荧光屏上就显示出该段曲线的稳定图形（见图2-5-5(e)中曲线 A）。如果锯齿波宽度大于 T，如图2-5-5(d)所示，在锯齿电压结束之前还会到来一个触发脉冲，而扫描发生器对此脉冲则不予响应。因为扫描发生器本身具有这样的功能，只有当锯齿电压结束，扫描发生器进入触发等待状态时，它才接受触发脉冲的启动，与图2-5-5(d)所示扫描相应的显示波形见图2-5-5(e)中曲线 B。

触发同步系统所以响应 u_Y 是自示波器 Y 轴系统取出的，称为内触发方式。除此方式外，同步信号还可取自电源，也可外加其他信号，分别称为电源触发方式和外触发方式。

前已述及，当采用非内触发方式时，所用触发信号必须是与被测信号相关联的，否则将无法得到稳定的显示波形。

4. 双踪显示

在测量工作中常常希望把两个不同的信号同时显示在一个荧光屏上，以便比较它们之间在波形、幅度、相位(或时间)等方面的差异，为此，可采用双踪示波器。

双踪示波器工作原理如图 2-5-6 所示。图(a)示出其组成，它有 Y_A 和 Y_B 两个前置输入通道。当电子开关 S 接通 Y_A 时，CRT 电子束受信号电压 A 控制，描绘信号 A 的波形；当 S 接通 Y_B 时，CRT 电子束受信号电压 B 控制，描绘信号 B 的波形。若电子开关 S 不停地变换接通方向，荧光屏上可同时得到电压 A 和电压 B 的波形。

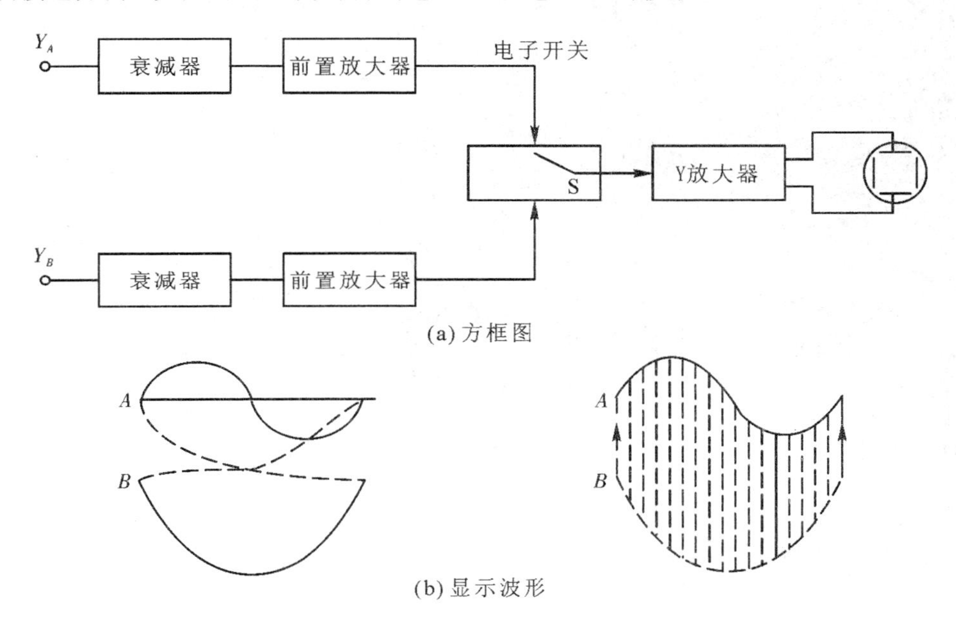

图 2-5-6　双踪示波器工作原理

根据电子开关转换的控制方法不同，双踪显示有两种工作方式：断续式和交替式。

1）断续式

电子开关受自激振荡器控制，转换频率(即自激振荡器的振荡频率)有固定的数值。描出的波形由一个个间断点组成，如图 2-5-6(b)左侧所示。当开关转换频率远高于被测信号频率时，间断点靠得很近，不为眼睛察觉，成为“连续”波形，故“断续”方式宜于观测较低频率的信号。

2）交替式

电子开关受扫描电压控制，每扫描一次，开关转换一次，描绘出的波形如图 2-5-6(b)右侧所示。此种工作方式在扫描频率低的情况下，不能同时观察到两个通道的被测信号，即“交替”方式只宜于观测频率较高的信号。

不论是断续式还是交替式显示，为了提高显示清晰度，在电子开关转换的瞬间，都同时产生一个消隐脉冲加于 CRT 控制栅，以消除开关转换期间电子束扫出的亮线(图 2-5-6 中所示虚线)。

2.5.3 YB4340G 双踪示波器

YB4340G 双踪示波器(见图 2-5-7)是通用型示波器，下面简要介绍它的主要功能及操作方法。

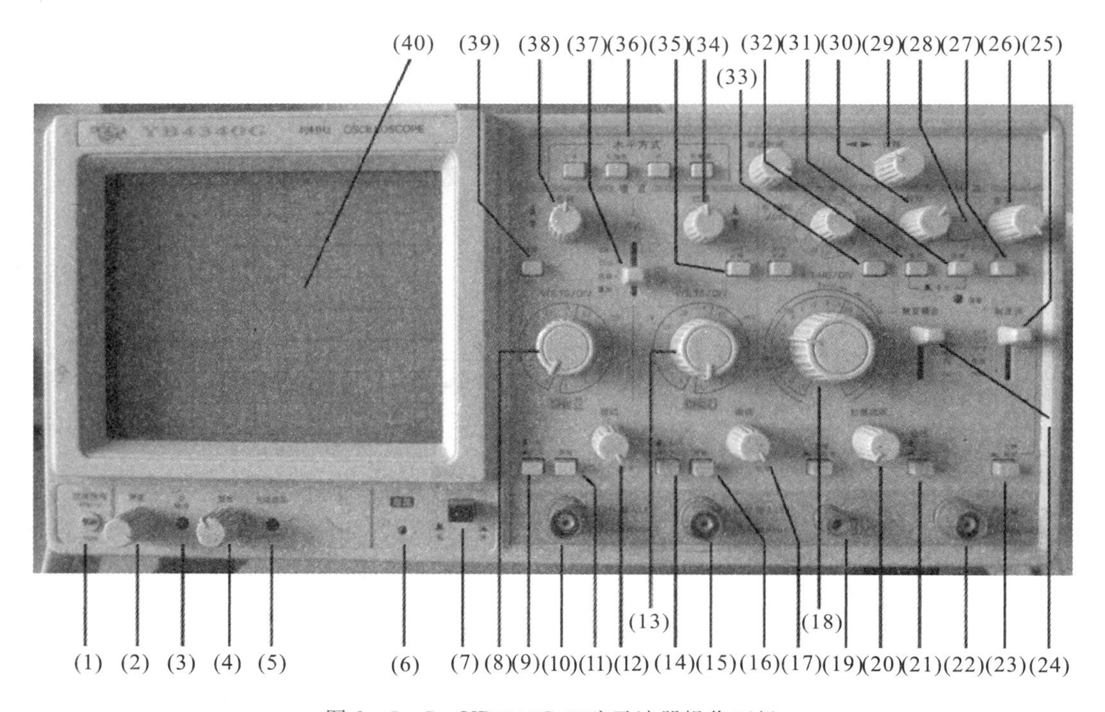

图 2-5-7 YB4340G 双踪示波器操作面板

1. 面板控制按键及其功能

(1) 校准信号输出端子。提供 1 kHz±20%，2 $V_{P\text{-}P}$±2%方波作本机 Y 轴、X 轴校准用。

(2) 辉度旋钮。顺时针方向旋转旋钮，亮度增强。接通电源之前将该旋钮逆时针方向旋转到底。

(3) 延迟扫描辉度控制旋钮。顺时针方向旋转旋钮，增加延迟扫描 B 显示光迹亮度。

(4) 聚焦旋钮。用亮度控制钮将亮度调节至合适的标准，然后调节聚焦旋钮直至轨迹达到最清晰的程度，虽然调节亮度时聚焦可自动调节，但聚焦有时也会轻微变化。如果出现这种情况，需重新调节聚焦。

(5) 光迹旋钮。由于磁场作用，当光迹在水平方向轻微倾斜时，该旋钮用于调节光迹与水平刻度平行。

(6) 电源指示灯。电源接通时指示灯亮。

(7) 电源开关。电源开关按键弹出即为“关”位置；将电源接入即按下电源开关，以接通电源。

(8)、(13) 衰减器开关(VOLTS/DIV)。用于选择垂直偏转系数，共 12 挡。如果使用的是 10∶1 的探极，计算时将幅度×10。

(9)、(11)、(14)、(16) 输入信号与放大器连接方式选择开关。交流(AC)：放大器输入端与信号连接由电容器来耦合。接地(GND)：输入信号与放大器断开，放大器的输入端接地。直流(DC)：放大器输入与信号输入端直接耦合。

(10)、(15) CH1 和 CH2 信号输入端。通道 1 输入端[CH1 INPUT(X)]：被测信号由此输入 Y1 通道。当示波器工作在 $X-Y$ 方式时，输入到此端的信号作为 X 轴信号。通道 2 输入端[CH2 INPUT(X)]：被测信号由此输入 Y2 通道。当示波器工作在 $X-Y$ 方式时，输入到此端的信号作为 Y 轴信号。

(12)、(17) 垂直微调旋钮。用于连续改变电压偏转系数，此旋钮在正常情况下应位于顺时针方向旋到底的位置。将旋钮逆时针旋转到底，垂直方向的灵敏度下降 2.5 倍以上。

(18) 主扫描时间系数选择开关(TIME/DIV)。用于选择扫描时间系数，从 0.1 μs/div ～0.5 s/div 范围共 20 挡。

(19) 接地端子。示波器外壳接地端。

(20) 扫描微调控制键。此旋钮以顺时方针方向旋转到底时，处于校准位置，扫描由 TIME/DIV 开关指示。此旋钮以逆时方针方向旋转到底时，扫描减慢 2.5 倍以上。若扫描非校准状态开关键未按入，按钮扫描微调控制键调节无效，即为校准状态。

(21) 极性开关。触发极性选择开关用于选择信号的上升沿和下降沿触发。按此开关时显示反相信号。

(22) 外接输入。该端口用于外触发信号的输入。

(23) 交替触发。在双踪交替显示时，触发信号来自于两个垂直通道，此方式可用于同时观察两路不相关信号。

(24) 触发耦合。触发耦合方式选择开关。

(25) 触发源选择开关。CH1：通道 1 信号为触发信号，当工作在 $X-Y$ 方式时，拨动开关应设置于此挡；CH2：通道 2 信号为触发信号；电源：电源频率信号为触发信号；外触发：由外触发输入端的信号进行触发，用于特殊信号的触发。

(26) 触发电平旋钮。该旋钮用于调节被测信号在某选定电平触发，当旋钮转向“+”时显示波形的触发电平上升，反之触发电平下降。

(27)、(31)、(32) 触发方式选择。自动(32)：自动进行扫描。在没有信号输入或输入信号没有被触发同步时，屏幕上仍然可以显示扫描基线。常态(31)：有触发信号时才产生扫描。在没有信号和非同步状态下，没有扫描线显示。当输入信号的频率低于 50 Hz 时，使用“常态”触发方式。单次：(31)、(32)两键同时弹出被设置于单次触发工作状态，当触发信号来到时，准备指示灯亮，单次扫描结束后指示灯熄，复位键(27)按下后，电路又处于待触发状态。

(28) 电平锁定。无论信号如何变化，触发电平自动保持在最佳位置，不需人工调节电平。

(29) 水平位移。该旋钮用于调节光迹在水平方向移动。顺时针方向旋转向右移动光迹，逆时针方向旋转向左移动光迹。

(30) 释抑。当信号波形复杂，用电平旋钮不能稳定触发时，可用“释抑”旋钮使波形稳定同步。

(34)、(38)垂直移位。该旋钮用于调节光迹在屏幕中的垂直位置。

(35) CH2 极性开关。按此开关时 CH2 显示反相信号。

(36) 水平工作方式选择。A：主扫描，用于一般波形观测；A 加亮：选择 A 扫描的某区段扩展为延迟扫描；B：单独显示被延迟扫描 B；B 触发：选择连续延迟扫描和触发延迟扫描。

(37) 垂直方式工作开关。CH1：屏幕上仅显示 CH1 的信号；CH2：屏幕上仅显示 CH2 的信号；双踪：屏幕上显示双踪，自动以交替或断续方式同时显示 CH1 和 CH2 上的信号；叠加：显示 CH1 和 CH2 输入信号的代数和。

(39) 断续工作方式开关。CH1 和 CH2 两个通道按断续方式工作，断续频率为 250 kHz，适用于低扫速。

(40) 显示屏。仪器的测量显示终端。

另外，B 水平工作方式开关可参考(18)，仪器背面还有交流电源插座、Z 轴信号输入、外接亮度调制输入端等。

2. 主要技术指标

(1) 带宽：直流 40 MHz。

(2) Y 轴偏转系数：1 mV/div～5 V/div。

(3) 上升时间：5 mV/div～5 V/div 约 8.8 ns，1 mV/div～2 mV/div 约 23 ns。

(4) 最高安全输入电压：400 V(DC＋ACpeak)≤1 kHz。

(5) 水平显示方式：A、A 加亮、B、B 触发。

(6) 扫描线性误差：×1(±8%)，扩展×10(±15%)。

(7) 触发源：CH1、CH2、电源、外接。交替触发可得两个不相关电信号的同步显示。

(8) 触发方式：自动、常态、单次。

(9) 尺寸/重量：150 mm×310 mm×440 mm(高×宽×深)；8 kg。

(10) 用电电源：AC 220 V±10%。

3. 常用测量

1) 电压测量

在测量输入信号电压时，应将灵敏度选择开关“VOLTS/DIV”的“微调”旋钮顺时针方向旋至“校准”的位置，这样就可以按照“VOLTS/DIV”的指示值直接计算出被测信号的电压值。由于被测信号一般含有交流分量和直流分量，所以在测试时应注意选择输入耦合开关。

(1) 交流电压的测量。① 选择输入信号方式开关“AC”，若信号频率较低，则选择“DC”。② 将被测信号波形移至示波器的示波管屏幕中心位置，并按照坐标刻度的分度读取整个波形所占 Y 轴方向的刻度数。③ 如果使用探头测量，应将探头的衰减量计算在测量结果中。

例：双踪示波器的 Y 轴灵敏度开关“VOLTS/DIV”位于“0.1V/div”的位置上，“微调”置于校准位置，如果被测量的信号波形所占 Y 轴的坐标幅度为 4 div(如图 2-5-8 所示)，则此时的信号电压峰-峰值为 0.4 V，即：

$$V_{P\text{-}P}=V/\text{div}\times Y(\text{div})=0.1\times 4=0.4(\text{V})$$

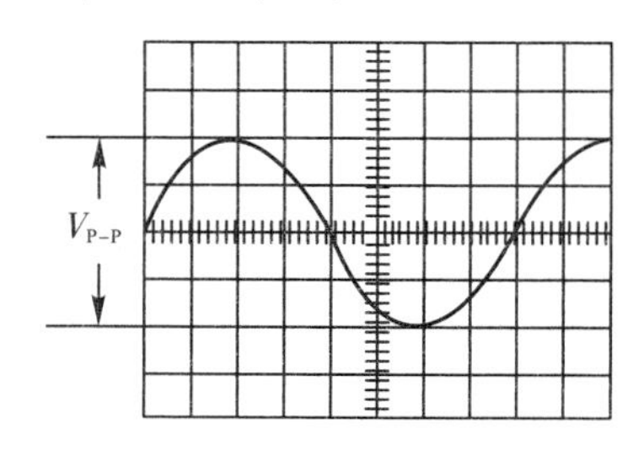

图 2-5-8　示波器交流电压的测量

信号电压(有效值)为

$$V=\frac{0.4}{2}\times 0.707=0.1414(\mathrm{V})$$

如果采用探头测量，示波器面板上的开关位置不变，显示的波形幅度仍为 4 div，则考虑探头衰减 10 倍的因素，被测信号电压的有效值为

$$V=\frac{0.4}{2}\times 0.707\times 10=1.414(\mathrm{V})$$

(2) 直流电压的测量如图 2-5-9 所示。

① 将触发方式开关置于“自动”工作状态，调节相关旋钮使示波器的屏幕上显示出水平时基线。

② 选择输入信号方式开关“GND”，并调整垂直移位旋钮使时基线位于示波器屏幕中部的零电平参考基准线位置，此时的时基线位置即为零电平参考基准线的位置。

③ 选择输入信号方式开关“DC”，记下示波器屏幕上时基线与零电平参考基准线之间的距离 H。

④ 将“VOLTS/DIV”的指示值与时基线和零电平参考基准线之间的距离 H 相乘，即可得到所测信号的直流电压值。

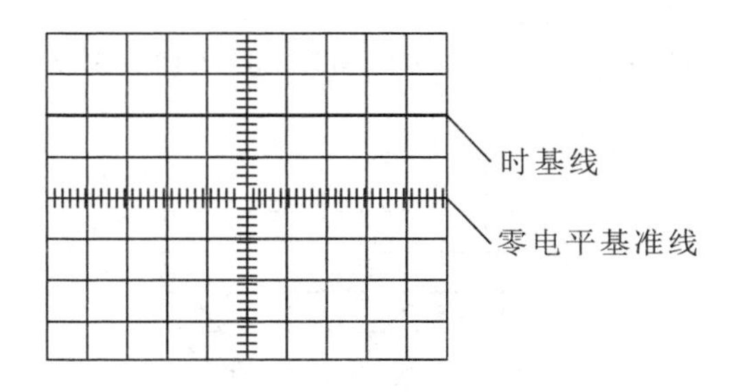

图 2-5-9　示波器直流电压的测量

2) 周期和频率的测量

首先按照交流电压的测量操作步骤在示波器的屏幕上稳定地显示出被测信号的波形，然后将示波器的水平扫描开关“TIME/DIV”的“微调”旋钮按顺时针的方向旋至“校准”位置。从示波器显示屏幕上直接读出被测信号波形一个周期在水平方向所占的格数 A，如图 2-5-10 所示，然后将其与“TIME/DIV”的指示值相乘便可得到被测信号的周期。

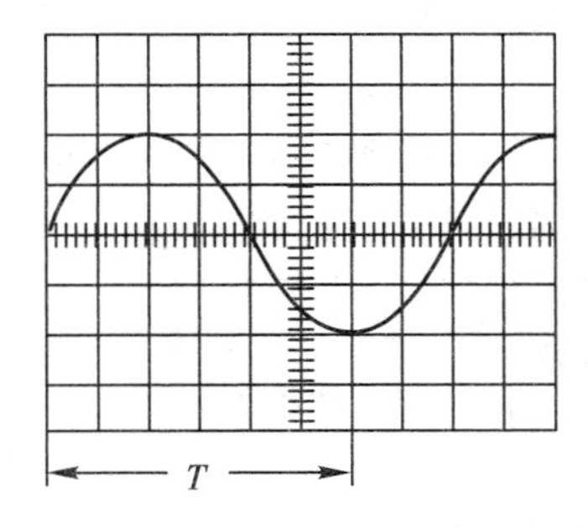

图 2-5-10　示波器周期和频率的测量

例：双踪示波器的 X 轴灵敏度开关“TIME/DIV”位于“0.5 ms/div”的位置上，“微调”置于校准位置，如果被测量的信号波形一个周期在水平方向所占的格数 A 为 8 div，则此时

的该信号的周期为

$$T=t/\text{div}\times A=0.5\times8=4(\text{ms})$$

由于信号的频率是周期的倒数，所以该被测信号的频率为

$$f=\frac{1}{T}=\frac{1}{4}=250(\text{Hz})$$

如果能在示波器的屏幕上显示出多个被测信号的周期，则可读取在 X 轴方向 10 div 的范围内被测信号波形的周期数，再计算出信号频率的方法来进行测量。采用这种方法可以减小频率的测量误差，其计算公式如下：

$$f=\frac{N}{10\times(t/\text{div})}$$

3）相位的测量

采用双踪示波器可以测量两个同频率信号之间的相位关系，将示波器的 Y 轴触发源开关置于“双踪”位置，然后利用内触发的形式启动示波器扫描，可以测得两个信号之间的相位差。

如图 2－5－11 所示，信号的一个周期在示波器的水平方向上占 8 div。由于一个信号周期为 360°，因此一个 div 应为 45°。通过读取两个信号在水平方向上的间隔数 T(div)，即可由以下的计算方法得到两个被测信号的相位差。

$$\Phi(\text{相位差}) = T(\text{div})\times45°/\text{div}=1\times45°=45°$$

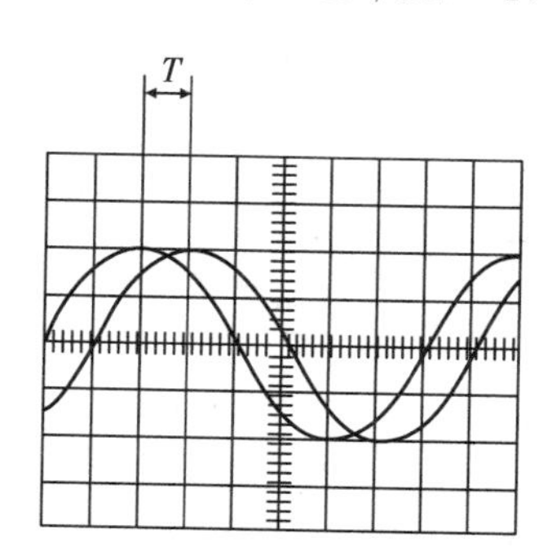

图 2－5－11　示波器相位的测量

2.5.4　数字存储示波器简介

1. 数字示波器的工作原理

数字示波器通常称为数字存储示波器（Digital Storage Oscilloscope，可缩写为 DSO），典型的数字示波器原理框图如图 2－5－12 所示。

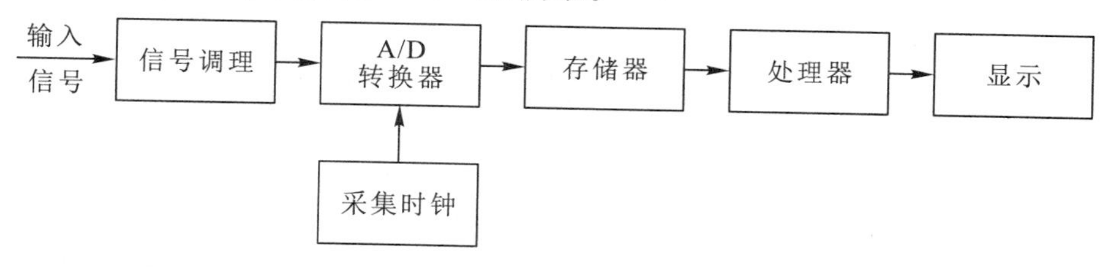

图 2－5－12　数字示波器原理框图

数字存储示波器的工作原理是：输入信号经过信号调理模块(信号通过耦合电路后送至放大器进行信号放大，以提高示波器的灵敏度和动态范围)，然后取样，由 A/D 转换器数字化，经过 A/D 转换后信号以数字形式存入存储器中，处理器对存储器中的数字信号波形进行相应的处理，并在显示屏上进行显示。

数字示波器是数据采集、A/D 转换、软件编程等一系列的技术综合出来的高性能示波器。数字示波器一般支持多级菜单，能提供给用户多种选择，具有多种分析功能，还有一些示波器可以提供存储，实现对波形的保存和处理。

2. 数字示波器基本功能及参数

(1) 带宽，一般定义为正弦输入信号幅度衰减到－3 dB 时的频率，即 70.7%，带宽决定示波器对信号的基本测量能力。

随着信号频率的增加，示波器对信号的准确显示能力将下降，如果没有足够的带宽，示波器将无法分辨高频变化，幅度将出现失真，边缘将会消失，细节数据将被丢失。如果没有足够的带宽，得到的关于信号的所有特性、响铃和振鸣等都毫无意义。

(2) 采样速率，定义为每秒采样次数，指数字示波器对信号采样的频率。示波器的采样速率越快，所显示的波形的分辨率和清晰度就高，重要信息和事件丢失的概率就越小。

(3) 屏幕刷新率，示波器每秒钟以特定的次数捕获信号，在这些测量点之间将不再进行测量，这就是波形捕获速率，也称屏幕刷新率。高屏幕刷新率能极大增加示波器快速捕获瞬时异常情况(如抖动、矮脉冲和低频干扰)的概率。

(4) 触发类别，示波器的触发能使信号在正确的位置点同步水平扫描，决定了信号特性是否清晰。触发控制按钮可以稳定重复的波形，并捕获单次波形。

(5) 测试通道数，指可以同时接入的被测信号数。

(6) 指标精度，如垂直灵敏度、扫描速度、增益精度、时间基准、垂直分辨率等。

2.5.5　GDS1072B 数字示波器

1. GDS1072B 数字示波器前面板

GDS1072B 数字示波器前面板如图 2－5－13 所示。

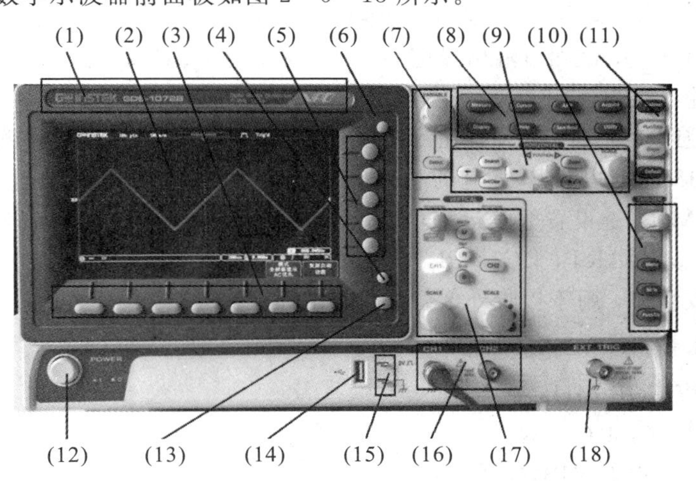

图 2－5－13　GDS1072B 数字示波器前面板

(1) 商标型号及主要参数标注，GDS1072B 型数字存储示波器，带宽 70 MHz，采样率为 1 GS/s。

(2) LCD 显示屏，800×400 分辨率，宽视角显示。

(3) 底部菜单键，用于选择 LCD 显示屏底部对应的界面菜单。

(4) 隐藏菜单键。

(5) 右侧菜单键，用于选择 LCD 显示屏最右侧对应的界面菜单。

(6) 硬拷贝键，一键保存或打印。

(7) 可调旋钮，VARIABLE 键用于增加/减少数值或选择参数，Select 键用于确认选择。

(8) 功能键，用于进入和设置 GDS1072B 的不同功能。Measure 键用于设置和运行自动测量项目。Cursor 键用于设置和运行光标测量。APP 键用于设置和运行 APP。Acquire 键用于设置捕获模式，包括分段存储功能。Display 键用于显示设置。Help 键用于显示帮助菜单。Save/Recall 键用于存储和调取波形、图像以及面板设置。Utility 键可设置 Hardcopy 键、显示时间、语言、探棒补偿和校准，也可进入文件工具菜单。

(9) 水平控制，用于改变光标位置、设置时基、缩放波形和搜索事件。POSITION 旋钮用于调整波形的水平位置，按下该旋钮可将位置重设为零。SCALE 旋钮用于改变水平刻度(TIME/DIV)。Zoom 键与水平位置旋钮结合使用。Play/Pause 键查看每一个搜索事件，也用于在 Zoom 模式播放波形。Search 键进入搜索功能菜单，设置搜索类型、源和阈值(该搜索功能为选配)。Set/Clear 键当使用搜索功能时，该键用于设置或清除感兴趣的点。

(10) 触发控制。Level 旋钮设置触发准位，按下该旋钮将准位重设为零。Menu 键显示触发菜单。50%键设置触发准位为 50%。Force - Trig 键立即强制触发波形。

(11) 系统控制键。Autoset 键可自动设置触发、水平刻度和垂直刻度。Run/Stop 键可设置停止或继续捕获信号。Single 键设置单次触发模式。Default Setup 键可恢复初始设置。

(12) 电源开关键。

(13) 进入安装选件。

(14) USB 接口，TypeA，1.1/2.0 兼容，用于数据传输。

(15) 默认情况下，该端口输出峰值为 2 V、频率为 1 kHz 的方波信号。

(16) 信号输入接口。

(17) 垂直控制。POSITION 旋钮用于设置波形的垂直位置，按下旋钮将垂直位置重设为零。CH1、CH2 键可以设置通道的打开和关闭。SCALE 旋钮可设置通道的垂直刻度(TIME/DIV)。Math 键设置数学运算功能。Reference 键设置或移除参考波形。BUS 键设置并行和串行总线(UART，I^2C，SPI，CAN，LIN)(此功能为选配)。

(18) 外触发接口，用于接收外部触发信号。

2. 主要技术指标

(1) 带宽：直流 70 MHz。

(2) 实时采样率：1 GSa/s。

(3) 等效采样率：25 GSa/s。

(4) 存储深度：10 M。

(5) 波形刷新率：200 次/s。

(6) 触发方式：边沿、脉宽、视频、斜率、交替、码型和持续时间。

(7) 接口：USB Host、USB Device、RS-232 等。

(8) 显示器：7#，64k 色，TFT800X480，彩色液晶显示屏。

(9) 20 种自动测量功能。

(10) 用电电源：AC220 V±10%。

(11) 光标测量：手动模式、追踪模式和自动模式。

(12) 存储方式：波形存储、设置存储、位图存储。

(13) 数学运算：加、减、乘、FFT、反相。

3. 基本操作

(1) 开机。按下左下角“电源开关”，屏幕出现 GWINSTEK 固纬电子商标，机器进入出厂或上次操作设定的状态。

(2) 如有需要，可设置屏幕显示为中文简体模式。① 按下 Utility 功能键，出现底部菜单；左方第 1 菜单项为“语言“选择；② 按下对应下方菜单键后，出现右侧菜单选项，上方第 1 项为语言选择，按右侧对应按钮，出现多种语言选择；③ 旋转 VARIABLE 多项选择旋钮选择到“中文简体”，用 Select 按钮选定，点右侧第 1 按钮结束。此时所有菜单、标识及 Help 文本应为中文简体。

(3) 调出(扫描线)信号波形。信号接入 CH1 或 CH2 端口，如果屏幕上仍无图像，请按下右上角蓝色 AUTOSET 键，示波器会自动捕获，成功后显示相应波形。

(4) 屏幕菜单的操作。① 按系统功能键区任一键或触发控制区 Menu 键，均能调出相应屏幕底部菜单若干项一级菜单；② 按所需菜单项下部对应按键，屏幕右侧有可能弹出若干项二级菜单选项；③ 按右外侧对应按钮选择所需选项，也有可能又弹出多项下拉式三级菜单；④ 用面板中上部 VARIABLE 旋钮，选择某项，用已亮黄色 Select 选定；⑤ 可用 Menu Off 按钮逐级关闭菜单。

(5) 游标测量幅度和时间。按下功能区 Cursor 按键，屏幕底部出现菜单，默认首先操作时出现两条水平游标，再按 Cursor 会出现垂直游标，用 VARIABLE 旋钮移动游标，用亮黄色 Select 按钮选择实线游标，测量结果数据在参数窗口动态显示。

(6) Measure 键自动测量。① 按功能区 Measure 按键，屏幕底部出现菜单，按第 1 键选择测量，再按右侧菜单选择参数种类。② 用 VARIABLE＋Select 选择下拉菜单并选定待测参数，测试结果在屏幕下方动态显示。

2.6　*Q* 表

图 2-6-1(a)所示是 Q 表原理线路图。高频信号发生器产生频率和幅度均可调节的正弦电压，此电压经电阻分压器注入由 r、L_X和 C_S组成的调谐回路。r 值极小(例如 QBG-3 型 Q 表为 0.04 Ω)，空气可变电容器 C_S损耗也极微小，均可忽略。调谐回路的损耗基本上由被测电感 L_X的损耗来决定，于是主测量回路可等效为图 2-6-1(b)所示电路。

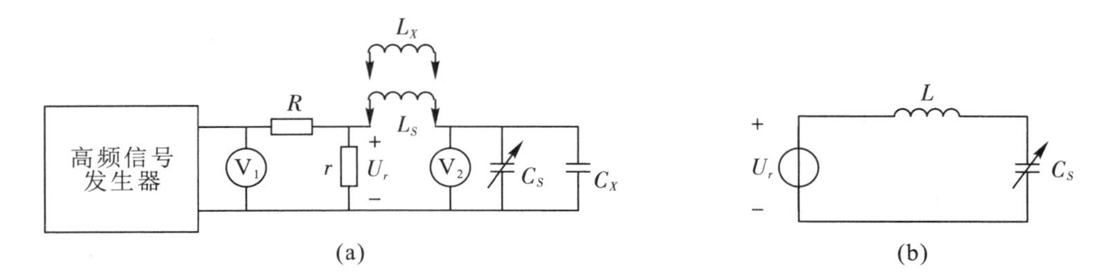

图 2-6-1　Q 表原理图

1. 测量原理

1）测量电容 C_X

Q 表测电容多用替代法。首先将一辅助线圈（电感量要选择适当，使调节 C_S 时电路能发生谐振）接于 L_X 接线柱，调节 C_S 使电路谐振，设此时 C_S 值为 C_{S1}；然后把被测电容接到 C_X 接线柱上，重新调节 C_S 使电路谐振，设此时 C_S 值为 C_{S2}，则被测电容量为

$$C_X = C_{S1} - C_{S2} \tag{2-6-1}$$

2）线圈 Q 值测量

测量时首先把被测线圈接在 L_X 接线柱上，调节高频信号发生器的频率到所需测量频率（由被测元件的工作频率决定），再调节其输出电压幅度至仪器规定值（通常仪器不给出电压的具体数值，仅在"定位"电压表上标出电压应达到的定位标度，如×1、×2等）；然后调节标准电容 C_S 使电路发生谐振，此时 C_S 上电压 U_C 最大，且有 $U_C \approx QU_r$。仪器上用来指示 U_C 值的电压表不按电压刻度，而是按 $Q=U_C/U_r$ 刻度，称 Q 表。该表读数 Q 乘以电压定位标度即为被测元件的 Q 值。例如，Q 表读数为 30，"定位"表指针指"×2"，则 $Q_X=30\times2=60$ 为被测元件的品质因数。

3）测量电感 L_X

把被测电感接在 L_X 接线柱上，定好高频信号发生器的频率 f，调节标准电容 C_S 使电路谐振，此时 Q 表指示最大。因谐振频率为

$$f = \frac{1}{2\pi\sqrt{L_X C_S}} \tag{2-6-2}$$

故有：

$$L_X = \frac{1}{(2\pi f)^2 C_S} \tag{2-6-3}$$

式中，f 及 C_S 均可由仪器的相应度盘上读出，故 L_X 可求。

为了测量方便，仪器给出了几个标准测量频率，并据式(2-6-3)在 C_S 度盘上标出 L_X 的刻度。如果根据被测电感量的大约数值，在仪器面板上的对照表中选择合适的标准频率并用此频率测量，则 L_X 值可直接由刻度盘上读出，颇为方便。

4）测量线圈分布电容 C_0

考虑高频线圈的分布电容时，电路如图 2-6-1 所示。如果不计电源内阻 r 的影响，分布电容 C_0 与标准电容 C_S 相当于并联。设调节 C_S 使电路对频率 f 谐振，此时 C_S 值为 C_{S1}。然后调节电源频率至 $f_2=2f_1$，重调 C_S 至电路谐振，此时 C_S 值为 C_{S2}，则据

$$f_1 = \frac{1}{2\pi\sqrt{L(C_{S1}+C_0)}}$$

$$f_2=\frac{1}{2\pi\sqrt{L(C_{S2}+C_0)}}$$

可解得线圈的分布电容为

$$C_0=\frac{1}{3}(C_{S1}-4C_{S2}) \tag{2-6-4}$$

2. *Q* 表的使用方法

图 2－6－2 示出 QBG－3 型 *Q* 表的面板图，其原理图如图 2－6－1 所示。高频信号发生器的频率由频率波段和频率度盘调节并读出数值。定位表即原理图中之 V_1，*Q* 表即原理图中之 V_2，它们分别监测信号发生器输出电压和电容器 C_S上的电压，但不作电压刻度，而是前者以定位红线刻度，后者以 *Q* 值刻度。此二表均有零位校准装置，即“定位零位校直”和“*Q* 值零位校直”二旋钮。“定位粗调”与“定位细调”旋钮可调节高频正弦电压的大小。标准电容 C_S由主调电容(带刻度盘)旋钮和微调电容(带刻度盘)旋钮调节，C_S值为二度盘刻度之和。

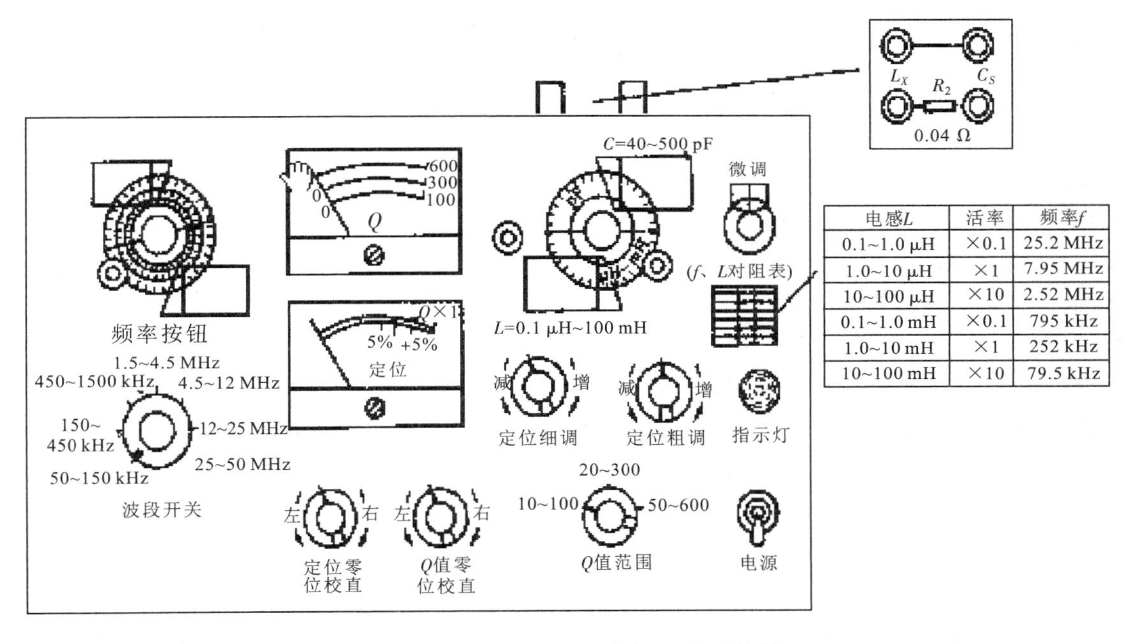

电感L	活率	频率f
0.1~1.0 μH	×0.1	25.2 MHz
1.0~10 μH	×1	7.95 MHz
10~100 μH	×10	2.52 MHz
0.1~1.0 mH	×0.1	795 kHz
1.0~10 mH	×1	252 kHz
10~100 mH	×10	79.5 kHz

图 2－6－2　QBG－3 型高频 *Q* 表面板图

1）测量准备

(1) 将“定位粗调”旋钮向减方向旋到底(在此位置上高频振荡电压为零)，微调电容器调到零。

(2) 接通电源，预热 20 分钟。

2）注意事项

(1) 被测元件与仪器接线柱的接线应足够粗和尽量短，以减小接入电阻和分布参数引入的测量误差。

(2) 被测元件不要直接放在仪器的机壳上，必要时可用低损耗的绝缘材料如聚苯乙烯等衬垫物。

(3) 不要把手靠近试件，以免人体感应影响，造成测量误差。

3）测量电感 L_X 及 Q

(1) 把被测线圈接到 L_X 接线柱上。

(2) 调振荡器波段开关和频率度盘到测量频率点（在仪器面板上的对照表中选择该测量频率值）。

(3) 估计 Q 值并把"Q 值范围"开关置适当挡级。

(4) 将定位表校零，然后调振荡器输出（定位粗调和细调二旋钮）使定位表指"$Q\times1$"。

(5) 调节主调电容器到远离谐振点（Q 表指示值最小）并对 Q 表校零。

(6) 调节主调电容至谐振，细调微调电容至谐振点，此时 Q 表指示最大，其数值即被测电感线圈的 Q 值。同时根据所用测量频率在电容刻度盘上可读得被测线圈的电感量 L_X。

(7) 以上测量值未考虑分布电容的影响。如需考虑时，需首先测出分布电容 C_0，然后按上述(1)～(6)步骤调节电路谐振后，再调主调电容器使其增加 $\Delta C=C_0$，此时度盘上的电感值即所求电感。

(8) 在被测电感小于 10 μF 时，按以上方法测得的电感值还应减去仪器中测试电路本身的寄生电感量 L_0，QBG－3 型高频 Q 表的 $L_0=0.07$ μH。

4）测量电容 C_X

(1) 电容量小于 460 pF 时的测量方法。① 选择一个 1 mH 以上的标准电感接于 L_X 接线柱上。② 将微调电容器调至零，同时将主调电容器调至较大值（大于被测值 C_X）位置，记下刻度值 C_1。③ 定位表和 Q 表校零，然后调振荡器输出使定位表指"$Q\times1$"，再调节振荡器频率使电路谐振。④ 将待测电容器 C_X 接于"D_X"端，调节主调电容器至回路重新谐振，设此时主调电容值为 C_2，则

$$C_X = C_1 - C_2 \tag{2-6-5}$$

(2) 电容量大于 460 pF 时的测量方法。① 取一已知容量（设为 C_3）的电容器接于"C_X"接线柱上，然后按照上述步骤操作，使电路谐振。② 取下所接标准电容器 C_3，将被测电容器接到"C_X"接线柱上，再调主调电容器使电路重新谐振，设此时主调电容器值为 C_2，则

$$C_X = C_3 + C_1 - C_2 \tag{2-6-6}$$

5）高频线圈分布电容的测量（两倍频率法）

接被测线圈于"L_X"接线柱上，调主调电容器至某值 C_1（通常以 200 pF 以上较适宜），调振荡频率找出第一谐振点 f_1，然后调频率至 $f_2=2f_1$，再调节主调电容器使回路再次谐振，此时主调电容值为 C_2，则分布电容值为

$$C_0 = \frac{1}{3}(C_1 - 4C_2) \tag{2-6-7}$$

以上仅就 Q 表的基本使用方法作了介绍。除此之外，测量上述参数还有其他方法，且 Q 表尚有其他用途，如测量电容器损耗因数、测量指定频率下的有效电阻值等，需要时可参阅 Q 表使用说明书。

2.7 选频电平表

选频电平表具有从多个不同频率正弦电压中选出其中的一个，测出其电平和频率的功能。

2.7.1　概述

这里所说的电平，是指被测电压U_X与基准电压0.775 V之比的对数，称为绝对电平，其定义如下：

$$N = 20\lg\frac{U_X}{0.775} \qquad (2-7-1)$$

式中，电平的单位是分贝，记为dB。从式(2-7-1)可知，只要N值确定，被测电压U_X值即为

$$U_X = 0.775 \times 10^{\frac{N}{20}}(\mathrm{V}) \qquad (2-7-2)$$

所以，选频电平表实际上是具有选频特性的电压表，只是按dB刻度。

选频电平表的原理方框图示于图2-7-1。图中，加于混频器的电压信号共有两个：一个是本地振荡器(本振)产生的幅度恒定、频率f_L可调的正弦振荡u_L；另一个是被测信号，它包含有多次谐波分量，设其某次谐波电压为u_X，频率为f_X，则混频器的输出中将含有频率分别为f_X、f_L、f_L+f_X和f_L-f_X的几种电压，且它们的大小均与相应谐波分量的大小相关联。窄带滤波器的中心频率f_0是一固定值，当调节f_L使$f_L-f_X=f_0$时，这一信号便可通过窄带滤波器，经放大、检波后，推动表头指针指示f_X分量的电平值。同时由本振频率度盘上可读出f_L，因而可知f_X值。事实上，本振频率均设计的高于被测信号最高次谐波频率，即$f_L>f_{X\max}$。如果从低到高调节本振频率f_L，便会依次满足$f_L-f_1=f_0$，$f_L-f_2=f_0$，…，$f_L-f_X=f_0$，…的条件，被测信号的各次谐波分量便这样被分离而测量出来。又因f_0是常数，故本振频率度盘可按f_L-f_0来刻度，以便从该度盘上直接读出各次谐波分量的频率值。

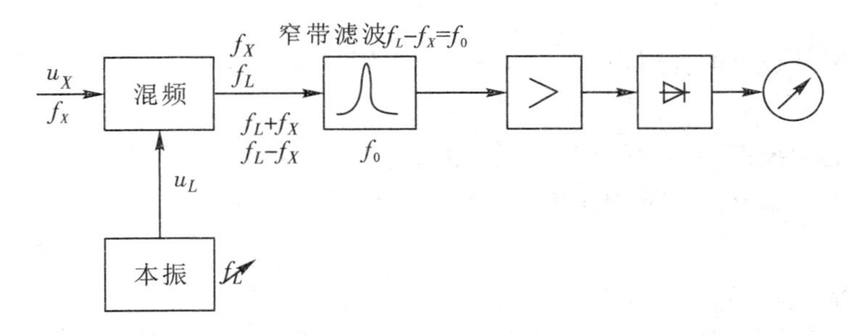

图2-7-1　选频电平表原理方框图

2.7.2　JH5014型选频电平表

JH5014型选频电平表采用两次变频原理工作，具有宽频和选频两种测试性能，其输入是平衡的，也可改接成不平衡输入。

该电平表的工作频率范围在宽频时为300 Hz～300 kHz，选频工作时为2 kHz～300 kHz，整频段连续调谐。频率刻度胶片全长19 m，最小刻度为每格500 Hz。仪器备有高(225 kHz)、低(20 kHz)两端频率校准装置。

该电平表的电平指标值是电压电平(0 dB对应0.775 V，即在600 Ω电阻上消耗功率1 mW)，并备有宽频、选频20 kHz时0电平校准。

图 2-7-2 示出了 JH5014 型选频电平表的面板图。

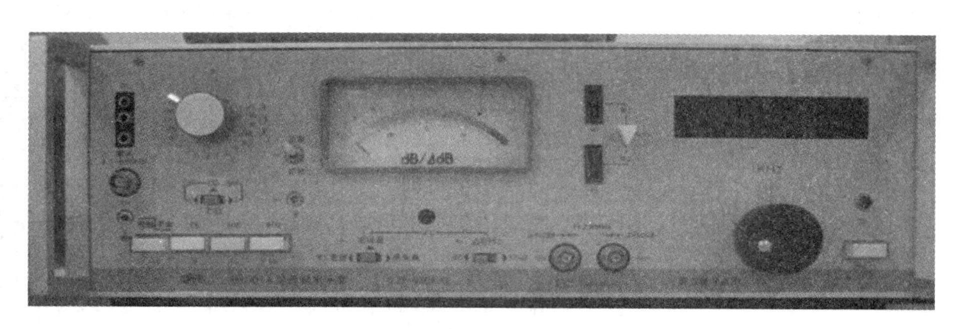

图 2-7-2 JH5014 型选频电平表面板图

JH5014 型选频电平表使用方法如下。

1) 开机

开机半小时后仪器达到稳定工作状态。

2) 频率校准

(1) 225 kHz 校准：测量选择开关旋至“校频”位置，调节频率至 225 kHz 对准频率度盘线，再调位于度盘右边的“225 kHz 校准”电容器使表针指示最大，此最大值应在 −5 dB 左右。如指示超过满足刻度或太小时，应调节机内电位器 W601(W601 只能由实验室工作人员调)。

(2) 20 kHz 校准(在校准 225 kHz 之后进行)：测量选择开关仍置“校频”位，频率调至 20 kHz 对准频率度盘线，再调靠近度盘右下角的“20 kHz 校准”电容器使表针指示最大(0 dB左右)。

3) 电平校准

(1) 校Ⅰ(宽频校准)：测量选择开关置“校Ⅰ”，调指示灯左方的“校Ⅰ”电位器使表针指示 0 dB。

(2) 校Ⅱ(选频校准)：调好“校Ⅰ”后，测量选择开关改置“校Ⅱ”位置。选粗调频率至 20 kHz 对准频率度盘线，后细调频率使表针指示最大，再调度盘左方的“校Ⅱ”电位器使表针指示 0 dB。

4) 选频测量

测量选择开关置“选频”位。电平选择开关置“选频低失真”或“选频低噪声”的适当电平挡级(注意，当被测信号较大致电平值未知时，灵敏度应取低些)，阻抗选择开关(琴键式)按入所需值。接入被测信号，先粗调频率旋钮使被测频率对准度盘线，然后细调频率使表针指示最大时即为所选频率分量，其电压电平值为电平选择开关的读数与电表指针示数之代数和。在选频过程中，可能发现表针偏转较小或摆动很不明显，这时需要变换电平选择开关以提高仪器的灵敏度，然后再仔细选频。

利用本仪器作谐波分量或复合波分量测量时，应使用低失真各挡；在作一般通信测量时，应使用低噪声各挡。

5) 宽频测量

测量选择开关置“宽频”，电平选择开关置“宽频”，阻抗选择开关按入所需阻抗。其他步骤同一般晶体管毫伏表。

第三章　基本测量方法

3.1　电压测量

在电学测量中，人们很早就开始进行电压测量，包含直流电压测量、交流电压测量、工频电压测量、高频电压测量等内容。早期电压测量采用电流表作为指示器，而后人们借助电子技术对电压进行测量。

3.1.1　电压测量的发展过程

借助电子技术进行电压测量的仪器称为电子电压表(Electronic Voltmeter)。在电子电压表中，又分为模拟电压表(Analog Voltmeter)和数字电压表(Digital Voltmeter，DVM)。模拟电压表采用模拟电子技术并以表头指示测量结果；而数字电压表主要采用模/数转换技术并以数码对测量结果进行表示。早在1915年，美国R. A. 海辛首先提出峰值电压表的设计。1928年美国Generd Radio公司生产出第一批电子电压表。1952年美国NLS公司首先研制出数字电压表，而后其发展层出不穷直至今日。英国SOLARTRON公司7801型$8\frac{1}{2}$位数字多用表是目前具有领先水平的电压测量仪器。

我国也经历了模拟电压表和数字电压表的发展过程。20世纪60年代中期，北京无线电技术研究所和上海电表厂分别研制成功$4\frac{1}{2}$位DVM；80年代初期开始进行微机化DVM的研究；而后在引进、吸收国外新技术的基础上推出了一批国产化产品，例如北京无线电技术研究所的BY1955A $5\frac{1}{2}$位数字多用表等。

3.1.2　电压测量的分类

由于被测电压的幅值、频率以及波形的差异很大，因此电压测量的种类也很多，通常有以下几种分类方法：

(1) 按频率范围分类，有直流电压测量和交流电压测量，而交流电压测量中按照频段范围又分为低频、高频和超高频的电压测量。

(2) 按测量技术分类，有模拟电压测量技术和数字电压测量技术。

(3) 按被测信号的特点分类，有脉冲电压测量、有效值电压测量等。

3.1.3　电压测量的要求及主要技术指标

1. 电压测量的要求

对电压进行测量时，测量装置必须正确反映被测量的大小和极性，并附有相应的单位。如果不能正确反映被测量，其测量结果没有实用价值。为此，测量装置必须做到在被测量值的范围内都可以进行正确测量，并且不能因为测量仪器的接入而影响被测对象的状态。具体要求如下：

(1) 测量范围要足够大；

(2) 电压测量仪器的输入阻抗必须很高，避免对被测系统产生负载效应；

(3) 要有足够宽的频率响应范围，以便测量从超低频到超高频的各种交流信号；

(4) 测量误差必须在允许范围内；

(5) 可以准确测量各种波形的信号，包括方波、三角波等非正弦信号。

2. 电压测量的技术指标

1) 幅度范围

幅度范围是指可测量电压的范围。例如韦夫特克公司1071型数字多用表的测量范围为100 mV～1000 V(DC)。在实际的电压表中还包括量程的划分及每一量程的测量范围。在1071型数字多用表中共分5挡量程：0～100.0000 mV，0～1.000000 V，0～10.00000 V，0～100.0000 V，0～1000.000 V。

2) 频率范围

目前模拟电压表可测量的频率范围要比数字电压表高得多。例如，BOONTON公司的92C射频电压表可测量的频率上限达1.2 GHz，而ANALOGIC公司的DP100数字多用表频率测量上限只能到25 MHz。

3) 输入特性

输入特性通常指电压表的输入阻抗 Z_i，包括输入电阻 R_i 和输入电容 C_i。在进行直流电压测量时只考虑 R_i 将影响测量结果。1071型数字多用表的输入电阻为

$$R_i > 10\,000\ \text{M}\Omega \qquad (0.1\sim10\ \text{V 量程})$$

$$R_i = 10\ \text{M}\Omega(1\pm0.1\%) \qquad (100\ \text{及}\ 1000\ \text{V 量程})$$

4) 分辨力

分辨力是指能够测量被测电压最小增量的能力。该项技术指标主要针对数字电压表而言。例如，HP3458A $8\frac{1}{2}$位数字电压表的分辨力为满量程的10%。

5) 准确度

准确度又称精确度，它是误差术语的反义，有时直接用误差表示仪器的技术指标。它指电压表的指示值(或显示值与被测量的真值之差)。模拟电压表的测量误差一般为1%～3%，而数字电压表可以优于 10^{-7}。

6) 抗干扰能力

在实际电压测量中会受到各种干扰信号的影响，使测量精度受到影响，特别是在测量小精度的时候。通常将干扰分为串模干扰和共模干扰两类。对于1071数字多用表，有以下指标。

串模干扰抑制比：66 dB(1±0.15%)(干扰信号频率为50 Hz或60 Hz)。共模干扰抑制比：>140 dB(DC)；>80 dB(AC 1～60 Hz，1 kΩ不平衡源电阻)。

3.1.4 电压的模拟测量方法

对于交流电压的测量，通常有两种基本方式：放大—检波式和检波—放大式，如图

3-1-1所示。它们都是利用检波器将交流电压变为直流电压并以表头指示测量结果的。图(a)测量灵敏度高，但频率范围只能达到几百千赫；图(b)频率范围可以从直流到几百兆赫，但是由于检波器的限制，其灵敏度较低。对于图(b)来说，在提高灵敏度的同时受到噪声的影响；由于噪声频谱很宽，而被测信号正弦波是单频的，因而有时可以利用外差原理，借助中频放大器的优良选择性来克服噪声影响。无论采用哪一种方式，检波器都是其核心部件，它将交流电压转换为相应的直流电压，以便用表头指示测量结果。

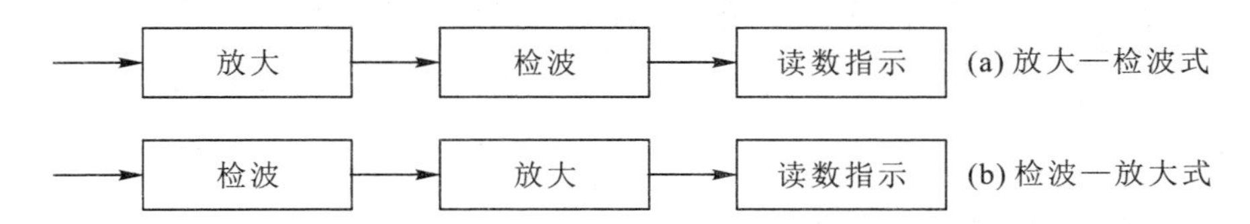

图 3-1-1　交流电压的模拟测量方法

在进行交流电压测量时，国际上一直以其有效值表示被测电压的大小，因为该有效值反映了被测信号的功率。但在实际测量中由于检波器的工作特性不同，所得结果有峰值、平均值、有效值之别，因此，无论用哪一种特性的检波器都应该将最后的测量结果表示为有效值。

正弦交流电压可表示为

$$V(t) = V_{\mathrm{p}} \sin(\omega t + \varphi) \tag{3-1-1}$$

式中：$V(t)$为交流电压瞬时值；V_{p} 为交流电压峰值；ω 为交流电压的角频率；φ 为交流电压的初始相位。

因此，交流电压的平均值为

$$V_{\mathrm{AV}} = \frac{1}{T}\int_0^T V(t)\,\mathrm{d}t \tag{3-1-2}$$

式中，T 为交流电压周期。

将式(3-1-1)代入式(3-1-2)并令 $\varphi=0$，可得

$$V_{\mathrm{AV}} = 0.637V_{\mathrm{p}} \tag{3-1-3}$$

交流电压的有效值，即均方根值为

$$V_{\mathrm{rms}} = \sqrt{\frac{1}{T}\int_0^T V(t)\,\mathrm{d}t} \tag{3-1-4}$$

同时交流电压均方根值为

$$V_{\mathrm{rms}} = 0.707V_{\mathrm{p}} \tag{3-1-5}$$

因此，采用峰值检波时输出为 V_{p}，采用平均值检波时输出为 $0.637V_{\mathrm{p}}$，采用有效值检波时输出为 $0.707V_{\mathrm{p}}$。

为了按照有效值定义测量结果，现在定义 V 为有效值。

在峰值电压表中

$$V = \frac{V_{\mathrm{p}}}{K_{\mathrm{p}}(\sim)} \tag{3-1-6}$$

式中，$K_{\mathrm{p}}(\sim)$为正弦波峰因数。由式(3-1-6)可得 $K_{\mathrm{p}}(\sim)=\frac{1}{0.707}$。

在平均值电压表中

$$V = K_{\mathrm{f}}(\sim) \times V_{\mathrm{AV}} \tag{3-1-7}$$

式中，$K_f(\sim)$为正弦波因数。由式(3-1-2)和式(3-1-3)可得 $K_f(\sim)=1.11$。在有效值电压中：

$$V = V_{rms} \tag{3-1-8}$$

在实际测量中，被测电压除了理想正弦波以外还有方波等各种波形，对于这些波形的检波结果还要进行相应的转换，其波峰因数 K_p、波形因数 K_f 如表 3-1-1 所示。注意：表中为近似值。

表 3-1-1　交流电压模拟测量检波结果

序　号	名　称	有效值 V	平均值 V_{AV}	波形因数 K_f	波峰因数 K_p
1	正弦波	$0.707V_p$	$0.637V_p$	1.11	1.414
2	正弦波半波整流	$0.5V_p$	$0.318V_p$	1.57	2
3	正弦波全波整流	$0.707V_p$	$0.637V_p$	1.11	1.414
4	三角波	$0.577V_p$	$0.5V_p$	1.15	1.73
5	方波	V_p	V_p	1	1

3.1.5　三相电路的电压测量

由于三相电路的电压一般很高，所以测量时必须要接入一个转换电路，把其电压转换到可测范围，一般测量范围为 0～5 V 或 -5～+5 V。可利用互感线圈来降压，一般匝数比为 1∶50。

3.1.6　电压的数字测量方法

对于直流电压，数字电压表将被测电压 V_i经模/数转换，而后由数字逻辑电路进行数据处理并以数码表示测量结果，图 3-1-2 为其原理框图。

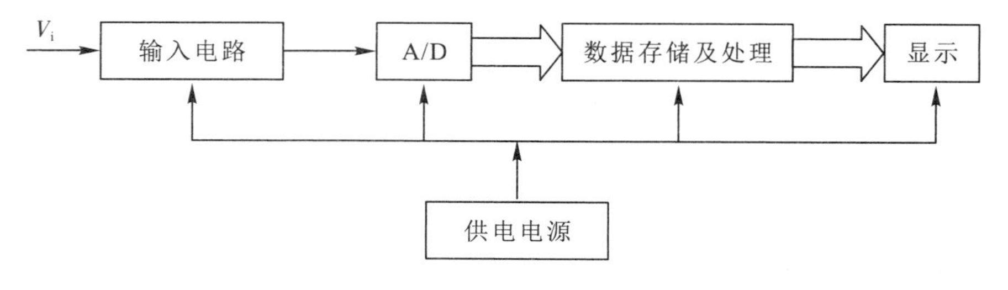

图 3-1-2　电压的数字测量原理框图

电压的数字测量方法有两点好处。其一，可以将一些处理模拟量的问题转化为处理数字量的问题。前者需用模拟电路，而后者则用数字电路。现在数字逻辑电路的集成度越来越高，不仅有利于电压表的小型化，更能够提高仪器的可靠性。其二，由于电压的数字测量方法采用数字技术，因此 DVM 可以很方便地与数字计算机以及计算机的外设(例如打印机、绘图仪)相连接，这样就可以借助计算机的资源进一步增强和完善 DVM 的功能，而且还可以通过标准总线接入自动测试系统实现测量的自动化。鉴于上述情况，DVM 有取代模拟电压表的趋势，尤其是在直流或低频交流电压测量方面。

1. 电压数字测量方法的特点

从 DVM 的结构来说，电压的数字测量方法有以下特点：

(1) 采用模/数转换器。模/数(A/D)转换器是 DVM 的关键部件，在 DVM 中常见的 A/D 转换器有双斜式、多斜式、脉冲调宽式以及余数循环比较式。

(2) 用数码显示测量结果。目前普遍采用发光二极管(LED)或液晶显示器(LCD)显示数码，甚至还借助数码显示器显示 DVM 的其他有关信息。

(3) 采用微处理器。自 20 世纪 70 年代微处理器出现以来，人们将它和 RAM、ROM 等芯片用于 DVM，构成控制器，管理整个 DVM 的操作以及处理测量结果。

(4) 具有标准接口功能。经常采用的标准接口有 IEEE－488 并行口和 RS－232C 串行口。DVM 具备接口功能之后就可以与计算机(有时称为控制器)相连接，再加上其他具有标准接口的仪器可组成自动测试系统。

(5) 利用计算机软件功能。(1)～(4)均属硬件功能，软件功能包括对 DVM 的控制及数据处理等。数据处理功能使 DVM 的性能更加完善，还可以使 DVM 中的某些硬件功能用软件实现，例如自动校零、抑制干扰等。

通常将具有微处理器的 DVM 称为微机化 DVM 或智能 DVM，其简化框图如图 3－1－3 所示。

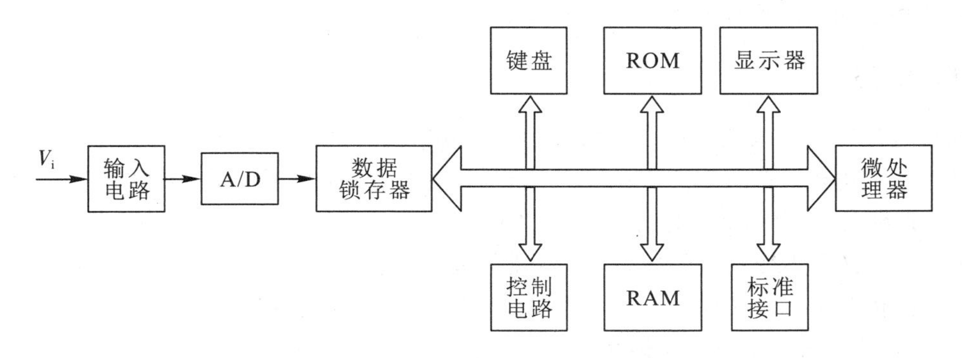

图 3－1－3　微机化 DVM 简化框图

2. 数字电压表的主要技术指标

DVM 除了具有 3.1.3 节提出的指标外，还必须包括数字式仪表本身的一些特殊要求。

(1) 输入范围：最大输入一般为±1000 V，并具有自动量程转换和一定的过量程功能。例如，英国 SOLARTRON 公司的 7801 最大输入电压为 1000 V(DC)。

(2) 准确度：最高可在 10^{-7}左右。

(3) 稳定度：短期稳定度为读数的 0.002，期限为 24 小时；长期稳定度为读数的 0.008，期限为半年。

(4) 分辨力：目前达 10^{-8}，即 1 V 输入量程时的测量分辨力为 10 nV。

(5) 输入阻抗：输入电阻的典型值为 10 MΩ，输入电容的典型值为 40 pF。

(6) 输入零电流：DVM 输入端短路时仪器呈现的输入电流，通常为 nA 量级。

(7) 仪器的校准：DVM 内部备有供校准用的标准，并且校准部分是独立的，与测量无关。

(8) 输出信号：为 BCD 码，可用于记录、打印或机外数据处理。

(9) 输出接口：通常为 IGPIB 或 RS-232C。

(10) 显示位数：目前已达 $8\frac{1}{2}$位，大多数台式表为 $4\frac{1}{2}$位、$5\frac{1}{2}$位，而手持式表为 $3\frac{1}{2}$位。

(11) 读数数率：在仪器正常工作时单位时间内可读数据(测量结果)的次数，最高可达 500 次/秒。

(12) 数据存储容量：目前 DVM 内部可存储多达 1000 个数据。

(13) 数据处理能力：能求得被测电压最大偏差、平均值，甚至还可以计算方差、标准偏差等。

3.2 相位的测量

相位作为电的基本参数之一，在电子工程技术中具有重要的意义，相位的测量随着科技的发展也经历了深刻的变革。测量相位的方法有很多，像传统的借助于示波器测量相位，其测量范围和测量精度受到很大的限制，在一些要求比较高的场合就不能使用了。除此之外，还有一些专用的用来测量相位的装置(例如电子计数式测频装置)，特别是单片机的出现使相位测量的设计发展到一定的高度。

3.2.1 概述

相位是反映交流电任何时刻的状态的物理量。交流电的大小和方向是随时间变化的。比如正弦交流电流，它的公式是 $i=I\sin 2\pi ft$。i 是交流电流的瞬时值，I 是交流电流的最大值，f 是交流电的频率，t 是时间。随着时间的推移，交流电流可以从零变到最大值，从最大值变到零，又从零变到负的最大值，从负的最大值变到零。在三角函数中，$2\pi ft$ 相当于角度，它反映了交流电任何时刻所处的状态，是在增大还是在减小，是正的还是负的等。因此把 $2\pi ft$ 叫做相位，或者叫做相。

3.2.2 相位差的基本概念

相位说明谐波振荡在某一瞬时的状态，在数学上定义为正弦或余弦函数的幅角，其数学表达式为

$$u(t) = E\sin(\omega t + \varphi) \tag{3-2-1}$$

式中，φ 是初始角；$\omega t+\varphi$ 就是相位角，通常称为相位，定义为

$$\phi(t) = \omega t + \varphi \tag{3-2-2}$$

从式(3-2-2)中可以看出，相位是时间 t 的线性函数。令 $\phi_1(t)$、$\phi_2(t)$分别表示角频率为 ω_1、ω_2的两个简谐振荡的相位，则有

$$2\phi(t) = \phi_1(t) - \phi_2(t) = (\omega_1 - \omega_2)t + (\varphi_1 - \varphi_2) \tag{3-2-3}$$

从式中可以看出相位角是时间 t 的函数。若 $\omega_1=\omega_2$即两个同频率的信号，有：

$$\phi(t) = \varphi_1 - \varphi_2 \tag{3-2-4}$$

显而易见，两个同频率信号的相位差为常数，由初始相位角之差确定。

3.2.3　相位差的测量原理和方法

1. 矢量法

设两个同频率等幅(E)的正弦信号相减后得到矢量差的模：

$$|V| = 2E\sin\left(\frac{\varphi}{2}\right) \tag{3-2-5}$$

将矢量差的模值经过滤波后，其值与 $\sin\left(\frac{\varphi}{2}\right)$成正比。

2. 乘法器法

将两个同频率的正弦信号通过乘法器而后经过积分滤波电路得到一个直流电压：

$$V = K\cos\varphi \tag{3-2-6}$$

式中，K 为传输系数。

本方法可以滤除信号波形中的高次谐波，因而抑制了谐波对测量准确度的影响。

3. 可变延迟线法

可变延迟线测量方法的示意图如图 3-2-1 所示。

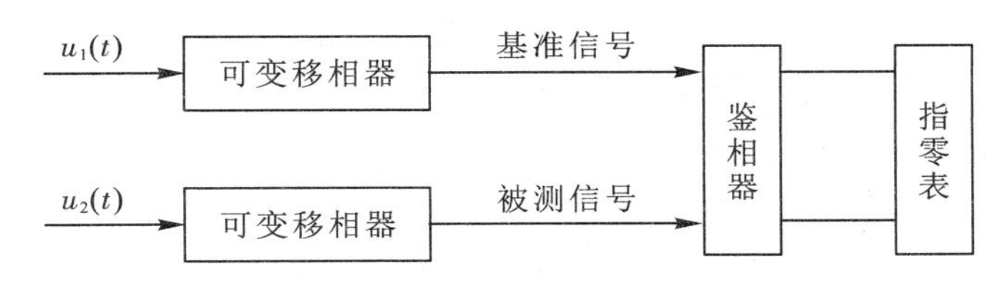

图 3-2-1　可变延迟线法

若基准正弦波为

$$u_1(t) = E\sin(\omega t) \tag{3-2-7}$$

被测信号为

$$u_2(t) = E\sin(\omega t + \varphi) \tag{3-2-8}$$

延迟时间长度 t_a 的基准信号表示为

$$u_1(t) = E\sin\omega(t - t_a) \tag{3-2-9}$$

调整精密可变移相器使指零表指示数为零，此时有

$$u_2(t) = u_1(t),\ \varphi = \omega t_a \tag{3-2-10}$$

4. 过零鉴相法

这种方法的基本要点是：两个同频率的正弦信号经过放大整形后成为方波信号，其前、后沿对应于正弦信号的正向过零点和负向过零点，将两个方波信号分别送入 RS 触发器的置位端和复位端，利用基准方波信号的前沿(或后沿)将触发器置位，利用测量方波的前沿(或后沿)将其复位，则 RS 触发器输出的脉冲宽度即基准信号的过零点与测量信号的过零点之时间差。其测量显示读数即被测相位差值。设基准信号为

$$u_1(t) = E\sin\omega t_1 \tag{3-2-11}$$

测量信号为

$$u_2(t) = E\sin(\omega t_2 - \varphi) \tag{3-2-12}$$

$u_1(t)$过零的时刻为t_1，$u_2(t)$过零的时刻为t_2，当$u_1(t)=u_2(t)=0$时，可以得到

$$u_1(t)=E\sin\omega t_1=u_2(t)=E\sin(\omega t_2-\varphi)=0 \tag{3-2-13}$$

所以相位差为

$$\varphi=\omega t_1-\omega t_2=\frac{2\pi t_u}{T} \tag{3-2-14}$$

式中，$t_u=t_1-t_2$，T为周期。

式(3－2－14)表明两个同频率正弦信号的相位差与相应的两个正弦信号过零的时间差成正比。换句话说，两个同频率的正弦信号的相位差可以用它们相应的过零点的时间差来表征。此相位差的值可以采用填充计数法去度量而后由数码管来显示；也可通过平滑滤波转换为相应的直流电压然后由直流数字电压表测量显示。

5. 双踪示波器法

用双踪示波器测φ时，将$u_1(t)$和$u_2(t)$分别加到双踪示波器的Y1和Y2两个输入端，调节示波器使得荧光屏上显示出稳定的两波形，并使两波形的基线与荧光屏的同一横轴重合(如图3－2－2所示)，然后读出波形一周期所占横轴长度(L_T)及波形过零点的间隔(L_τ)，则相位差为

$$\varphi=\varphi_1-\varphi_2=\frac{L_\tau}{L_T}\times 360° \tag{3-2-15}$$

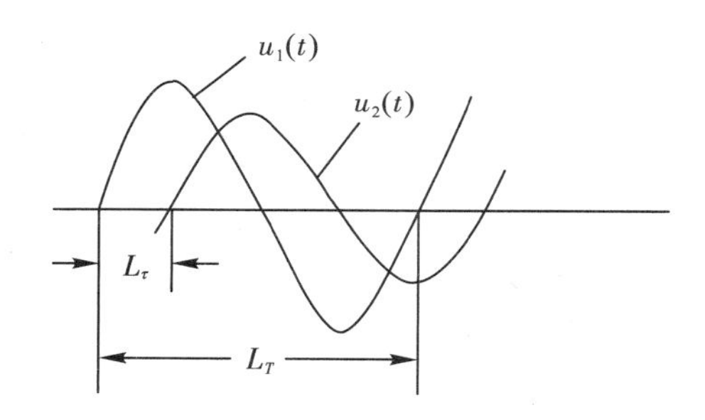

图3－2－2　双踪示波器法测相位差

3.3　频率特性的测量

频率特性是以频率为变量描述系统特性的一种图示方法。频率特性$H(\mathrm{j}\omega)$又称为频率响应(或简称为频响函数)，它是个复数，由幅值和相位两部分构成，分别称为幅频特性和相频特性。

3.3.1　网络的频率特性

在正弦激励下，线性网络(见图3－3－1)的网络函数等于响应相量与激励相量之比。实际的激励信号常常不是单一频率的正弦量，而是包含一系列不同频率正弦分量的“复杂”信号。根据线性特性知，此时的网络响应应该等于所有这些正弦分量各自引起的响应的叠加。因此，研究网络对不同频

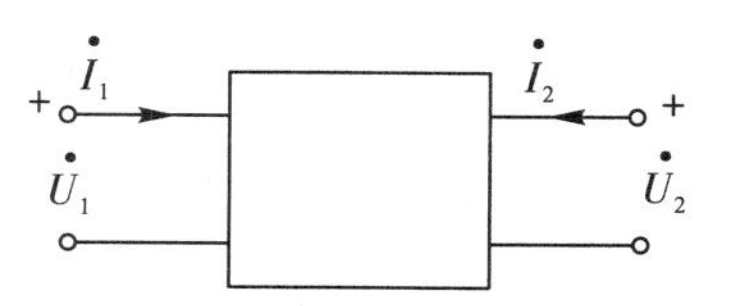

图3－3－1　线性网络

率正弦激励的响应特性(即网络的频率特性)具有重要意义。在此情况下，激励或响应均取频率(f 或 ω)的函数。相应地，它们的比也是频率的函数，表示为

$$\text{网络函数 } H(\mathrm{j}\omega)=\frac{\text{响应相量 } Y(\omega)}{\text{激励相量 } F(\omega)}=H(\omega)\mathrm{e}^{\mathrm{j}\varphi(\omega)} \tag{3-3-1}$$

网络函数通常是一个复数，$H(\omega)$是它的模。$H(\omega)$随频率的变化关系称为网络的"幅频特性"；$\varphi(\omega)$是网络函数的幅角，它随 ω 的变化关系称为网络的"相频特性"。幅频特性和相频特性常用曲线表示，称为网络的频率(或频响)特性曲线(见图 3-3-2)，它可直观地表明网络的传输特性。

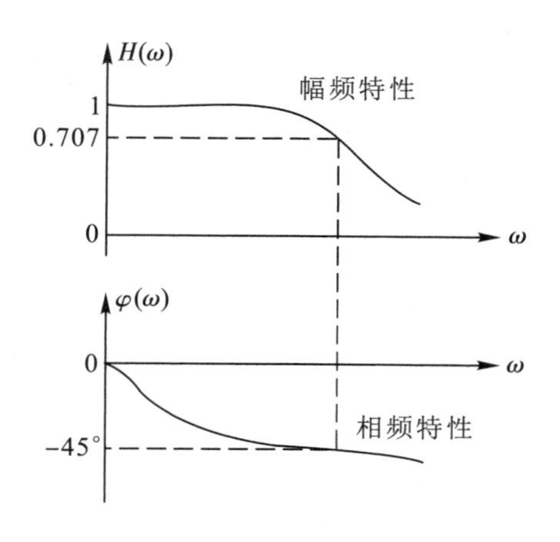

图 3-3-2　网络的频率特性

由于激励和响应可以是电压也可以是电流，可以同处于网络的同一端口(此时称网络函数为策动点函数)，也可以分别处于网络的不同端口(此时称网络函数为转移函数)，所以根据激励与响应的具体情况，网络函数可以具有不同的物理意义。应用较多的是输入阻抗和电压传输函数，而通常讲"网络的频率特性"时，多指电压传输函数随频率变化的特性。

3.3.2　幅频特性的测量

网络幅频特性的测量方法有点测法和扫频法。

1. 点测法

点测法即逐步测量法，是严格按频率特性的定义进行测量的。图 3-3-3 示出了用点测法测量双口网络幅频特性 $H(\omega)$的测量线路。正弦信号发生器的输出电压和频率可调，电压表作为测量指示。在被测网络整个工作频段内选取若干个频率点，调节正弦信号发生器使被测网络输入电压 U_1的频率依次等于所选测量点的频率值，并逐点测得各相应频率的输入电压 U_1和输出电压 U_2，即可画出被测网络函数的幅频特性曲线。如果要作出 U_2的幅频特性即 U_2-f 曲线，在测试过程中改变激励电压的频率时，必须注意监测和保证 U_1幅度不变。

有些网络在测试时需分别限定输入和输出端口所接的阻抗，因此图 3-3-3 中加入了电阻 R_S和 R_L。若技术条件中无此项要求，这两个电阻可以省去不用。

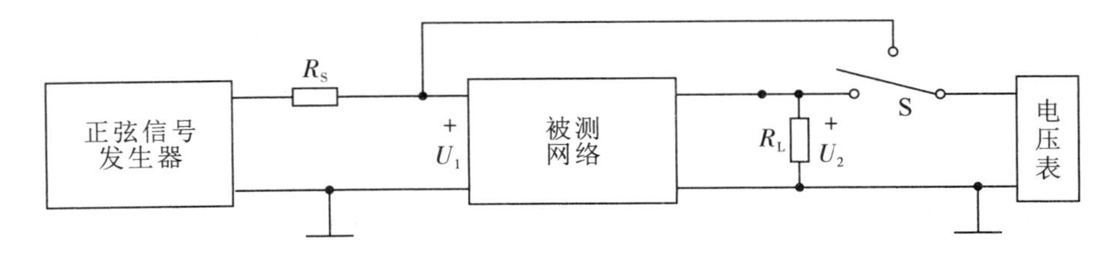

图 3-3-3　点测法测量网络幅频特性

测试网络的传输特性时，需注意保证网络处于线性工作状态。这主要由两方面决定：一是组成网络的元件特别是有源元件要工作在线性区；二是输入信号的幅度应适当，过大的幅度可能引起网络中某些元件饱和。检查网络是否工作在线性区域的简单可行的方法是：当输入电压调整到零时，输出电压也是零；输入信号变化 k 倍时，输出信号也随之变化 k 倍。

2. 扫频法

图 3-3-4 是利用扫频法测量网络幅频特性的原理图。扫描发生器产生锯齿形电压①，此电压一路经 X 放大器加于 CRT 的 X 偏转板，控制光点沿 X 轴向右作等速扫描。在 t_1、t_2、t_3…时刻，光点位置分别为 x_1、x_2、x_3…，见图 3-3-4(b)。与此同时，锯齿电压的另一路送去控制扫频信号发生器的振荡频率，使它产生的等幅振荡的频率随锯齿电压同频增长，见波形②，在 t_1、t_2、t_3…时刻，对应频率分别为 f_1、f_2、f_3…。一般称振荡②为调频(或扫频)信号。由此可见，调频信号的频率 f_1、f_2、f_3…与光点位置 x_1、x_2、x_3…一一对应。换而言之，光点的横向运动代表信号频率变化。假定被测网络的传输特性 $H(\omega)$是钟

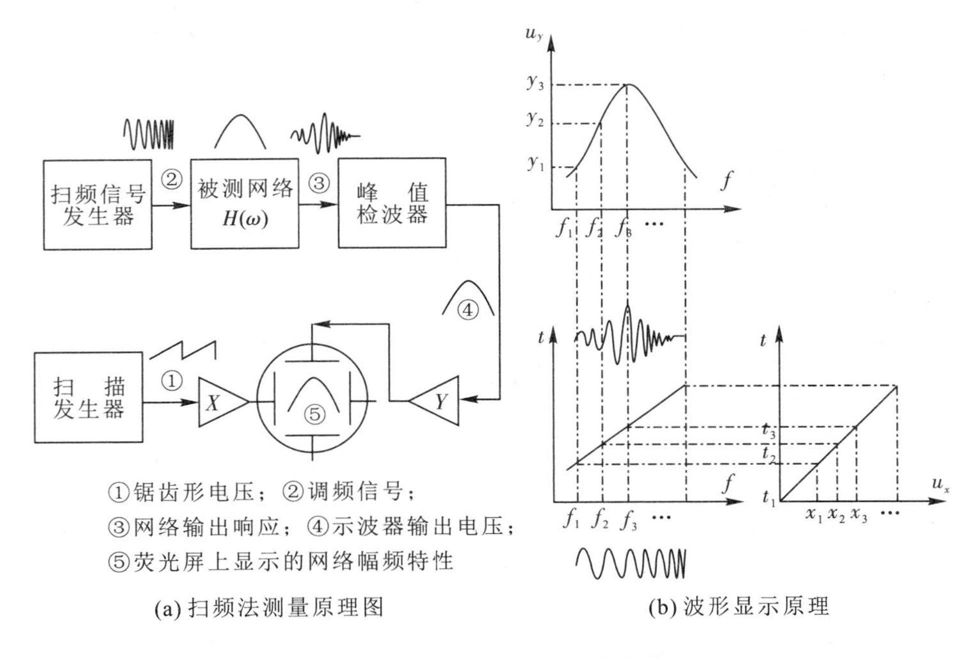

(a) 扫频法测量原理图　　(b) 波形显示原理

图 3-3-4　扫频法测量网络幅频特性

形的，它对低频和高频信号有较大衰减。那么，等幅调频信号经过该网络后，将变为具有钟形包络的信号③。该钟形包络即代表网络的幅频特性，它可用峰值检波器检出为④。将钟形电压④经 Y 放大器加于 CRT 的 Y 偏转板，控制光点沿 Y 轴方向运动。对应于频率 f_1、f_2、f_3…（光点横向位置），光点的 Y 方向位置分别为 y_1、y_2、y_3…，所以光点轨迹重现了网络幅频特性的形状⑤。

国产 BT 系列扫频仪即是按照上述原理设计制造的仪器，专门用来测量网络的幅频特性曲线。

3.3.3　相频特性的测量

相频特性的测量方法与测量相位差的方法相同。只要测出在不同频率时响应与激励之间的相位差，根据测量结果就可以绘制出相应的特性曲线。

3.4　暂态响应的测量

在任意时间信号激励下，线性网络的暂态响应可由冲激响应或阶跃响应通过卷积或杜阿梅尔积分求得。冲激响应和阶跃响应的测量方法是在网络输入端加上冲激信号或阶跃信号，利用示波器观察网络输出端的电压响应。

为了技术实现方便，在实验方法上常以周期性窄脉冲模拟冲激信号，以周期方波电压模拟阶跃信号。为了正确模拟孤立的冲激或阶跃函数，要求窄脉冲或方波有足够长的周期，使每次由它们激励的暂态过程在下一个激励到来之前能够达到它的终值。换句话说，这种方法的实质是使非周期的（孤立的）暂态过程作周期性重复，从而便于使用示波器对其观测。

脉冲测试，要求作为激励信号的脉冲宽度极窄而幅度尽量大（这样才能在极短时间内向被测网络注入足够能量），但是这可能受到网络线性工作范围及过载能力的限制。如果采用方波测试，则容易实现得多，因为这时只需对方波的上升边提出要求。

线性时不变网络有这样的特性：当输入端加一激励函数时，其输出端有一响应函数；而当把输入改变为原激励函数的导数时，其输出也随之改变为原来响应函数的导数。由此可以推知，因为单位阶跃信号 $\varepsilon(t)$ 的导数是单位冲激信号 $\delta(t)$，故网络的单位冲激响应也必为其单位阶跃响应的导数。

由上述内容可知，获得冲激响应的方案可有多种，示于图 3－4－1 和图 3－4－2，图 3－4－2中的示波器通常用超低频示波器。

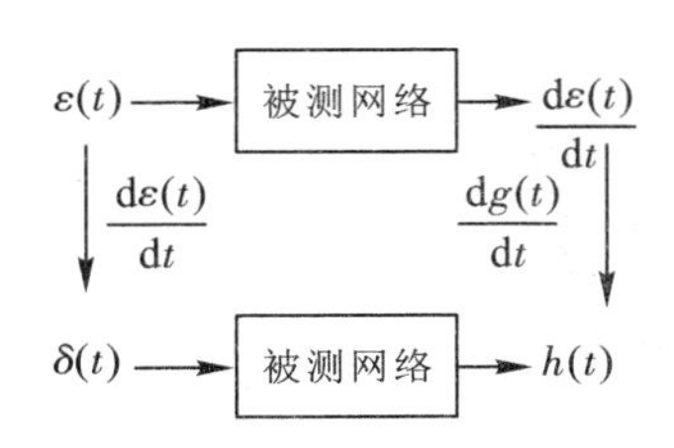

图 3－4－1　由阶跃响应获得冲激响应

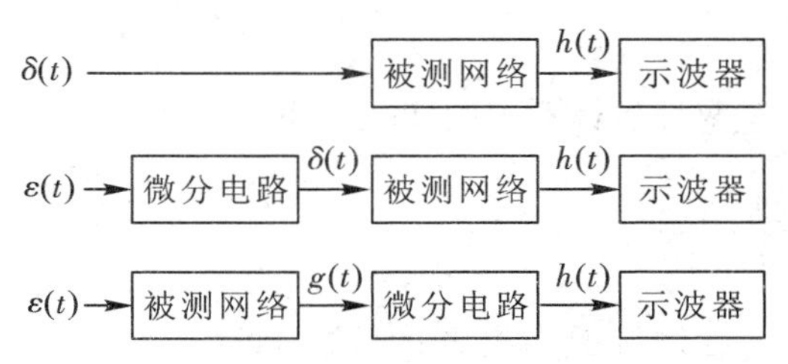

图 3－4－2　获得冲激响应的方案

超低频示波器适于观察和研究低频或超低频的周期过程以及持续时间较长的脉冲和单次过程。如仪器附加照相装置，还可对低频或超低频信号拍照研究。超低频示波器的特点是采用长余辉 CRT 及具有扫描时间相当长的扫描发生器。国产 SBD-6 型超低频双线示波器可以双线显示，它的扫描时间为 100 μs～1000 s，分 14 挡连续调节。

暂态响应可用专用的暂态特性测量仪进行测量。暂态特性测量仪是一种专用示波器，专门用来测定二端口网络的暂态特性，其简单的原理方框图示于图 3-4-3，详细说明可参看具体仪器说明书。

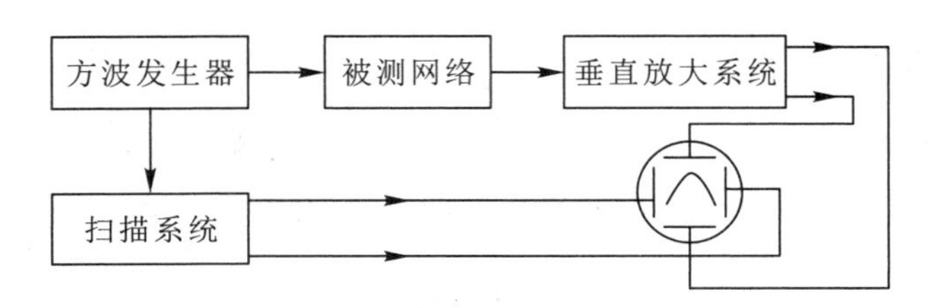

图 3-4-3 暂态特性测量仪原理方框图

3.5 阻抗的测量

阻抗测量包括复数阻抗、导纳与电感、电容、电阻、品质因数及损耗因数等实数参量的测量。属于同一被测对象的上述参量之间具有确定的换算关系，因而只要测出其中几项便可求出其他参量。

3.5.1 阻抗定义及表示方法

阻抗定义及阻抗参数如图 3-5-1 所示。

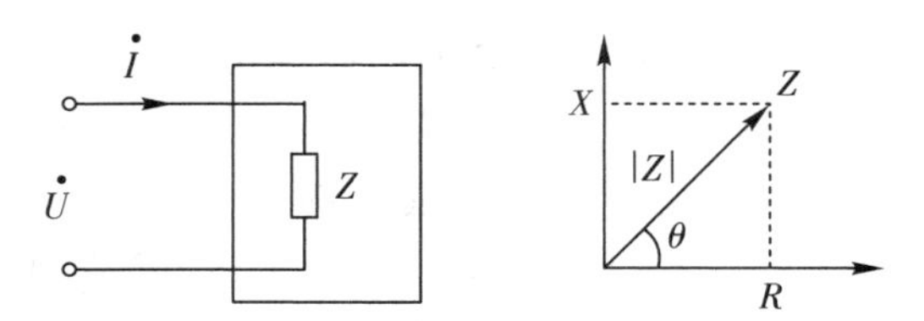

图 3-5-1 阻抗定义示意图及阻抗参数

一般情况下阻抗为复数，它可用直角坐标和极坐标表示，即

$$Z=\frac{\dot{U}}{\dot{I}}=R+\mathrm{j}X=\frac{U}{I}\mathrm{e}^{\mathrm{j}\theta}=|Z|\mathrm{e}^{\mathrm{j}\theta}=|Z|(\cos\theta+\mathrm{j}\sin\theta) \qquad (3-5-1)$$

两种坐标形式的转换关系为

$$|Z|=\sqrt{R^2+X^2},\ \theta=\arctan\frac{X}{R} \qquad (3-5-2)$$

$$R=|Z|\cos\theta,\ X=|Z|\sin\theta \qquad (3-5-3)$$

导纳 Y 是阻抗 Z 的倒数，即

$$Y=\frac{1}{Z}=\frac{1}{R+\mathrm{j}X}=\frac{R}{R^2+X^2}+\mathrm{j}\frac{-X}{R^2+X^2}=G+\mathrm{j}B \qquad (3-5-4)$$

式中，G 和 B 分别为导纳 Y 的电导分量和电纳分量。导纳的极坐标形式为

$$Y = G + \mathrm{j}B = |Y| \mathrm{e}^{\mathrm{j}\varphi} \tag{3-5-5}$$

式中，Y 和 φ 分别是导纳幅度和导纳角。

对于电阻、电容和电感，其阻抗分别为

$$\begin{cases} Z_R = \dfrac{\dot{U}_R}{\dot{I}_R} = R = \dfrac{U}{I} \\ Z_L = \dfrac{\dot{U}_L}{\dot{I}_L} = \mathrm{j}X_L = \mathrm{j}\dfrac{U_L}{I_L} = \mathrm{j}\omega L \\ Z_C = \dfrac{\dot{U}_C}{\dot{I}_C} = -\mathrm{j}X_C = -\mathrm{j}\dfrac{U_C}{I_C} = \dfrac{1}{\mathrm{j}\omega C} \end{cases} \tag{3-5-6}$$

电阻 R 是不随频率变化的常量，电阻上的电压和流过电阻的电流同相；电感的感抗 X_L 与频率成正比，电感两端的电压超前流过电感的电流 90°；电容的容抗 X_C 与频率成反比，电容两端的电压滞后流过电容的电流 90°。理想元件的阻抗频率特性如图 3-5-2 所示。

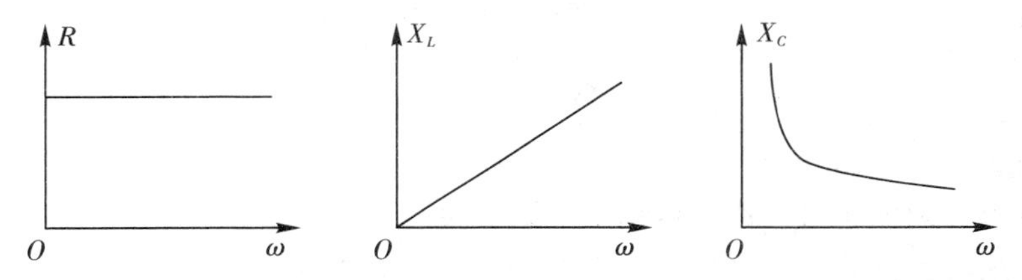

图 3-5-2　理想元件的阻抗频率特性

一个实际的元件，如电阻器、电容器和电感器都不可能是理想的，存在着寄生电容、寄生电感和损耗。实际中只有在某些特定条件下，电阻器、电容器和电感器才能看成理想元件。

一个网络可由多个元件组成，具有复杂的阻抗频率特性。如果其阻抗随频率增加而增加，则称为感性网络，可以等效为一个电感和一个电阻的串联。感性网络两端的电压超前流过该网络的电流。如果其阻抗随频率增加而减少，则称为容性网络，可以等效为一个电容和一个电阻的串联。容性网络两端的电压滞后于电流。

3.5.2　阻抗的测量方法

阻抗的测量方法有电表法、谐振法、RF 电压电流法、自动平衡电桥法和网络分析法。下面主要介绍电表法和谐振法测阻抗。

1. 电表法测阻抗

根据阻抗 $Z=(U_Z/I_Z)\mathrm{e}^{\mathrm{j}(\varphi_u-\varphi_i)}$，只要测出阻抗网络两端的电压 U_Z、流过该网络的电流 I_Z 以及它们的相位差 $\varphi_u-\varphi_i$，就可计算出阻抗 Z。

根据频率的不同，测量交流电压可采用不同类型的测量仪器。通常，测量市电使用万用表，当频率处于低频范围时，用低频毫伏表；而当频率在高频范围时，则使用高频毫伏表测量。

测量交流电流时，由于适用于工频 50 Hz（工业上用的交流电源频率）以上的通用仪表

大多只能测量交流电压，不能测量交流电流，所以实际测量时在主回路串接一个已知的辅助电阻 r，如图 3－5－3 所示。r 称为电流取样电阻，取值原则是保证测量精度且便于测量和计算。这样流过被测网络的电流可以通过测量电压求得 r。被测网络的阻抗模可由下式计算得出

$$|Z| = \frac{U_Z}{U_r} r \tag{3-5-7}$$

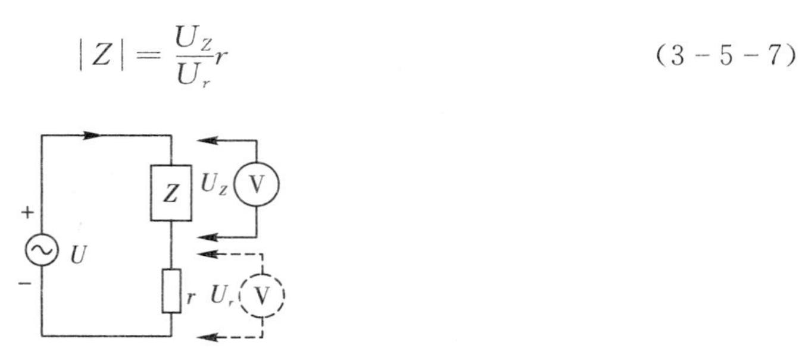

图 3－5－3 电表法测阻抗

显然，为使测量误差最小，U_Z 与 U_r 值应接近，使电压表指针落在同一量程的相近刻度上，在选择采样电阻数值时，应注意这一点。

电表法测相位角 φ_Z，只需再测量电源两端电压 U。因为 $\dot{U}=\dot{U}_Z+\dot{U}_r$，所以

$$\varphi_Z = \arccos \frac{U^2 - U_Z^2 - U_r^2}{2U_Z U_r} \tag{3-5-8}$$

注意，用式(3－5－8)计算出的阻抗角可能为正也可能为负，这要根据该阻抗的性质决定，若是感性阻抗则取正号，若是容性阻抗则取负号。

可见，使用电表法测阻抗，只需知道 U、U_Z 与 U_r 即可，故该方法又称三压法。

2. 谐振法测阻抗

谐振法是利用 LC 串联电路和并联电路的谐振特性测量阻抗的方法。图 3－5－4(a)和图 3－5－4(b)分别画出了 LC 串联谐振电路和并联谐振电路的基本形式，图中的电流、电压均用相量表示。

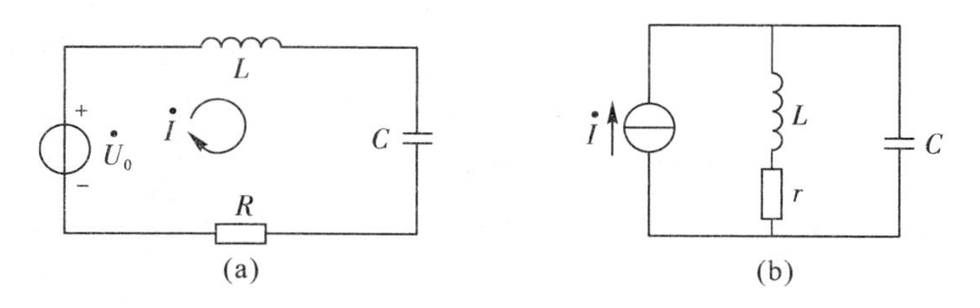

图 3－5－4 LC 串、并联谐振电路的基本形式

采用谐振法测量阻抗存在很大的误差，其主要误差有：耦合元件损耗电阻(如 R_H)引起的误差；电感线圈分布电容引起的误差；倍率指示器和 Q 值指示器读数的误差；调谐电容器 C 的品质因数引起的误差；Q 表残余参量引起的误差。谐振法不仅存在系统测量误差，还存在残差的影响，只适用于低阻抗的测量，不适用于高阻抗的测量，并且回路本身的寄生电容和引线电感很大。

谐振法测阻抗的优点：可测很高的 Q 值；缺点：需要调谐到谐振，阻抗测量精度低；频率范围：10 kHz～70 MHz。

3.6　时间/频率的测量

在所有的物理量中，时间/频率量具有最高的精度，对其标准的建立和准确测量就具有更显著的意义和影响。时间/频率的测量技术已经比较成熟，在这些成熟的测量方法中每种都有其优缺点，也有不同的应用场合。本节将对这些常用的方法进行介绍和简要分析比较。

3.6.1　概述

任何一种物质都是在一定的时间和空间里完成其变化、运动和发展过程的。而且随着科技的发展，对于空间问题的处理也越来越多地依靠对时间的测量和处理。频率基、标准器的精度一直在提高，几乎每10年左右提高一个数量级，其准确度已经达到10^{-15}量级，还会提高三个数量级。随着信息产业的发展，各种频率源的使用量也越来越大，对这方面的基标准的建立和改进、测量方法、原理、技术和设备也提出了越来越高的要求。同时，时频基标准器的进步和与此相应的检测技术也成为国家高科技水平的重要标志。从应用的角度来看，精密频率源包括原子频标、晶体振荡器、微波振荡器、声表面波器件和体波振荡器等在通信、邮电、航空航天、电子、仪器仪表、国防、计量和天文等领域具有相当大的应用价值和广泛的市场。它对品种众多的设备性能指标起着决定性的作用。因此时频测控技术是国内外的研究热点。这方面的新技术近年来层出不穷，并直接影响到军事(如GPS技术)、科技、工业生产、人民生活等各个方面。

频率是和时间密切相关的物理量，它们是描述周期性运动现象的两个不同的侧面，在数学上互为倒数关系。表现为周期性现象的频率f就是单位时间内这种现象变化的周期个数，即

$$f=\frac{1}{T}$$

式中，T表示周期；频率f的单位是赫兹(Hz)。

所以，时间和频率都共用一个基准。只是在具体应用中，有些情况下用时间表示比较方便，而在另一些情况下对于有些事物用频率表示则更好。时间和频率基准曾经是在天文观察的基础上采用时间基准，现在更多的是使用频率基、标准器，而构成频率基、标准器的原理也有很大的差别。

3.6.2　常用的频率测量方法

常用的频率测量方法有直接测频法、多周期同步法、模拟内差法、游标法等，这里主要介绍直接测频法和多周期同步法。

1. 直接测频法

直接测频法又称直接计数法，是频率测量方法中最简单的。直接测频法就是在给定的闸门信号中填入被测脉冲信号，通过必要的计数电路得到填充脉冲的个数，从而算出待测信号的频率或周期。在测量过程中，依据信号频率大小的不同，直接测频法可分为以下两种。

1）被测信号频率相对较高时

通常选用一个频率较低的标准频率信号作为闸门信号，将被测信号作为填充脉冲，在给定闸门时间内对其计数。设闸门宽度为 T，计数值为 N，故存在近似关系 $T=NT_x$，则这种测量方法的频率测量值为

$$f_x=\frac{N}{T} \tag{3-6-1}$$

式中，$f_x(T_x)$表示被测信号频率(周期)。

由式(3-6-1)可以知道，测量误差取决于两方面：一方面取决于闸门时间 T 是否准确，另一方面取决于计数值是否准确。根据误差合成方法，可得

$$\frac{\Delta f_x}{f_x}=\frac{\Delta N}{N}-\frac{\Delta T}{T} \tag{3-6-2}$$

式中，$\Delta N/N$ 称为量化误差，这是数字化仪器所特有的误差。在测频时，计数脉冲的到来不会对闸门的开启时刻有影响。因此，在相同的闸门开启时间内，计数器所得的数可能会有差异，这就产生了量化误差。当闸门开启时间 T 接近甚至等于被测信号周期 T_x 的整数倍时，量化误差最大，最大量化误差 ΔN 为±1 个数，即常说的计数中±1 个字的误差。因此，最大量化误差的相对值可以写成：

$$\frac{\Delta N}{N}=\frac{\pm 1}{N}=\pm\frac{1}{Tf_x} \tag{3-6-3}$$

而 $\Delta T/T$ 是闸门时间的相对误差，它取决于石英晶体振荡器所提供的标准频率的准确度。所以，闸门时间的准确度在数值上等于标准频率的准确度，即

$$\frac{\Delta T}{T}=-\frac{\Delta f_c}{f_c} \tag{3-6-4}$$

式中，负号表示由 Δf_c引起的闸门时间的误差为$-\Delta T$。

通常，对标准频率的准确度$\frac{\Delta f_x}{f_x}$的要求是根据所要求的测频准确度提出来的。因此，为了使标准频率误差不对测量结果产生影响，标准频率的准确度应高于 1 个数量级为好。

因此，总误差可以采用分项误差绝对值线性相加来表示，即

$$\frac{\Delta f_x}{f_x}=\pm\left(\frac{1}{Tf_x}+\frac{|\Delta f_c|}{|f_c|}\right) \tag{3-6-5}$$

由此可知，在 f_x一定时，闸门时间 T 选得越长，测量准确度越高。当 T 选定后，f_x越高，则由±1 个字误差对测量结果的影响越小，测量准确度越高。

2）被测信号频率相对较低时

因为被测信号频率较低，周期较大，故选用被测信号作为闸门信号，而将频率较高的标频信号作为填充脉冲，并对之进行计数。设计数值为 N，标准频率信号的频率为 f_0，周期为 T_0，则这种方法的频率测量值为

$$f_x=\frac{1}{NT_0} \tag{3-6-6}$$

此时的误差主要为对标准频率信号计数产生的±1 个字误差，在忽略标准频率信号自身误差的情况下，测量精度为

$$\frac{\Delta f_x}{f_x}=\pm\frac{f_x}{f_0} \tag{3-6-7}$$

直接测频方法的缺点是存在计数器测量频率时±1个字的测量误差；优点是测量方便、读数直接，在比较宽的频率范围内能够获得较高的测量精度。所以在尽量高的测试频率和尽可能长的闸门时间下测频时，它可以获得比较满意的测量精度；但对于较低的被测频率来说，测频精度是不高的。

2. 多周期同步法

在目前的测频系统中得到越来越广泛应用的频率测量方法是基于直接测频技术而发展的多周期同步法测频。在多周期同步法测频中，实际闸门的长短不是一个固定的值，而是与被测信号严格同步的，它是被测信号周期的整数倍，因此也消除了直接测频方法中对被测信号计数时产生的±1个字误差，大大提高了测量精度，而且在整个测量频段是等精度测量的。

图3-6-1所示即为多周期同步法测频原理框图。参考闸门产生大概的取样时间τ，实际闸门的开启由参考闸门和被测信号同步产生。当参考闸门给出后，由随后到来的被测信号的第一个脉冲打开两个计数器的闸门开始计数。被测信号通过闸门1由计数器1计数，标准频率信号脉冲f_0通过闸门2由计数器2进行计数。当参考闸门关闭后，由随后到来的被测信号脉冲关闭两个计数器的闸门，停止计数。

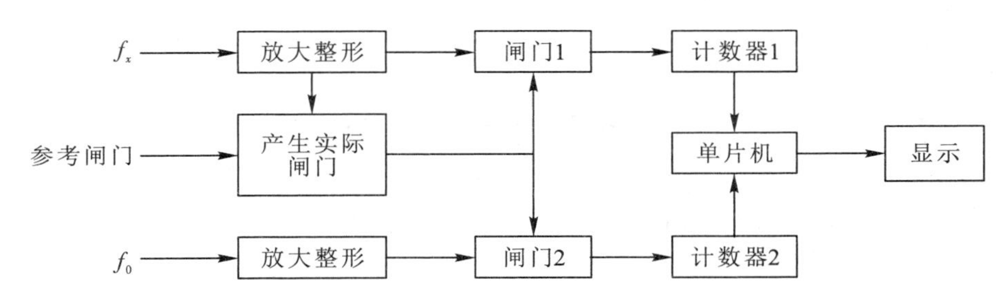

图3-6-1　多周期同步法测频原理框图

多周期同步测频法的波形图如图3-6-2所示。

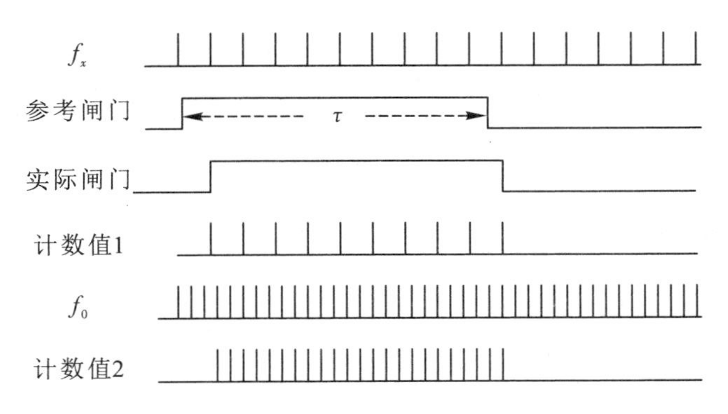

图3-6-2　多周期同步测频法波形图

参考闸门的取样时间为τ，它不同于设置的参考闸门时间，但最大差值不超过被测信号的一个周期。得到计数值N_1、N_2后对两个计数器的结果进行运算，求出被测频率：

$$\frac{N_1}{f_x}=\frac{N_2}{f_0} \quad \Rightarrow \quad f_x=\frac{N_1}{N_2}f_0 \tag{3-6-8}$$

由于计数脉冲1与闸门的开启完全同步，因而不存在±1个字的计数误差，而计数脉冲 2 因为与实际闸门不同步，存在±1 个字的计数误差。因此多周期同步法的测量误差主要由 N_2产生。对式(3－6－8)进行微分可得

$$df_x = -\frac{N_1 \cdot f_0}{N_2^2} \cdot dN_2 \tag{3-6-9}$$

上面已经分析过，在多周期同步测量中，存在关系 $dN_2 = \pm 1$，$\tau = N_2/f_0$，故可得到测量分辨率：

$$\frac{df_x}{f_x} = \pm \frac{1}{\tau \cdot f_0} \tag{3-6-10}$$

式(3－6－10)即为多周期同步测频法的测量分辨率。可以看出，测量分辨率与被测频率的大小无关，仅与取样时间及所选标准频率有关，可以实现被测频带内的等精度测量。τ越大，f_0越高，分辨率越高。多周期同步法与传统的计数法测频法比较，测量精度明显提高。

可以看出，在整个测量频率范围内，多周期同步法的测量精度明显高于一般计数法，特别是当触发误差可以忽略时，多周期同步法可以实现测频范围内的等精度测量。但由于 f_0填充脉冲存在±1 个字的误差，所以它的测量精度受到了限制。虽然提高 f_0的频率值可以改善测量精度，但 f_0的频率值不能无限提高，因此多周期同步法测频的测量精度也受到了限制。

3.7 常用频标比对方法

在进行频标比对时常用的方法有示波器法、频差倍增法、时差法、差拍法和相位比较法等，下面将对上述各种方法进行一一介绍。

3.7.1 示波器法

示波器法是用于频标比对和测量的一种最简单的方法，对测量设备的要求也不高，在实际使用中是比较灵活的。由于通常使用的李沙育图形不容易判别被测频率究竟是高于标准频率，还是低于标准频率，所以，它只在标准频率源的校准中使用，在通常的频标比对中是不常使用的。常用的示波器法有双线示波器法、外同步法、圆扫描法等，在此仅介绍双线示波器法。

用双线示波器法测量差拍周期实现频标的比对，是将被比对的两个标频信号，即标准频率 f_0和被测频率 f_x分别输入至双线示波器的两个垂直偏转板上(即 Y 输入处)，则在示波器荧光屏上得到两个波形图。如果两频率有差异，则这两个波形相对移动。移动一个完整的周期波形相当于李沙育图形翻转一周，实际上是 f_0与 f_x之间的一个差拍周期，由此可以求出频差。

在实际操作时，选择示波器的扫描与 f_0(或 f_x)同步，这样 f_0(或 f_x)就稳定不动。f_x(或 f_0)则相对于 f_0(或 f_x)的波形移动，测定移动的周期时间即可反映被测频率值的情况。

波形移动的方向有向左和向右两种。由于示波器的扫描是由左向右，所以向左移动的波形频率大于稳定波形的频率；向右移动的波形频率小于稳定波形的频率。因此，双线示波器法的优点是能够方便地确定两频率源间差拍的正负号。

比对时，如果测量出两个波形相对移动 n 个周期所需要的时间是 t_n，则差拍周期 $T=t_n/n$，两比对频率的差频 $\Delta f=1/T=n/t_n$，所以被测频率 f_x准确度是：

$$A=\frac{\Delta f}{f_0}=\frac{n}{f_0 t_n} \tag{3-7-1}$$

而准确度的正、负号可以按上面所说，根据 f_x 的波形相对于 f_0 波形移动的方向来确定。用示波器法来测定被测频率源的准确度或稳定度时，所用的计时设备一般是秒表。在测得的时间很短时，应该考虑到秒表的人控误差；在测量时间较长时，应考虑到秒表本身的计时误差。这两个误差总是同时存在的。为了减少秒表的人控误差，用双线示波器法及其他示波器法测量频率时，应该测量多个相对周期。

从式(3－7－1)可以看出，在相同的测时精度下，两比对频率源的频率值越高，使用这种方法所获得的精度也就越高。所以对精度比较高的频率源来说，一般应该在 5 MHz 左右的较高频率下用双线示波器法进行比对。

使用双线示波器法比对时，f_x 与 f_0 的频率值应该是相等的，但也可以成倍数关系。在成倍数关系的情况下为了得到较高的精度，应注意观察高频周期信号相对于低频信号移动的个数。而式(3－7－1)中的 f_0，可以取高频信号的标称频率值。

用示波器法测量频率标准时，测量精度与测量差拍周期的计时器(一般是秒表)的精度、频率标准的频率值以及两个频率源(标准频率和被测频率)之间的频差大小都有关系。根据不同的测量条件，这种测量方法所获得的测量精度可以在 $10^{-6}\sim10^{-8}$范围内，有时可以再高一些。显然，高的测量精度需要更长的测量时间，所以这种方法一般用于较高稳定度的晶体振荡器的准确度测量和长期稳定度的比对，而用于原子钟的比对和各种频率源的短期稳定度测量都是不合适的。

3.7.2　频差倍增法

用计数器测频的优点是显示直观、测量迅速，但它的测量精度受±1 个字计数误差的限制。如测量 5 MHz 频率信号，测量精度只能是$\pm2\times10^{-7}$/s。将该信号用倍频器倍频后再用计数器测频，可以减小计数器的±1 个字误差，提高测量精度。但提高是有限的，如果得到2×10^{-11}/s 的测量精度，就要把被测频率 f_x倍频到 $mf_x=1/(2\times10^{-11})=50000$ MHz。但是目前应用的计数器都很难满足，所以在倍频法中，倍频次数 m 之值不能太大。若取不太大的 m 值，重复进行 n 次倍频、混频过程，最后可得 m^n倍的倍增。这种方法叫频率误差倍增法，也有叫频差倍增法或误差倍增法。频差倍增法的原理框图如图 3－7－1 所示。

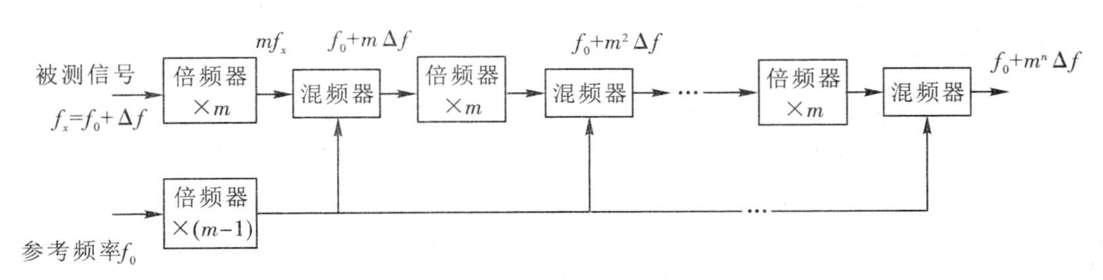

图 3－7－1　频差倍增法原理框图

这里设 f_0 为参考频率，被测频标 $f_x=f_0+\Delta f$，即 f_x 相对于 f_0 有一个微小频差 Δf。通过第一级倍增得到：

$$mf_x-(m-1)f_0=f_0+m\Delta f \tag{3-7-2}$$

常常将参考频标频率倍增 9 倍，被测频标频率倍增 10 倍，则经第一级倍增后得差频：

$$10f_x-9f_0=f_0+10\Delta f \tag{3-7-3}$$

经过多级倍增后，将得到 $f_0+10^2\Delta f$、$f_0+10^3\Delta f$、…、$f_0+10^n\Delta f$，即将 Δf 扩大了 10^n 倍。由于受倍频器本地噪声影响，频率不能无限制地倍增。通常倍增 10^4 倍，目前最高可达 10^5 倍(对 1 MHz 而言)。

从图 3-7-1 中可以看出，在频差倍增法中，倍频器用于把差频中心频率倍增上去，混频器只把频率拉回到归一化的基础频率上。这样频差得到了倍增，再由计数器测频。

频差 Δf 包含系统误差引起的差值 Δf_1 和噪声引起的差值 Δf_2 两部分，即 $\Delta f=\Delta f_1+\Delta f_2$。如对 1 MHz 讲，倍增了 10^4 倍的倍增器在取样时间 $\tau=10$ s 时，测量精度为 $1\times10^{-11}/10$ s，则对于老化率、日波动率、频率重现性、开机特性等指标，在 1×10^{-10} 或更低一些的频标都可以测定了。

频差倍增法的测量精度取决于所用的倍频器和混频器的噪声电平和系统分辨率。频差倍增法的系统分辨率 R_f 可以用下式表示：

$$R_f=\frac{1}{Mf_0\tau} \tag{3-7-4}$$

式中，M 为对被测频率的有效倍增次数；f_0 为被测频率的标称值，以 Hz 为单位；τ 为取样时间，以 s 为单位。

在用频差倍增法测频中，从理论分析及实验可得该方法可信度的依据如下：

(1) 信噪比相当小时，通过理想的倍频器倍增 M 次，则信噪比至少增加 M 倍。

(2) 通过倍增器的噪声带宽基本不扩展。

(3) 频标中影响频率稳定度的是噪声及由噪声引起的相位起伏。

(4) 在输出级带有窄带滤波器的频标的噪声带宽，由该滤波器决定。

频差倍增法主要用于：测量频率值的相对频偏或频率准确度；测量老化率、日波动率、重现性、开机特性等指标；测量短期频率稳定度。

目前，国外采用这种方法获得的测量精度可达 10^{-13}，但频差倍增器结构复杂，而且产生附加噪声的来源也多，所以在高稳晶振和原子频标的毫秒、秒级稳定度测量中已经较少采用了。

3.7.3　时差法

利用时差法测量频率实际上就是根据两比对频率源之间相应相位点的时间间隔随时间的起伏变化，来确定被测频率源的频率值及频率稳定度的。从本质上讲，时差法仍然采用了相位比对的原理，只是在具体实施的方法上有其特点罢了。典型的时差法测频均采用脉冲填充的方法，即在与两比对频率源之间的相位关系相关的时间间隔中，用高频率的标准时标脉冲进行填充，并对此填充脉冲进行计数，最后处理所得到的数据，换算出被测频率源的频率和频率稳定度。目前较高精度的时差法装置采用的是双混频器时差系统，也就是所谓的双时差法。这里不再对此做详细介绍，只给出在使用双时差法时，推导相对频率起伏的公式：

$$\frac{\Delta f}{f_0}=\frac{T(i+1)-T(i)}{\tau}=\frac{\Delta t(i+1)-\Delta t(i)}{\tau^2 f_0} \tag{3-7-5}$$

式中，$\Delta t(i+1)$和$\Delta t(i)$分别为第$i+1$次和第i次的测量值。但实际的双时差测量系统，测量精度要受到放大器、混频器噪声的限制，尤其是在拍频频率比较低的情况下要将拍频信号直接整形成方波以利于时间间隔的测量，这时噪声就对测量精度的提高造成了很大的困难，必须对设备本身各部分的噪声指标提出很高的要求。

3.7.4　差拍法

差拍法使用简单，精度很高。差拍法测量频率稳定度的基本出发点是将参考和待测振荡器的信号，经低噪声混频器差拍，差拍后的信号经低通滤波器后用计数器测其多个周期。这种方法又叫差频多周期法。差拍法测频的原理如图 3-7-2 所示。

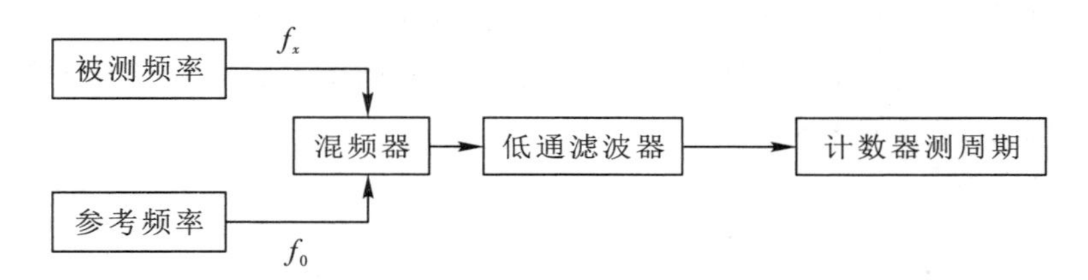

图 3-7-2　差拍法测频原理图

5.0001 MHz 的晶体振荡器与 5 MHz 被测振荡器经过鉴相得到 100 Hz 的拍频信号，再经过滤波器和限幅放大器来进行多周期测量。周期测量实质上是将相位起伏变换为时间或周期的变化来测量。评定这种测量方法的系统噪声虽然比较困难，但由于系统简单，所以产生的噪声也很小。

设被测频率 f_x 和参考频率 f_0 的标称值为 5 MHz，两者差频 $\Delta f=1$ Hz，对应周期为 1 s。若计数器时标用 1 μs，则由±1 计数误差引起的周期测量的相对误差为

$$\frac{\Delta\tau}{\tau}=\frac{\pm 1\ \mu\text{s}}{1\ \text{s}}=\pm 1\times 10^{-6} \tag{3-7-6}$$

总的分辨率为

$$\frac{\Delta f_x}{f_x}=\frac{\Delta\tau}{f_0\tau^2}=\frac{1\times 10^{-6}}{5\times 10^6\times 1}=2\times 10^{-13}/\text{s} \tag{3-7-7}$$

由于稳定度的测量是通过两个振荡器之间的相互比对进行的，因此参考振荡器的频率稳定度、拍频频率的选择、鉴相器的噪声都会使测量精度受到限制。经推导，可得到周期测量时的阿仑方差：

$$\sigma_y=\frac{f_p{}^2}{f_0 P}\sqrt{\sum_{i=1}^{m}\frac{(\tau_{i+1}-\tau_i)^2}{2m}} \tag{3-7-8}$$

式中，f_0 为 5 MHz；f_p 为拍频频率(即 100 Hz)；P 为计数器的周期倍乘。

由以上分析可知，用差拍法测量频率稳定度具有很高的分辨率。但是实际中测量的上限主要取决于低噪声混频器。

与上述几种测量方法相比，相位比较法(也叫比相法)是一种间接的频率测量方法，用这种方法测量频率时不但设备的结构简单，而且有相当高的分辨率和测量精度。下面对相位比较法作具体介绍。

3.7.5 相位比较法

频率标准之间的相位比对，一般都必须在频率标称值相同的情况下进行。用相位比较法测频，是将两个被比对的标称值相同的标准频率信号之间的相位关系，通过线性鉴相器转换成与它成线性关系的电压信号，并通过相应的电压显示记录设备进行显示记录，最后根据两频率源间的相位差随时间的变化情况，换算出被测频率源的频率稳定度和准确度情况。相位比较法又称比相法。

由于两频率源间频率的差异和变化更灵敏和细致地反映在其相互间的相位信息中，所以比相法比直接测频或测周期能更灵敏地反映出所测频率源的情况。

比相法的原理是根据在某一特定时间间隔的始末两频率源间相位差的变化，来反映该段时间内两频率源间的平均频率偏差的。在许多实际场合下，相位比对又常常转换成时间间隔的测试。标称频率值相同的两频率源，相应相位点间的相位差 ϕ 与该相位差所对应的时间间隔 T 存在着线性的关系：

$$T=\frac{\phi}{2\pi f_0} \tag{3-7-9}$$

式中，ϕ 的单位是弧度；f_0 是两频率源的标称频率值。所以，在实际应用中也常以时间为单位来描述两比对频率源之间相位差的变化情况。

采用比相法测频时，测试设备的直接测试对象是两比对频率之间的相位差。如果两次采样之间的时间间隔是 τ，始末两频率源相位差的变化量是 $\Delta T=T_2-T_1$，则两频率源在时间 τ 内频率值的相对平均偏差就是

$$\frac{\Delta f}{f_0}=\frac{\Delta T}{\tau} \tag{3-7-10}$$

式中，Δf 为时间 τ 内两比对频率源之间的平均频差。

式(3-7-10)即为比相法测频的基本公式。从式中可以看出，比相法测频所要知道的是频率源间相位差的变化量，所以不随时间变化的固定的系统相移(如由测量设备所引起的)，在计算时能够被自动扣除掉，而不会引起测量误差。

在各种鉴相方法中，开关鉴相(脉冲平均)的方法较其他鉴相方法有更好的线性度。它在较低的频率时能将两标称值相同的频率源间的相位变化(在 0°～360°的范围内)，转化为与它们之间的相位差成线性关系的电压值的变化。对该电压值进行定时采样和高精度的测试计算，就能够准确地获得被测频率值的变化情况。

图 3-7-3 为典型比相法的原理图。将两个标称频率值相同的比相信号放大整形后，把正弦信号变换成方波信号，分别以方波的下跳边或上升边作为触发信号对一个动态特性很好的鉴相双稳态的开和关进行控制，以改变其输出方波的占空比。因为这个占空比的大小线性地反映了两比相信号之间的相位差情况，如图 3-7-4 中第三个的波形所示。所以这个方波滤波后输出的直流电平的变化，就线性地反映了两输入信号之间的相位变化，可见其高电平的宽窄就直接反映了两信号的相位差大小。

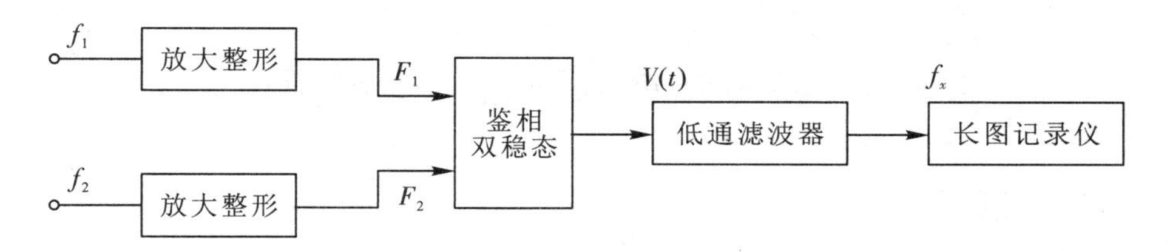

图 3－7－3　典型比相法原理图

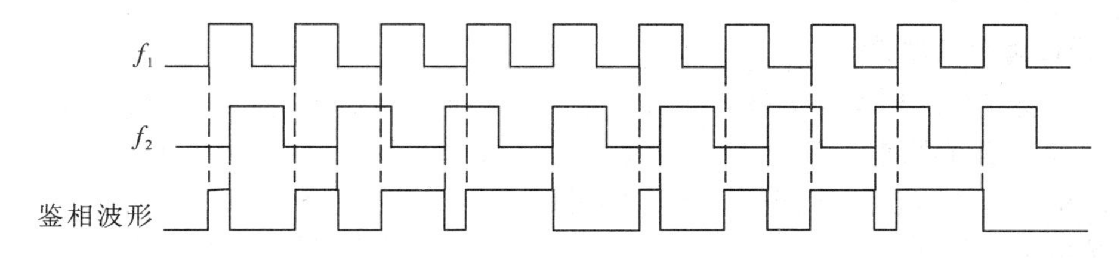

图 3－7－4　直接鉴相波形图

对鉴相器输出的矩形波进行低通滤波后，通过积分器将相位差的变化转化为电压信号，并用长图记录仪记录下来就得到了两信号的鉴相曲线，如图 3－7－5 所示。

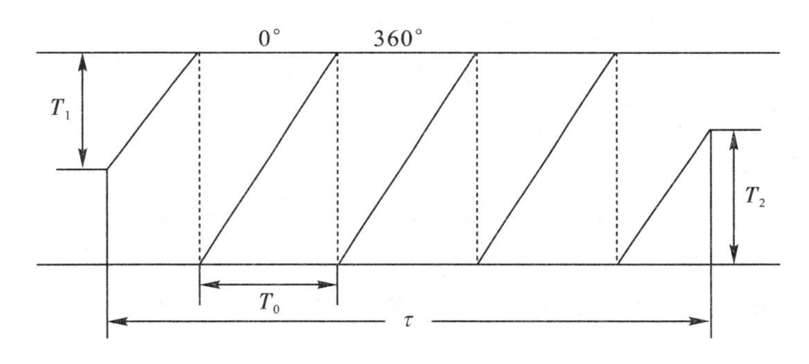

图 3－7－5　比相记录曲线图

如图 3－7－5 所示，如果两次采样之间的时间间隔是 τ，始末两频率源相位差的变化量是 $\Delta T=N\cdot T_0+T_2+T_1$，则根据式(3－7－10)，两频率源在时间 τ 内频率值的相对频差就是

$$\Delta f=\frac{\Delta T}{\tau}\cdot f_0 \tag{3-7-11}$$

与其他测频方法相比，比相法的测量结果不是以所测频率的整周期值的差异来反映测试结果，而是以比该整数值更精细的相位变化的差异反映测试结果，所以直接相位比对的精度远远高于直接测频或测周期的方法。

另外，频差倍增、差拍测周期的一系列测频方法都是尽量扩大标准频率源和被测频率源之间的误差成分，以便于提高显示和观察的分辨率，但因为使用了大量的倍频器和混频器，所以误差倍增后信号的信噪比随着倍增倍数的增加，而呈现了一种非线性的关系。设备分辨率的提高和设备噪声的引入造成了比对精度降低。比对精度只适用于低于 10^{-11}/s 的比对精度水平。而在比相法中由于设备简单，几乎不用倍频器和混频器，所以线路引入的噪声和造成的漂移是相当小的。从这点来讲，比相法更利于高精度的测量场合。

目前，比相法广泛地用于频率准确度和长期稳定度的测量中。同时，在相当高精度的应用场合下也用于频率短期稳定度的测量。

3.8 相检测频技术及双相检测频技术

3.8.1 相检测频技术

相检测频技术是基于相位重合点理论的测频技术。在引入相检测频技术之前这里先对相位重合点理论做简单介绍。

1. 相位重合点理论

两个任意频率的周期性信号之间的相位差会随时间而变化，这种变化具有周期性，变化的周期是两信号之间的最小公倍数周期 T_{minc}。而在一个 T_{minc}周期内，两信号间的量化相位差状态中有一些值，它们分别等于信号间的相对初始相位差加 0，ΔT，$2\Delta T$，…。这些值远小于这两个信号的周期值。这些相位差点叫做两周期性信号的“相位重合点”。其中，$\Delta T = f_{maxc}/f_1 f_2$。所谓“相位重合点”并非绝对重合，而是一个相对的概念。

“相位重合点”反映的是两周期性信号之间特殊的相位关系：相位完全重合或非常接近重合的状态。在一个 T_{minc}周期内存在两信号之间的相对差值处于 0～ΔT 的相位差范围之内的状态。利用所谓的“相位重合点检测技术”，使用相位检测线路对相位差信号进行检测，取出两信号相对相位差小于或等于 ΔT 的状态，就可以得到“相位重合点”。而检测线路所能取出的相位差的取值范围称为“相检捕捉范围”。

2. 相检宽带测频技术

将相位重合点概念引入信号多周期测频中就得到了相检宽带测频技术，它的本质就是多周期相位重合点检测技术。通过上面的分析可以知道，在两个频率信号的任何两个“相位重合点”之间的时间间隔都是两频率信号周期值的整数倍，如果以这个时间间隔为闸门，对两信号进行计数，取得的两个计数值不会存在一般数字计数中存在的±1 个字的计数误差，可以很好地提高测频精度。

图 3-8-1 为相检宽带测频的门时波形图，测量的闸门时间信号同时受到参考闸门信号及标频信号与被测频率信号的相位重合点两者的共同控制。在绝大多数情况下，实际闸门时间长度与参考闸门时间长度接近。但其起始时刻却严格对应于两个相位重合点。因此这样的闸门时间与标频信号及被测信号同步或接近于同步。所以不会出现同类型仪器中普遍存在的±1 个字的计数误差。

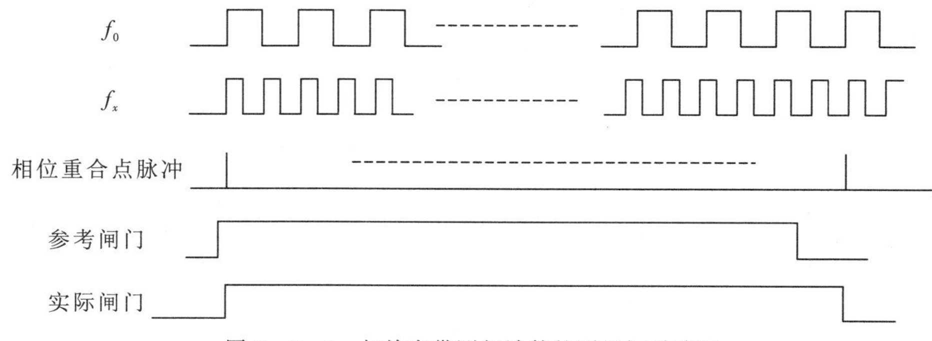

图 3-8-1 相检宽带测频计数的测量门时波形

在测量闸门时间内分别对标频和被测频率信号计数，设得到的值分别为 N_0、N_x，则被测信号的频率值为

$$f_x = \frac{N_x}{N_0} f_0 \qquad (3-8-1)$$

式(3-8-1)和多周期同步法测频的计算公式相同，但这里测量闸门同时同步了标频和被测信号，计数值不存在±1个字的计数误差，因而具有比多周期同步法更高的精度。

在使用相检宽带测频技术时，要获得高的测量精度一方面应该有小的 ΔT 值，另一方面又应该有高分辨率的相位重合检测电路。另外，高频标值无论对宽的测量范围和高的测量精度都是有利的。

测量的实际闸门时间受到参考闸门的长度，两信号的最小公倍数周期 T_{minc} 大小、在 T_{minc} 中"相位重合点"的分布规律及相位重合检测线路的相检分辨率等因素的影响。

当 T_{minc} 大小一定时，系统的相检线路的捕捉范围越宽，参考闸门内检出来的相位重合点越多，实际闸门时间就越接近参考闸门的标称值；反之，实际闸门时间与参考闸门的时间偏差就越大。

如果相检分辨率与 ΔT 相当，则在一个 T_{minc} 周期时间内只能检测到很少的"相位重合点"；如果相检捕捉范围比 ΔT 大很多，则在一个 T_{minc} 周期内检测到的"相位重合点"就很多。另外如果 T_{minc} 周期值比参考闸门时间小得多，则闸门的长度可基本不受 T_{minc} 的影响而维持其标称值。如果 T_{minc} 周期值不是比参考闸门时间小很多而是接近或大于参考闸门时间，同时相检线路又有接近于 ΔT 的相检分辨率，则实际的闸门时间就会与所设的参考闸门时间不一样，有时甚至相差很大。这在对采用的闸门时间有严格要求的场合下是必须注意的。

因此在实际的测量设备中，相检的捕捉范围应明显大于 ΔT 值，它的大小既要符合测量精度的要求(不能太大)，又应该考虑到在一定的 T_{minc} 时间内尽量多地捕捉到"相位重合点"，以兼顾到测量的时间响应。由于被测信号的任意性和随机性，绝大多数情况下 T_{minc} 是比较长的。

结合等效鉴相频率的概念，如果采用频率合成器综合出一个带尾数的频率信号如 50.0001 MHz，则此时两信号的等效鉴相频率将很大，这样，两个相位重合点之间的时间间隔会很短，非常适合使用相位检测捕捉能力很强的相检线路，使得测量精度有所提高。合成器的频率值选择的基本原则是：有较好的频率稳定性指标，且频率值选择要合理。实际测量电路构成原理图如图3-8-2所示。

综合以上分析可以知道在使用相检宽带测频技术时，要注意：

(1) 避免两信号的频率值成整数倍关系，要有一定的频差，否则如果频差小，则 T_{minc} 的值就会大，测量时间就会很长，不能满足测量的时响要求。

(2) 要求标频的精度、稳定度要好。因为计算时标频的值(一个固定的值)如果存在偏差将会使测量结果产生偏差。

(3) 在进行高精度测量中，这种方法存在上下限的问题。频率测量上限受测量电路中器件速度的影响，如果频率太高，器件速度跟不上，将会很难检测到相位重合点，如果采用分频的方法，则可以适当提高测量上限。因为采用相位重合点来开、关闸门，当被测信号频率值较低时，与标频相位重合点间的时间间隔相对比较长，所以在1 s以下的短闸门时间的测量将受到影响。因此该方法有一定的测量下限，且由闸门时间限制。

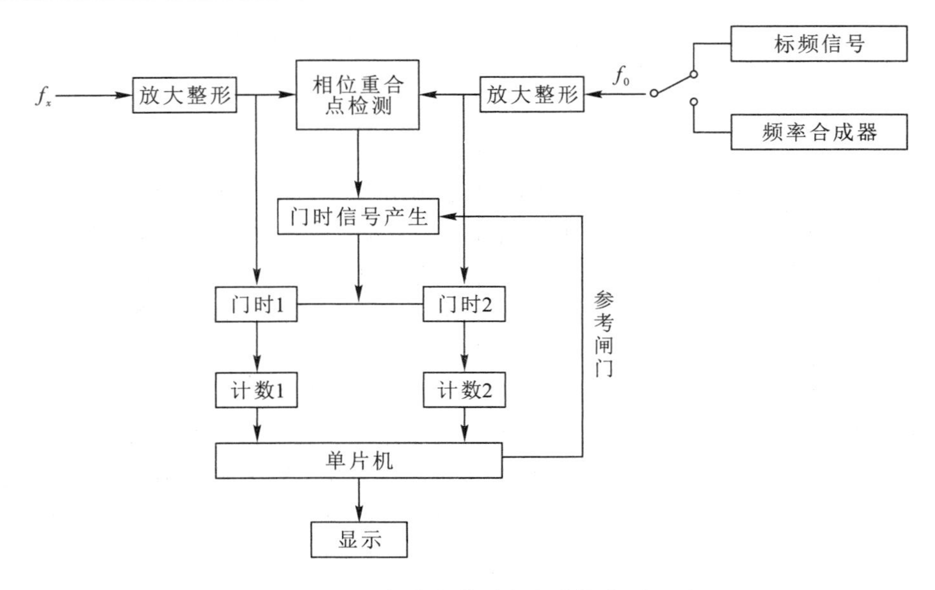

图 3-8-2 相检宽带测频电路构成原理图

3.8.2 双相检测频技术

相检宽带测频系统要实现宽范围、高精度的测量，对器件的速度、频标的精度、合成器的稳定性等指标都有很高的要求。本节将要介绍的双相检测频系统，可以在不使用高要求频率合成器的情况下实现宽范围的高精度测频。

在双相检测频系统中，采用了一个短稳指标好的高频晶体振荡器作为公共振荡器 f_c。标频信号 f_0、被测信号 f_x分别与公共振荡器 f_c进行相位重合状况检测，以它们与 f_c之间时差很小的"相位重合点"作为闸门的开启和关闭信号。参考闸门时间由单片机软件或标频分频设置。将参考闸门分别与两组"相位重合点"信号共同作用产生两个测量闸门时间信号。其原理框图如图 3-8-3 所示。

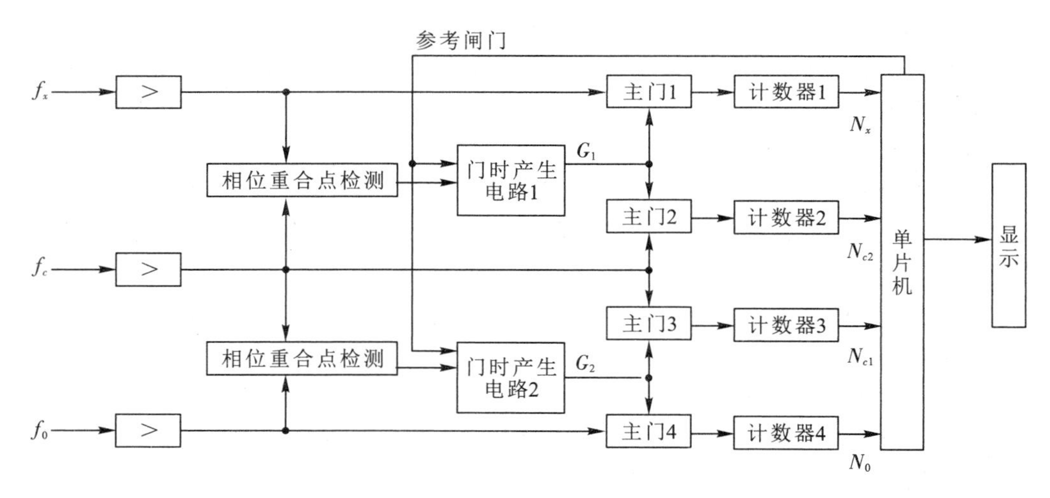

图 3-8-3 双相检测频系统原理框图

双相检测频系统的波形图如图 3-8-4 所示。结合图 3-8-4 和图 3-8-3 可知，f_0、f_c、f_x 三路信号经整形放大后，f_c 分别与 f_0 和 f_x 进行相位重合点检测，得到一组相位重合点信号 f_1 和 f_2，由参考闸门控制便得到了实际的闸门门时 G_1 和 G_2，分别以 f_0、f_c 对 G_1 填充，以 f_c、f_x 对 G_2 进行填充，得到计数值 N_0、N_{c1}、N_{c2}、N_x 四个计数值。这里 f_c 相当于单一相检宽带测频系统中的一路信号。结合单一相检宽带测频的知识，可以得出：

$$f_x = f_c \frac{N_x}{N_{c2}},\ f_c = f_0 \frac{N_{c1}}{N_0} \tag{3-8-2}$$

$$f_x = f_0 \frac{N_x N_{c1}}{N_{c2} N_0} \tag{3-8-3}$$

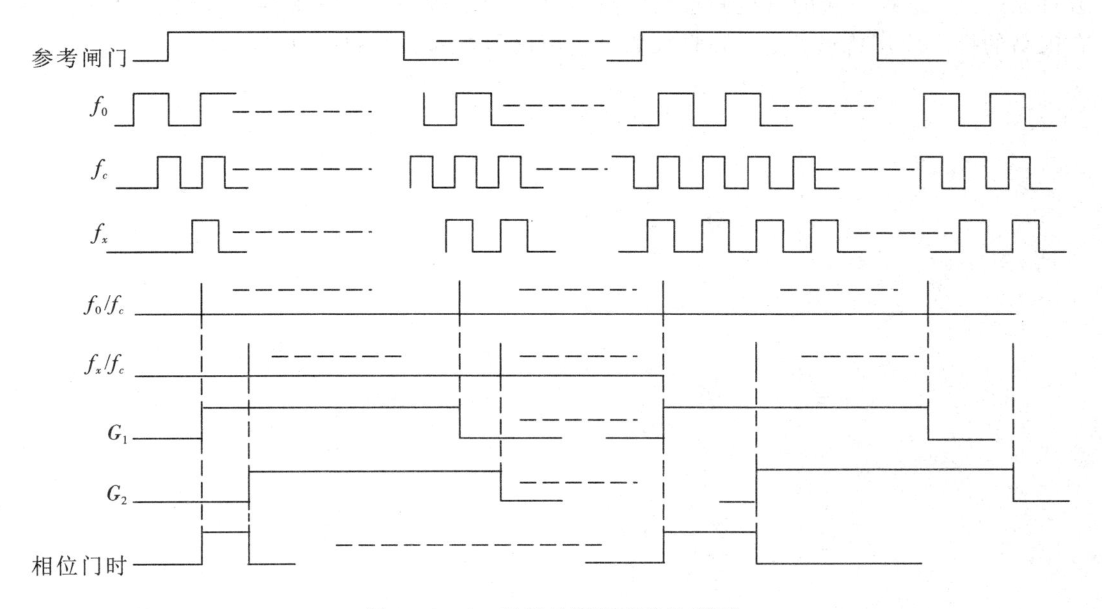

图 3-8-4　双相检测频系统波形图

这里称 f_c 为中介源频率，由式(3-8-3)可知，在实际测量计算中 f_c 的值对测量结果并没有影响，可以根据需要随意选取公共振荡器的频率值。这种方法在测量中存在两个最大公因子频率，一个是 f_c 与 f_0 之间的 f_{maxc1}，另一个是 f_c 与 f_x 之间的 f_{maxc2}，对于已经选定的公共振荡器及标频，前者的变化很小，而后者的变化要大些。公共振荡器的选择应注意以下几点：

(1) 频率值应适当高一些；

(2) 频率值或其分数值、倍数值应较最常用的频标信号有一定的差值，以利于与标频间相位差关系的处理及高精度测量；

(3) 它的短期稳定度要比较好；

(4) 不锁定的公共振荡器往往更有利于高精度的测量。

符合上述条件的公共振荡器的频率值是带有随意性的，因此它与标频及各种被测频率值之间均容易获得相当小的公因子频率，而且被测信号与公共振荡器的频率值出现相同或相互成倍数关系的可能性是比较小的。所以这种方法可以在不使用频率合成器的情况下获得小的公因子频率，提高了测量精度。

当 G_1 和 G_2 同时打开和关闭时，公共振荡器的频率不稳定性对测量不会造成任何影响。

而当两个闸门开启和关闭的时刻不一致时，公共振荡器的短期稳定性指标对测量精度会产生一定的影响。不过这种影响小于公共振荡器的频率波动。这种时刻差异间隔在高频下会大于微秒量级，在低于兆赫兹的较低频率下则大于毫秒量级。因此公共振荡器的频率值本身及其长期漂移是不会影响测量精度的。但要求它的短期稳定度要好。如 10^{-8}/ms 量级的公共振荡器可以使用在 10^{-11}/s 量级的被测信号的频率测量中，但该公共振荡器的秒稳可能也在 10^{-8} 量级。

另外，随着公共振荡器频率值的提高，不但两测量闸门 G_1 和 G_2 的同步情况得到了改善，而且高精度测量的频率下限值也能大大降低。目前连续测量范围可从几千赫兹一直到数百兆赫兹。这种方法的直接测量精度高而且测频范围很宽，设备构成又经济简单，因此有很高的推广应用价值，是提高时频测量通用仪器技术水平的有效途径。

第四章 电子工作台

4.1 Multisim 简介

Multisim 是美国国家仪器(NI)有限公司推出的以 Windows 为基础的仿真工具，是一个专门用于电子电路仿真与设计的 EDA 工具软件，适用于板级的模拟/数字电路板的设计工作。它包含了电路原理图的图形输入、电路硬件描述语言输入方式，具有丰富的仿真分析能力。

使用 Multisim 可以很方便地搭建电路原理图，并对电路进行仿真。通过 Multisim 和虚拟仪器技术，可以完成从理论到原理图捕获与仿真再到原型设计和测试这样一个完整的综合设计流程。

Multisim 软件具有以下几个优点：

(1) 直观的图形界面。整个操作界面就像一个电子实验工作台，绘制电路所需的元器件和仿真所需的测试仪器均可直接拖放到屏幕上，轻点鼠标可用导线将它们连接起来，软件仪器的控制面板和操作方式都与实物相似，测量数据、波形和特性曲线如同在真实仪器上看到的。

(2) 丰富的元器件。该软件提供了世界主流元件提供商的超过 17000 多种元件，能方便地对元件的各种参数进行编辑修改，能利用模型生成器以及代码模式创建模型，并创建自己的元器件。

(3) 强大的仿真能力。以 SPICE3F5 和 Xspice 的内核作为仿真的引擎，通过 Electronic Workbench 带有的增强设计功能将数字和混合模式的仿真性能进行优化，包括 SPICE 仿真、RF 仿真、MCU 仿真、VHDL 仿真、电路向导等功能。

(4) 丰富的测试仪器。该软件提供了 22 种虚拟仪器进行电路动作的测量，其中包括：万用表、函数信号发生器、示波器、波特仪、频谱仪、四踪示波器等。这些仪器的设置和使用与真实仪器一样，可动态交互显示。除了提供的默认仪器外，还可以创建 LabVIEW 的自定义仪器，使得图形环境中可以灵活地、可升级地测试、测量及控制应用程序的仪器。

(5) 完备的分析手段。Multisim 提供了许多分析功能：直流工作点分析、瞬态分析、傅里叶分析、噪声分析、失真度分析、传输函数分析、最差情况分析、线宽分析等。它们利用仿真产生的数据执行分析范围很广，基本的、极端的、不常见的都有，并可以将一个分析作为另一个分析的一部分自动执行。集成 LabVIEW 和 Signalexpress 快速进行原型开发和测试设计，具有符合行业标准的交互式测量和分析功能。

(6) 独特的射频(RF)模块。该软件提供基本射频电路的设计、分析和仿真。射频模块由 RF - Specific(射频特殊元件，包括自定义的 RF SPICE 模型)、用于创建用户自定义的 RF 模型的模型生成器、两个 RF - Specific 仪器(Spectrum Analyzer 频谱分析仪和Network

Analyzer 网络分析仪)、一些 RF - Specific 分析(电路特性、匹配网络单元、噪声系数)等组成。

(7) 强大的 MCU 模块。该软件支持 4 种类型的单片机芯片，支持对外部 RAM、外部 ROM、键盘和 LCD 等外围设备的仿真，分别对 4 种类型芯片提供汇编和编译支持；所建项目支持 C 代码、汇编代码以及十六进制代码，并兼容第三方工具源代码；包含设置断点、单步运行、查看和编辑内部 RAM、特殊功能寄存器等高级调试功能。

(8) 完善的后处理。对分析结果进行的数学运算操作类型包括算术运算、三角运算、指数运算、对数运算、复合运算、向量运算和逻辑运算等。

(9) 详细的报告。该软件能够呈现材料清单、元件详细报告、网络报表、原理图统计报告、多余门电路报告、模型数据报告、交叉报表 7 种报告。

(10) 兼容性好的信息转换。该软件提供了转换原理图和仿真数据到其他程序的方法，可以输出原理图到 PCB 布线(如 Ultiboard、OrCAD、PADS Layout2005、P - CAD 和 Protel)；输出仿真结果到 MathCAD、Excel 或 LabVIEW；输出网络表文件；向前和返回注；提供 Internet Design Sharing(互联网共享文件)。

目前，在实际中常用的 Multisim 版本有 Multisim 9、Multisim 10、Multisim 2001 和 Multisim 11这 4 种。这几个版本除了个别地方的要求不同外，基本要求和使用方法是一样的。Multisim 的安装比较简单，只需在 Windows 环境中运行光盘相应子目录中的 setup. exe 文件即可。本书以 Multisim 10 版本为基础介绍它的基本使用方法。

Multisim 10 计算机仿真与虚拟仪器技术相结合可以很好地解决理论教学与实际动手实验相脱节的这一问题。学生可以很好地、很方便地把刚刚学到的理论知识用计算机仿真真实地再现出来，并且可以用虚拟仪器技术创造出真正属于自己的仪表，极大地提高了学生的学习热情和积极性，真正地做到了变被动学习为主动学习。这些在教学活动中已经得到了很好的体现。

本章对 Multisim 的基本界面、各库使用以及电路图的连接方法进行简单介绍，有关此软件其他功能的使用，请参考有关书籍。

4.2 Multisim 的基本界面

4.2.1 Multisim 的主窗口

启动 Multisim10 可以看到如图 4 - 2 - 1 所示的 Multisim 主窗口界面。从图中可以看出，它如同一个实际的电子实验台。主窗口中最大的区域是电路设计工作区，在工作区内可将各种电子元器件和测试仪器仪表连接成实验电路。主窗口的下方是电子表格区，左侧为设计工具箱，右侧为仪器仪表栏，上方有菜单栏、工具栏和元器件栏。菜单栏提供文件管理、创建电路和仿真分析等所需的各种命令。工具栏则提供常用的操作命令，用鼠标单击某一按钮，可完成其对应的功能。元器件栏存放着各种电子元器件。仪器仪表栏存放着各种测试仪器仪表，用鼠标操作可以很方便地从元器件和仪器库中，提取实验所需的各种元器件及仪器、仪表到电路设计工作区并连接成实验电路。按下电路设计工作区上方的“启动/停止”开关或“开始/暂停/恢复”按钮可以方便地控制实验的进程。

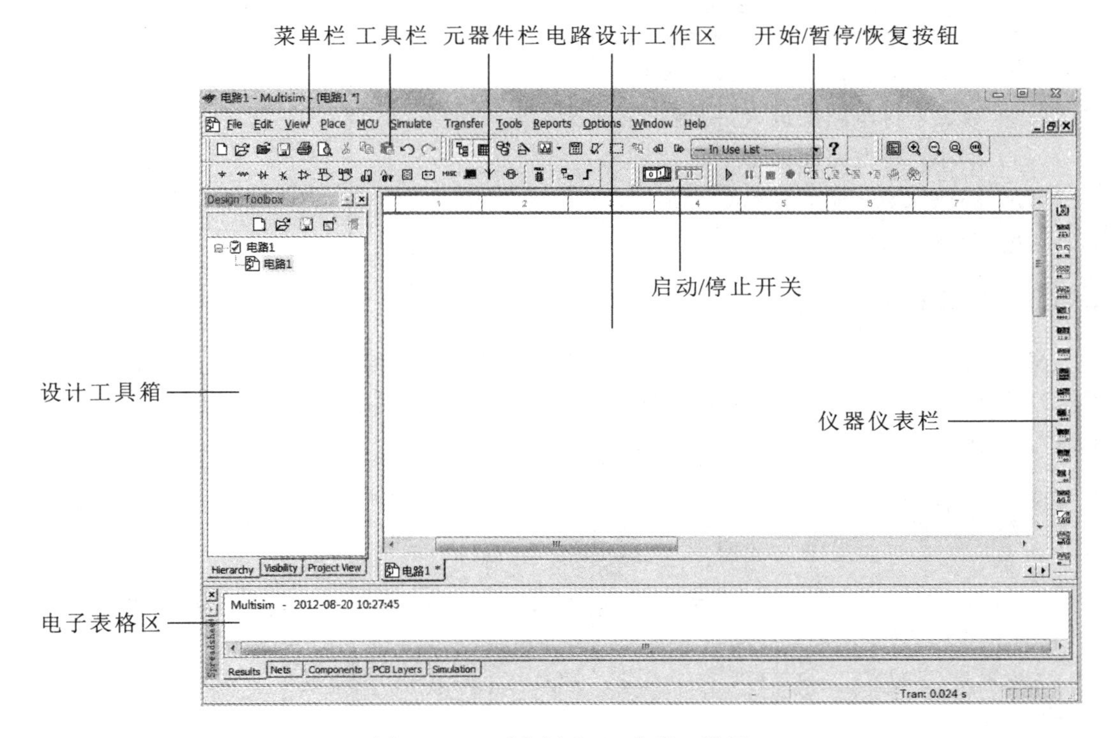

图 4-2-1　Multisim10 主窗口界面

4.2.2　Multisim 工具栏

图 4-2-2 所示为 Multisim 的工具栏。

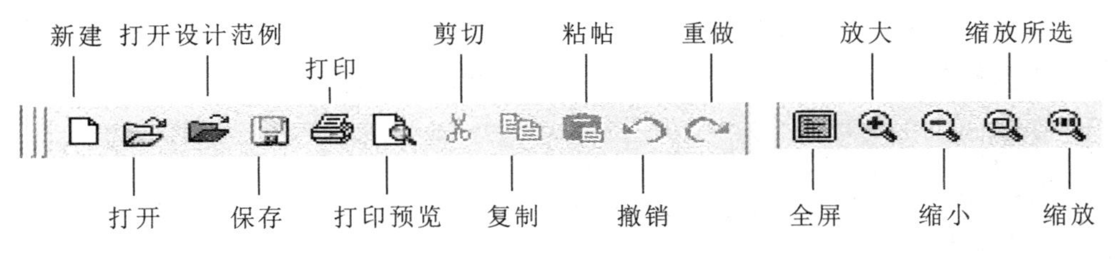

图 4-2-2　Multisim 工具栏界面及图标

(1) 新建：生成新电路文件。

(2) 打开：打开电路文件。

(3) 打开设计范例：打开设计范例的电路文件。

(4) 保存：保存电路文件。

(5) 打印：打印电路文件。

(6) 打印预览：预览打印的电路文件。

(7) 剪切：剪切至剪贴板。

(8) 复制：复制至剪贴板。

(9) 粘贴：从剪贴板粘贴。

(10) 撤销：撤销上一步所做的。

(11) 重做：重做上一步所做的。

(12) 全屏：电路设计工作区全屏显示。

(13) 放大：将电路图放大一定比例。

(14) 缩小：将电路图缩小一定比例。

(15) 缩放所选：缩放到已选择范围。

(16) 缩放：缩放到页面内。

4.2.3 Multisim 元器件栏

Multisim10 提供了丰富的元器件库，元器件库界面及图标如图 4-2-3 所示。在电路设计过程中，用鼠标左键单击元器件库栏中的某一个图标即可打开该元器件库。下面对各库进行详细介绍。

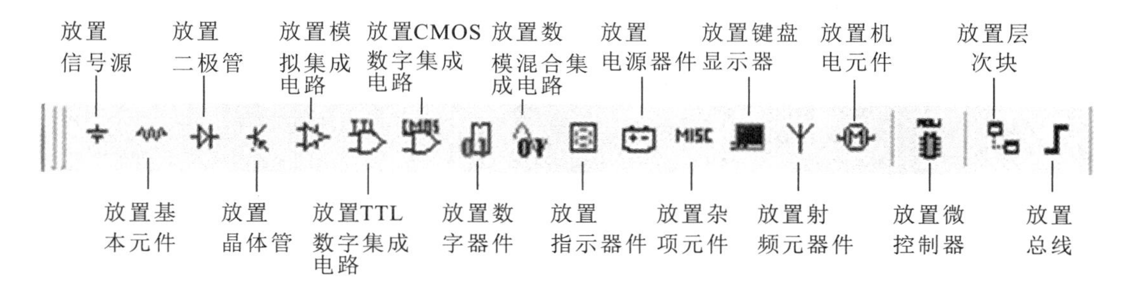

图 4-2-3 Multisim 元器件栏界面及图标

1. 信号源库

信号源库包含接地端、直流电压源(电池)、正弦交流电压源、方波(时钟)电压源、压控方波电压源等多种电源与信号源。信号源库界面如图 4-2-4 所示。如果要使用某个元件，选择该元件并点击确定就能将它放到工作区使用。

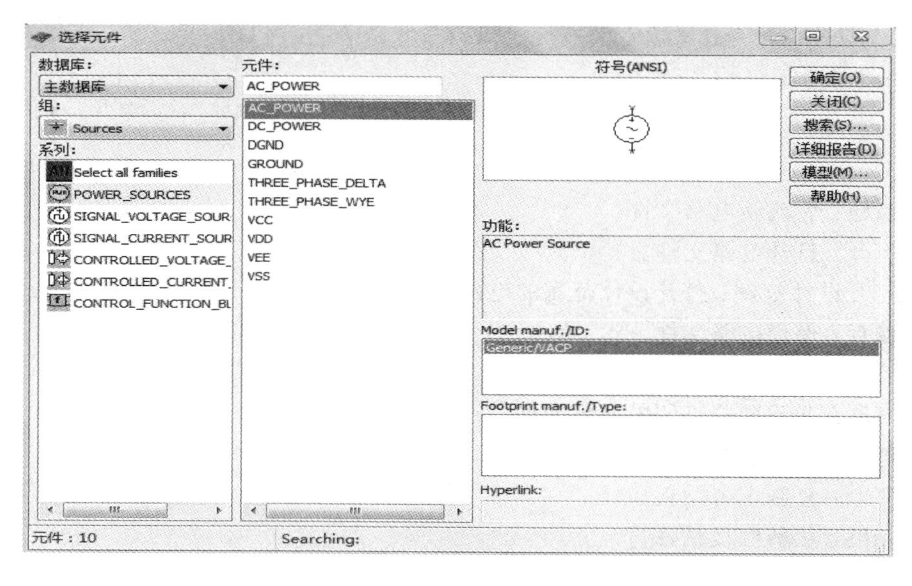

图 4-2-4 信号源库界面

2. 基本元件库

基本元件库包含电阻、电容等多种元件。基本元件库中的虚拟元器件的参数是可以任意设置的；非虚拟元器件的参数是固定的，但是可以选择。基本元件库界面如图 4-2-5 所示。如果要使用某个元件，选择该元件并点击确定就能将它放到工作区使用。

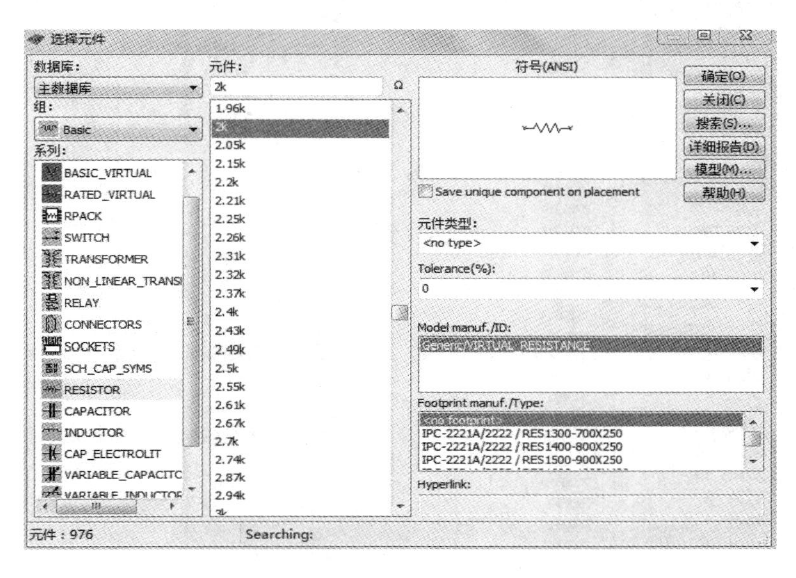

图 4-2-5　基本元件库界面

3. 二极管库

二极管库包含普通二极管、稳压二极管、发光二极管、桥堆、肖特基二极管及晶闸管等多种器件。二极管库界面如图 4-2-6 所示。如果要使用某个元件，选择该元件并点击确定就能将它放到工作区使用。

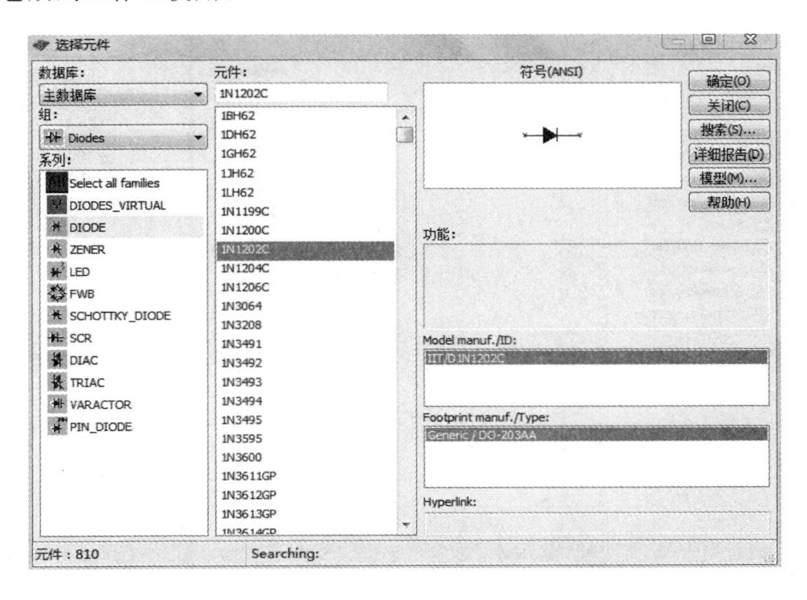

图 4-2-6　二极管库界面

4. 晶体管库

晶体管库包含各种类型的晶体管。晶体管库界面如图 4-2-7 所示。如果要使用某个元件，选择该元件并点击确定就能将它放到工作区使用。

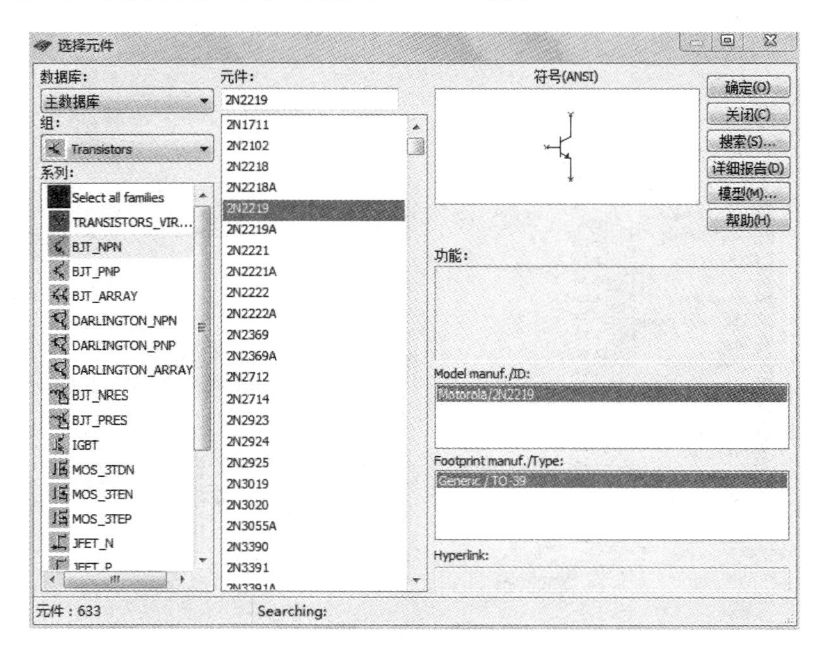

图 4-2-7　晶体管库界面

5. 模拟集成电路库

模拟集成电路库包含各种模拟运算放大器。模拟集成电路库界面如图 4-2-8 所示。如果要使用某个元件，选择该元件并点击确定就能将它放到工作区使用。

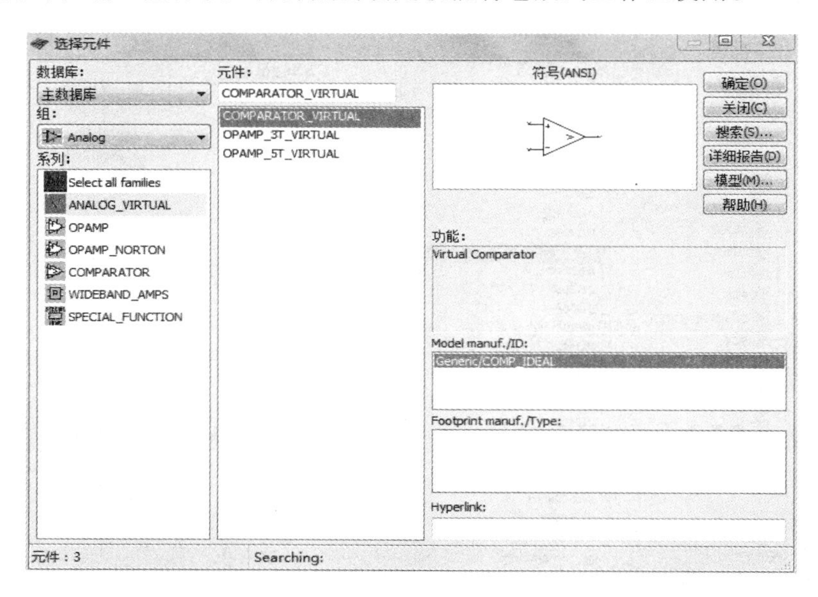

图 4-2-8　模拟集成电路库界面

6. TTL 数字集成电路库

TTL 数字集成电路库包含 74××系列和 74LS××系列等 74 系列数字电路器件。TTL 数字集成电路库界面如图 4-2-9 所示。如果要使用某个元件，选择该元件并点击确定就能将它放到工作区使用。

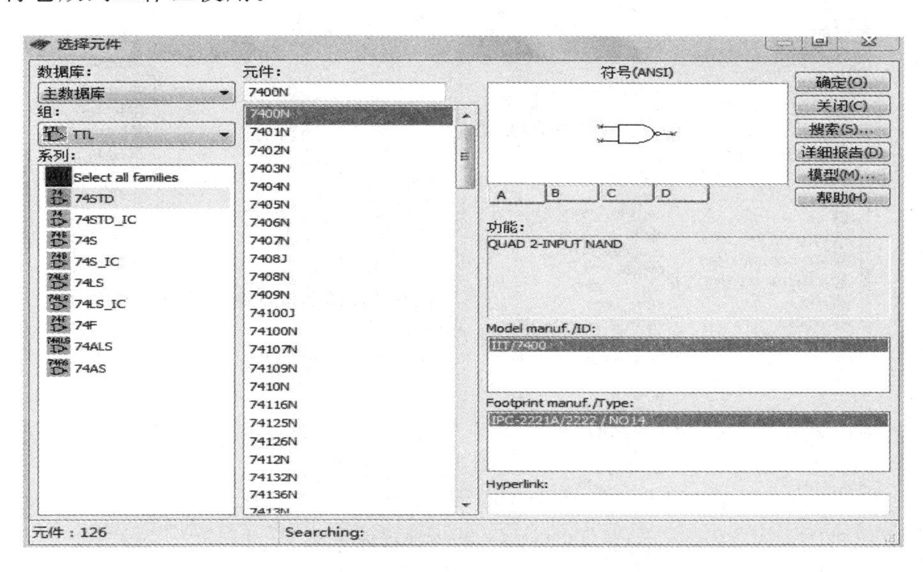

图 4-2-9 TTL 数字集成电路库界面

7. CMOS 数字集成电路库

CMOS 数字集成电路库包含 40××系列和 74HC××系列多种 CMOS 数字集成电路系列器件。CMOS 数字集成电路库界面如图 4-2-10 所示。如果要使用某个元件，选择该元件并点击确定就能将它放到工作区使用。

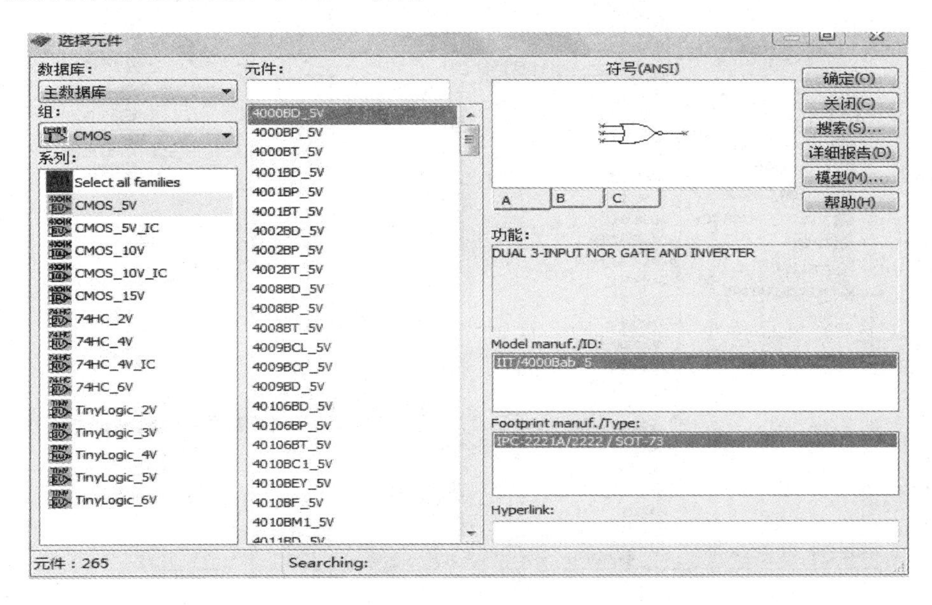

图 4-2-10 CMOS 数字集成电路库界面

8. 数字器件库

数字器件库包含 DSP、FPGA、CPLD、VHDL 等多种器件。数字器件库界面如图 4-2-11 所示。如果要使用某个元件，选择该元件并点击确定就能将它放到工作区使用。

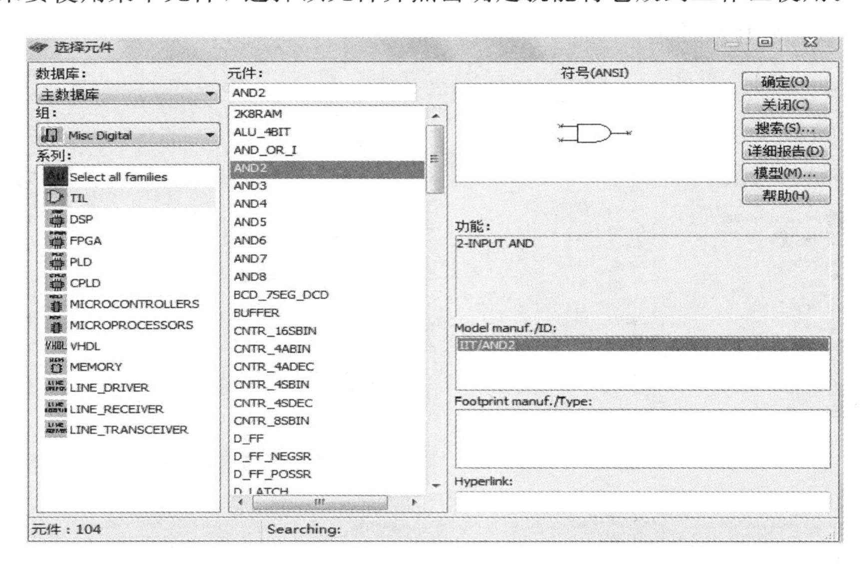

图 4-2-11　数字器件库界面

9. 数模混合集成电路库

数模混合集成电路库包含 ADC/DAC、555 定时器等多种数模混合集成电路器件。数模混合集成电路库界面如图 4-2-12 所示。如果要使用某个元件，选择该元件并点击确定就能将它放到工作区使用。

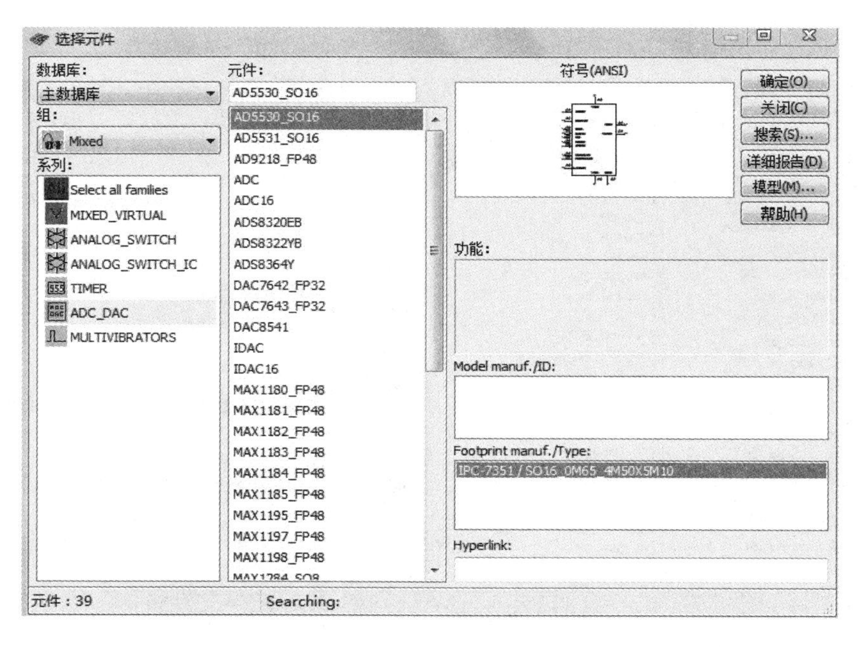

图 4-2-12　数模混合集成电路库界面

10. 指示器件库

指示器件库包含电压表、电流表、七段数码管等多种器件。指示器件库界面如图 4-2-13 所示。如果要使用某个元件，选择该元件并点击确定就能将它放到工作区使用。

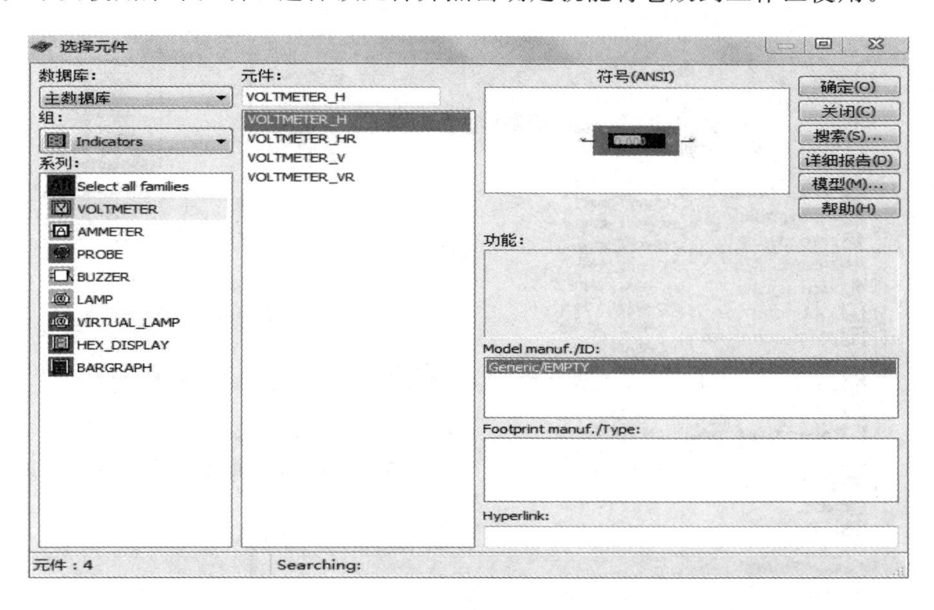

图 4-2-13　指示器件库界面

11. 电源器件库

电源器件库包含三端稳压器、PWM 控制器等多种电源器件。电源器件库界面如图 4-2-14 所示。如果要使用某个元件，选择该元件并点击确定就能将它放到工作区使用。

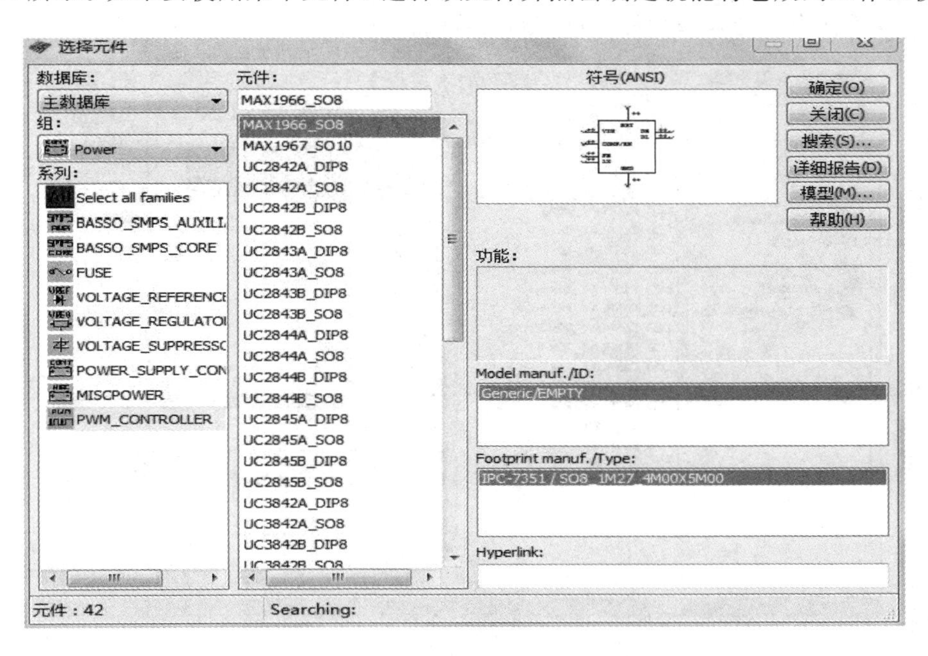

图 4-2-14　电源器件库界面

12. 杂项元件库

杂项元件库包含晶体管、滤波器等多种器件。杂项元件库界面如图 4-2-15 所示。如果要使用某个元件，选择该元件并点击确定就能将它放到工作区使用。

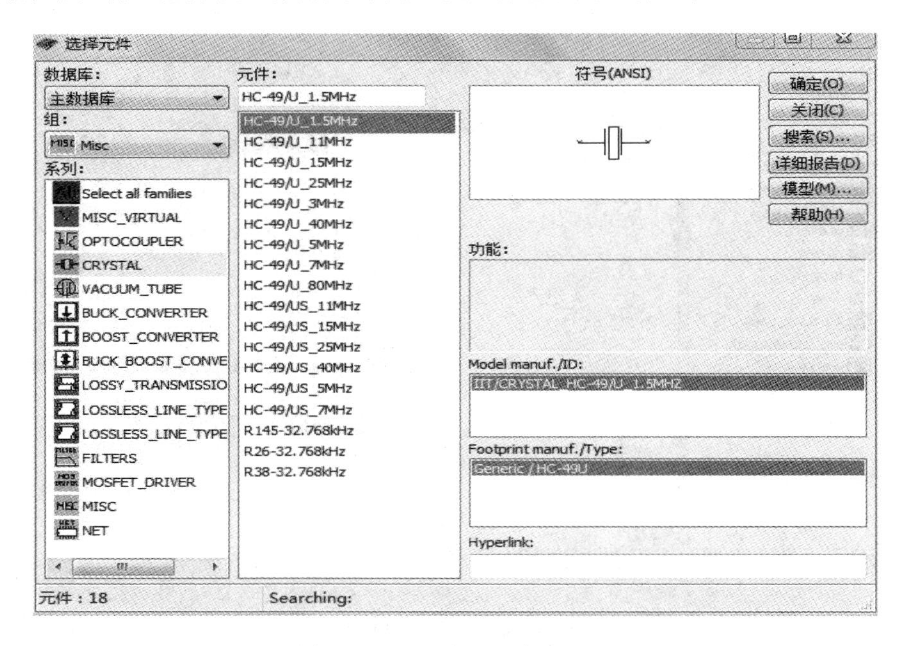

图 4-2-15 杂项元件库界面

13. 键盘显示器库

键盘显示器库包含键盘、LCD 等多种器件。键盘显示器库界面如图 4-2-16 所示。如果要使用某个元件，选择该元件并点击确定就能将它放到工作区使用。

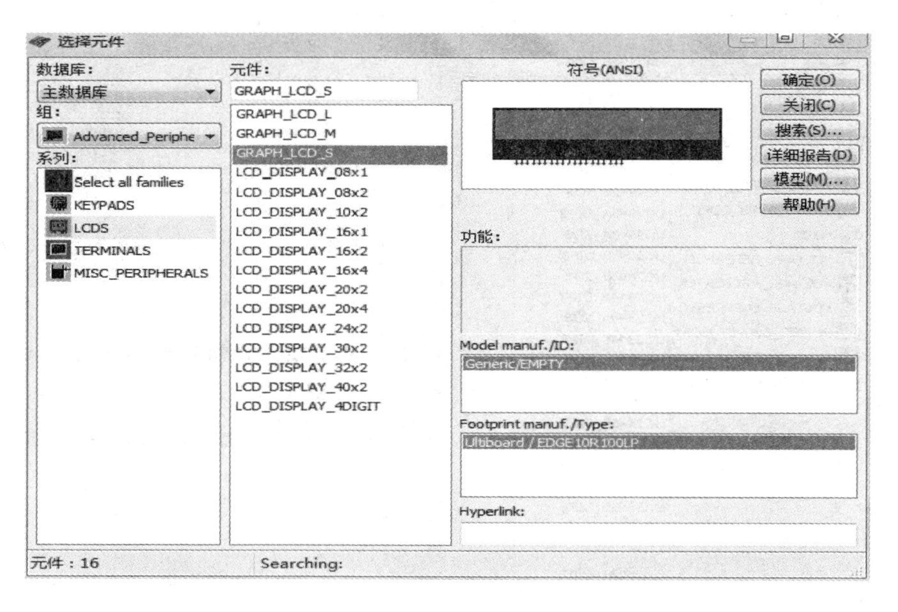

图 4-2-16 键盘显示器库界面

14. 射频元器件库

射频元器件库包含射频晶体管、射频 FET、微带线等多种射频元器件。射频元器件库界面如图 4-2-17 所示。如果要使用某个元件，选择该元件并点击确定就能将它放到工作区使用。

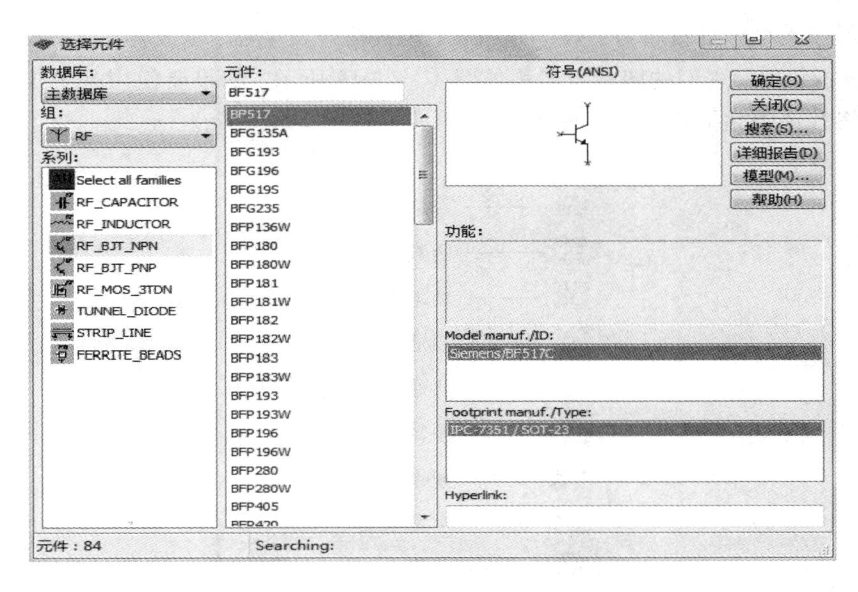

图 4-2-17 射频元器件库界面

15. 机电元件库

机电元件库包含开关、继电器等多种机电元件。机电元件库界面如图 4-2-18 所示。如果要使用某个元件，选择该元件并点击确定就能将它放到工作区使用。

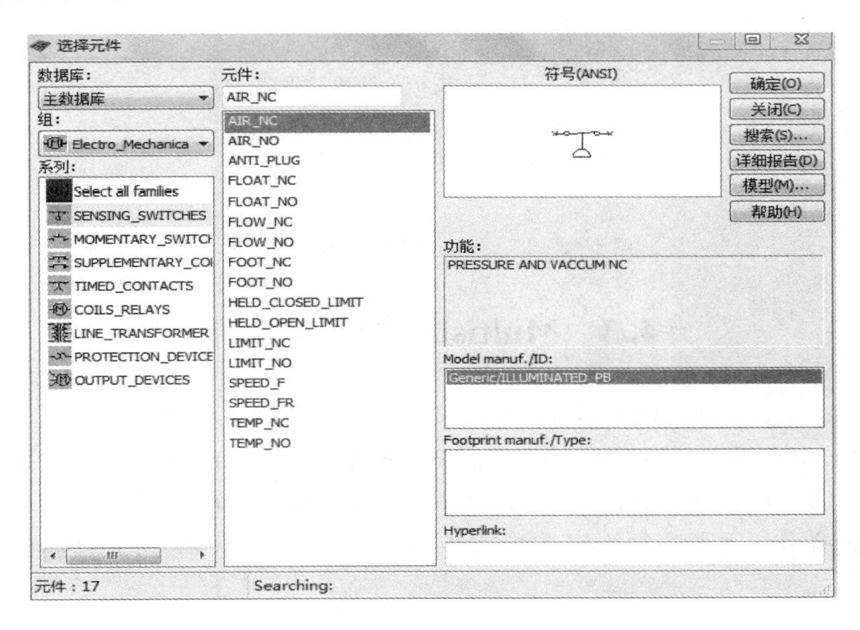

图 4-2-18 机电元件库界面

16. 微控制器库

微控制器库包含 8051、PIC 等多种微控制器。

4.2.4 Multisim 仪器仪表栏

在仪器仪表栏中的设备有：数字万用表、函数信号发生器、示波器、波特图示仪、频率计、频谱分析仪等。它们的图标及名称如图 4-2-19 所示。如果要使用某个仪器，可用鼠标的左键将其选中并拖到工作区使用。

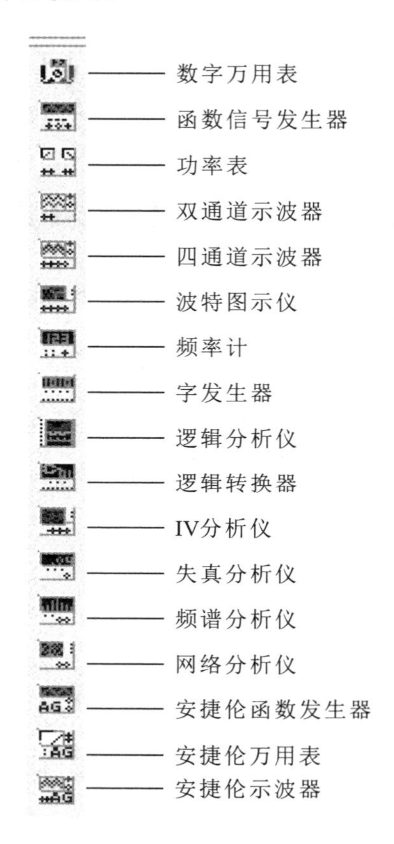

图 4-2-19 仪器仪表栏的图标及名称

4.3 Multisim 的基本操作

Multisim 仿真软件中的基本操作包括十二个方面，即文件(File)操作、编辑(Edit)操作、视图(View)操作、放置(Place)操作、MCU 操作、仿真(Simulate)操作、转换(Transfer)操作、工具(Tools)操作、报表(Reports)操作、选项(Option)操作、窗口(Window)操作和帮助(Help)操作。下面主要对其中的文件(File)、编辑(Edit)、放置(Place)进行详细介绍。

4.3.1 文件(File)基本操作

与 Windows 操作系统一样，用户可以用鼠标或快捷键打开 Multisim 的 File 菜单。使用鼠标可按以下步骤打开 File 菜单：① 将鼠标器指针指向主菜单 File 项；② 单击鼠标左键，此时，屏幕上出现 File 子菜单。Multisim 的大部分功能菜单也可以采用相应的快捷键进行快速操作。下面介绍主要使用的几个命令。

1. 新建(File→New)——Ctrl+N

当启动 Multisim 时，将自动打开一个新的无标题的电路窗口，用户可以在此窗口下设计电路。当需要重新开始一个新任务时，可用鼠标单击 File→New 选项或用 Ctrl+N 快捷键操作，打开一个无标题的电路窗口来创建一个新的电路。无论什么时间，在关闭当前电路窗口前将提示是否保存所设计的电路。

除此之外，用鼠标单击工具栏中的“新建”🗋图标即可执行此项菜单操作。

2. 打开(File→Open)——Ctrl+O

用鼠标单击 File→Open 选项或用 Ctrl+O 操作，将打开一个标准的文件对话框，选择所需要的存放文件的驱动器/文件目录或磁盘/文件夹，从中选择电路文件名用鼠标单击，则该电路便显示在电路工作窗口中。

用鼠标单击工具栏中的“打开”图标，即可执行此项菜单操作。

3. 关闭(File→Close)

用鼠标单击 File→Close 选项，将关闭电路工作区内的文件。

4. 保存(File→Save)——Ctrl+S

用鼠标单击 File→Save 选项或用 Ctrl+S 操作，将以电路文件形式保存当前电路工作窗口中的电路。对新电路文件保存操作，会显示一个标准的保存文件对话框，选择保存当前电路文件的目录/驱动器或文件夹/磁盘，键入文件名，按下保存“按钮”即可将该电路文件保存。

用鼠标单击工具栏中的“保存”图标，即可执行此项菜单操作。

5. 文件换名保存(File→Save As)

用鼠标单击 File→Save As 选项，可将当前电路文件换名保存，新文件名及保存目录/驱动器均可选择。原存放的电路文件仍保持不变。

6. 打印(File→Print)——Ctrl+P

用鼠标单击 File→Print 选项或用 Ctrl+P 操作，可对当前电路工作窗口中的电路及测试仪器进行打印。必要时，在进行打印操作之前应完成打印设置工作。

7. 打印设置(File→Print Options→Print Circuit Setup)

用鼠标单击 File→Print Options→Print Circuit Setup 选项，显示一个标准的打印设置对话框，可从中选择各打印的参数进行设置。打印设置内容主要有打印机选择、纸张选择、打印效果选择等。

8. 退出(File→Exit)

用鼠标单击 File→Exit 选项，即可关闭当前的电路并退出 Multisim。如果在上次保存之后又对电路进行了修改，在关闭窗口之前，将会提示是否再保存电路。

4.3.2 编辑(Edit)基本操作

编辑(Edit)菜单是 Multisim 用来控制电路及元器件的菜单，提供对电路和元件进行剪切、粘贴、旋转等操作命令，共 21 个命令，下面介绍主要使用的几个命令。

1. 撤销(Edit→Undo)——Ctrl+Z

该操作取消前一次操作。

2. 重做(Edit→Redo)——Ctrl+Y

该操作恢复前一次操作。

3. 剪切(Edit→Cut)——Ctrl+X

该操作剪切所选择的元器件，放在剪贴板中。

4. 复制(Edit→Copy)——Ctrl+C

该操作将所选择的元器件复制到剪贴板中。

5. 粘贴(Edit→Paste)——Ctrl+V

该操作将剪贴板中的元器件粘贴到指定的位置。

6. 删除(Edit→Delete)——Delete

该操作删除所选择的元器件。

7. 旋转方向选择(Edit→Orientation)

本项操作的功能是将所选择的元器件进行旋转，其中包括 4 种旋转方式：

(1) 垂直镜像(Edit→Orientation→Flip Vertical)——Alt+Y。其具体方法为先选中要旋转的元器件(鼠标左键单击有蓝框即可)，然后再单击 Flip Vertical 或进行 Alt+Y 操作，即可将所选择的元器件上下翻转。但在操作过程中，与元器件相关的文本，例如标号、数值和模型信息等不会旋转。

(2) 左右镜像(Edit→Orientation→Flip Horizontal)——Alt+X。其具体方法为先选中要翻转的元器件，然后再单击 Flip Horizontal 或进行 Alt+X 操作，即可将所选择的元器件左右翻转。但在操作过程中，与元器件相关的文本，例如标号、数值和模型信息等不会翻转。

(3) 顺时针旋转 90°(Edit→Orientation→90 Clockwise)—— Ctrl+R。其具体方法为先选中要旋转的元器件，然后再单击 90 Clockwise 或进行 Ctrl+R 操作，即可将所选择的元器件顺时针旋转 90°。但在操作过程中，与元器件相关的文本，例如标号、数值和模型信息等不会旋转。

(4) 逆时针旋转 90°(Edit→Orientation→90 CounterCW)—— Ctrl+Shift+V。其具体方法为先选中要旋转的元器件，然后再单击 90 CounterCW 或进行 Ctrl+Shift+V 操作，即可将所选择的元器件逆时针旋转 90°。但在操作过程中，与元器件相关的文本，例如标号、数值和模型信息等不会旋转。

8. 元件属性(Edit→Properties)—— Ctrl+M

选中某元器件，用鼠标单击 Edit→Properties 选项或进行 Ctrl+M 操作，将弹出该元器件的特性对话框(用鼠标器双击所选元器件也可以)。对话框中的选项与所选的元器件类型有关。使用该对话框，可对元器件的标签、编号、数值、模型等参数进行设置与修改。

4.3.3 放置(Place)基本操作

放置(Place)菜单是 Multisim 用来放置总线、子电路、文本和注释的菜单，下面介绍主要使用的几个命令。

1. 创建子电路(Place→New Subcircuit)——Ctrl+B

子电路是由用户自己定义的一个电路(相当于一个电路模块)，可存放在自定元器件库中供电路设计时反复调用。利用子电路可使大型的、复杂系统的设计模块化、层次化，从而提高设计效率与设计文档的简洁性、可读性，实现设计的重用，缩短产品的开发周期。

Place 操作中的子电路(New Subcircuit)菜单选项，可以用来生成一个子电路，或者可以用子电路替换(Replace By Subcircuit)直接将设计好的电路加入到子电路中。子电路的创建步骤如下：

(1) 首先在电路工作区连接好一个电路，如图 4-3-1 所示的一个波形变换电路。

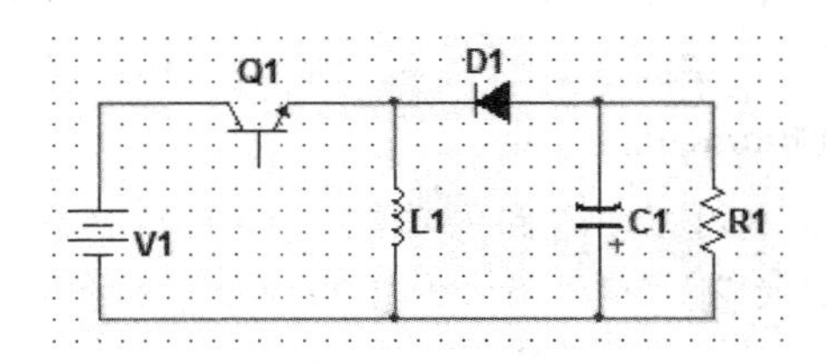

图 4-3-1 波形变换电路

(2) 然后用拖框操作(按住鼠标左键拖动)将电路选中，这时框内元器件全部选中。用鼠标单击 Place→Replace By Subcircuit 菜单选项，即出现子电路对话框，如图 4-3-2 所示。

(3) 输入电路名称如 DC_DC(最多为 8 个字符，包括字母与数字)后，用鼠标单击“OK”选项，即生成一个子电路图标，如图 4-3-3 所示。

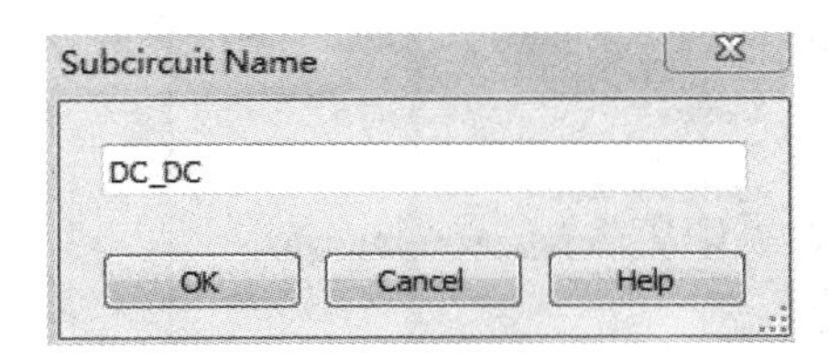

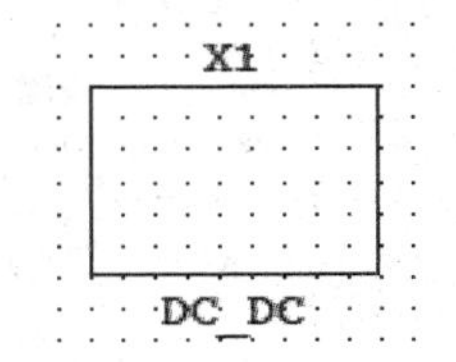

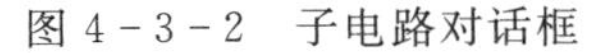

图 4-3-2 子电路对话框　　　图 4-3-3 子电路图标

用鼠标单击 File→Save 选项或用 Ctrl+S 操作，可以保存生成的子电路。用鼠标单击 File→Save As 选项，可将当前子电路文件换名保存。

2. 在电路工作区内输入文字(Place→Text)——Ctrl+T

为加强对电路图的理解，在电路图中的某些部分添加适当的文字注释有时是必要的。在 Multisim 的电路工作区内可以输入中英文文字，其基本步骤如下：

(1) 启动 Text 命令(Place→Text)。启动 Place 菜单中的 Text 命令(Place→Text)，然后用鼠标点击需要放置文字的位置，可以在该处放置一个文字块，如图 4-3-4 所示(注意：如果电路窗口背景为白色，则文字输入框的黑边框是不可见的）。

图 4-3-4 文字块

（2）输入文字。在文字输入框中输入所需要的文字，文字输入框的大小随文字的多少会自动缩放。文字输入完毕后，用鼠标点击文字输入框以外的地方，文字输入框会自动消失。

（3）改变文字的颜色。如果需要改变文字的颜色，可以用鼠标指向该文字，单击鼠标右键将弹出快捷菜单。选取 Pen Color 命令，即可在“颜色”对话框中选择文字颜色。注意：选择 Font 可改动文字的字体和大小。

（4）移动文字。如果需要移动文字，用鼠标指针指向文字，按住鼠标左键，移动到目的地后放开左键即可完成文字移动。

（5）删除文字。如果需要删除文字，则先选取该文字，单击鼠标右键打开快捷菜单，选取 Delete 命令即可删除文字。

3. 输入注释(Place→Comment)

利用注释描述框输入文本可以对电路的功能、使用说明等进行详尽的描述，并且在需要时可打开查看，不需要时关闭，不占用电路窗口空间。注释描述框的操作很简单，写入时启动 Place 菜单中的 Comment 命令(Place→Comment)，打开如图 4-3-5 所示的对话框，即可在其中输入需要说明的文字，还可以保存和打印所输入的文本。

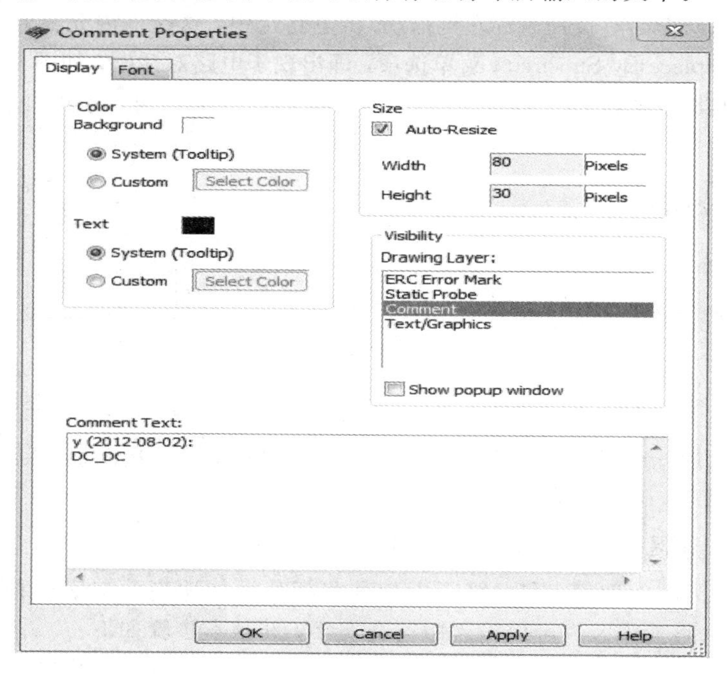

图 4-3-5 注释对话框

4.4 电路的创建

4.4.1 元器件的操作

1. 打开元器件库

选用元器件时，首先在元器件库栏中用鼠标点击包含该元器件的图标，打开该元器件库。然后从选中的元器件库对话框中，用鼠标点击将该元器件，然后点击“OK”，用鼠标拖曳该元器件到电路工作区的适当地方即可。

2. 选中元器件

在连接电路时，要对元器件进行移动、旋转、删除、设置参数等操作。这就需要先选中该元器件。要选中某个元器件可使用鼠标的左键单击该元器件。被选中元器件的四周将出现蓝色方框(电路工作区为白底)，便于识别。对选中的元器件可以进行移动、旋转、删除、设置参数等操作。用鼠标拖曳形成一个矩形区域，可以同时选中在该矩形区域内包围的一组元器件。要取消某一个元器件的选中状态，只需单击电路工作区的空白部分即可。

3. 元器件的移动

用鼠标的左键点击某元器件(左键不松手)，拖曳该元器件即可移动该元器件。要移动一组元器件，必须先用前述的矩形区域方法选中这组元器件，然后用鼠标左键拖曳其中的任意一个元器件，则所有选中的部分就会一起移动。元器件被移动后，与其相连接的导线就会自动重新排列。选中元器件后，也可使用方向键对其运行微小的移动。

4. 元器件的旋转与反转

对元器件进行旋转或反转操作，需要先选中该元器件，然后单击鼠标右键或者选择菜单 Edit，选择菜单中的 Flip Vertical(将所选择的元器件上下旋转)、Flip Horizontal(将所选择的元器件左右旋转)、90 Clockwise(将所选择的元器件顺时针旋转 90°)、90 CounterCW(将所选择的元器件逆时针旋转 90°)等菜单栏中的命令。也可使用 Ctrl 键实现旋转操作，Ctrl 键的定义标在菜单命令的旁边。

5. 元器件的复制、删除

对选中的元器件进行元器件的复制、移动、删除等操作，可以单击鼠标右键或者使用菜单 Edit→Cut(剪切)、Edit→Copy(复制)、Edit→Paste(粘贴)、Edit→Delete(删除)等命令实现元器件的复制、移动、删除等操作。

6. 元器件标签、编号、数值、模型参数的设置

在选中元器件后，双击该元器件，或者选择菜单命令 Edit→Properties(元器件特性)会弹出相关的对话框，可供输入数据。

元器件特性对话框具有多种选项可供设置，包括 Label(标识)、Display(显示)、Value(数值)、Fault(故障设置)、Pins(引脚端)、Variant(变量)等。电阻器件特性对话框如图 4-4-1 所示。

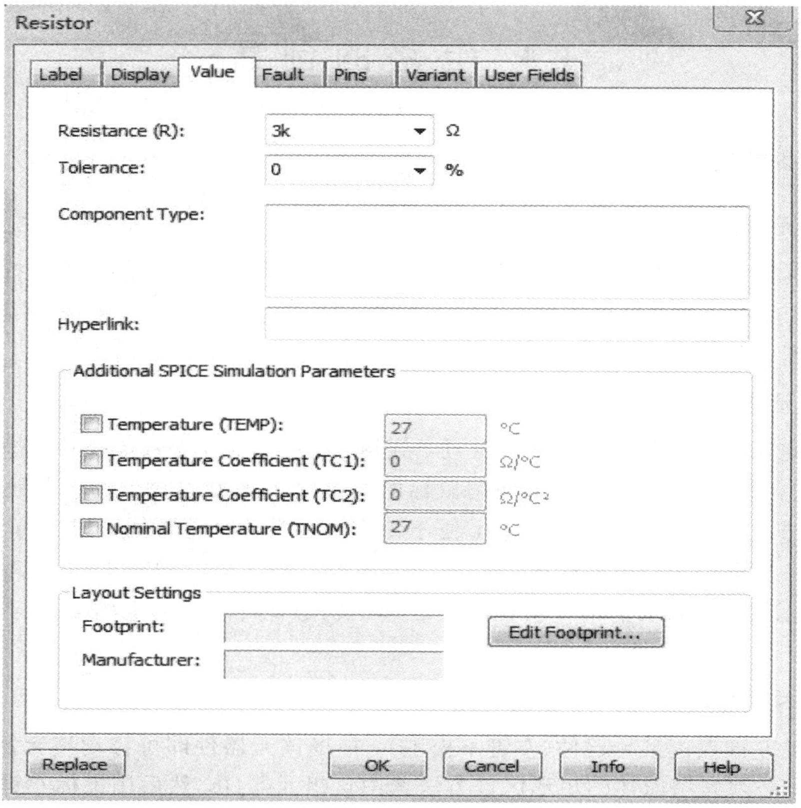

图 4-4-1 电阻特性对话框

(1) Label(标识)。Label(标识)选项的对话框用于设置元器件的 Label(标识)和 RefDes(编号)。

RefDes(编号)由系统自动分配，必要时可以修改，但必须保证编号的唯一性。注意连接点、接地等元器件没有编号。在电路图上是否显示标识和编号可由 Options 菜单中的 Global Preferences(设置操作环境)对话框设置。

(2) Display(显示)。Display(显示)选项用于设置 Label、RefDes 的显示方式。该对话框的设置与 Options 菜单中 Global Preferences(设置操作环境)对话框的设置有关。如果遵循电路图选项的设置，则 Label、RefDes 的显示方式由电路图选项的设置决定。

(3) Value(数值)。点击 Value(数值)选项，将出现 Value(数值)选项对话框。在该对话框中可以很方便地更改所需器件的数值大小。

(4) Fault(故障)。Fault(故障)选项可供人为设置元器件的隐含故障。例如在三极管的故障设置对话框中，E、B、C 为与故障设置有关的引脚号，对话框提供 Leakage(漏电)、Short(短路)、Open(开路)、None(无故障)等设置。如果选择了 Open(开路)设置，图中设置引脚 E 和引脚 B 为 Open(开路)状态，尽管该三极管仍连接在电路中，但实际上隐含了开路的故障。这可以为电路的故障分析提供方便。

(5) 改变元器件的颜色。要改变元器件的颜色，用鼠标选中该元器件，点击右键在出现的菜单中选择 Change Color 选项，弹出颜色选择框，选择合适的颜色即可。

4.4.2 电路图选项的设置

Options 菜单中的 Sheet Properties(工作台界面设置)(Options→Sheet Properties)用于设置与电路图显示方式有关的一些选项。

1. Circuit 选项卡

选择 Options→Sheet Properties 对话框中的 Circuit 选项，可弹出如图 4-4-2 所示的 Circuit 选项卡。

(1) Show 选项区中可选择电路的各种参数，如 Labels 选择是否显示元器件的标志、RefDes 选择是否显示元器件编号、Values 选择是否显示元器件数值、Initial Conditions 选择初始化条件、Tolerance 选择公差。

(2) Color 选项区中的 5 个按钮用于选择电路工作区的背景、元器件、导线等的颜色。

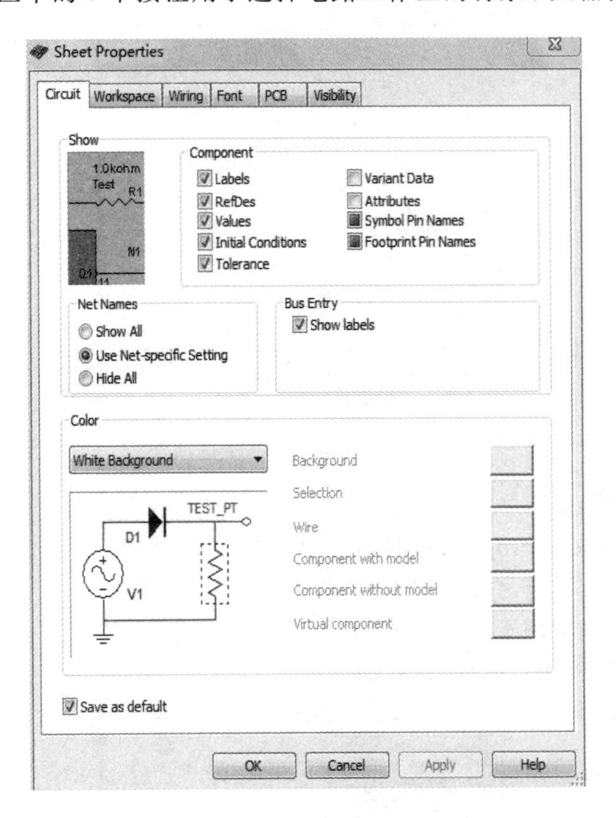

图 4-4-2 Circuit 选项卡

2. Workspace 选项卡

选择 Options→Sheet Properties 对话框中的 Workspace 选项，可弹出如图 4-4-3 所示的 Workspace 选项卡。

(1) Show grid 选项用于选择电路工作区里是否显示格点。

(2) Show page bounds 选项用于选择电路工作区里是否显示页面分隔线(边界)。

(3) Show border 选项用于选择电路工作区里是否显示边界。

(4) Sheet size 区域的功能是设定图纸大小(A—E、A0—A4 以及 Custom 选项),可选择尺寸单位为英寸(Inches)或厘米(Centimeters),可设定图纸方向为 Portrait(纵向)或 Landscape(横向)。

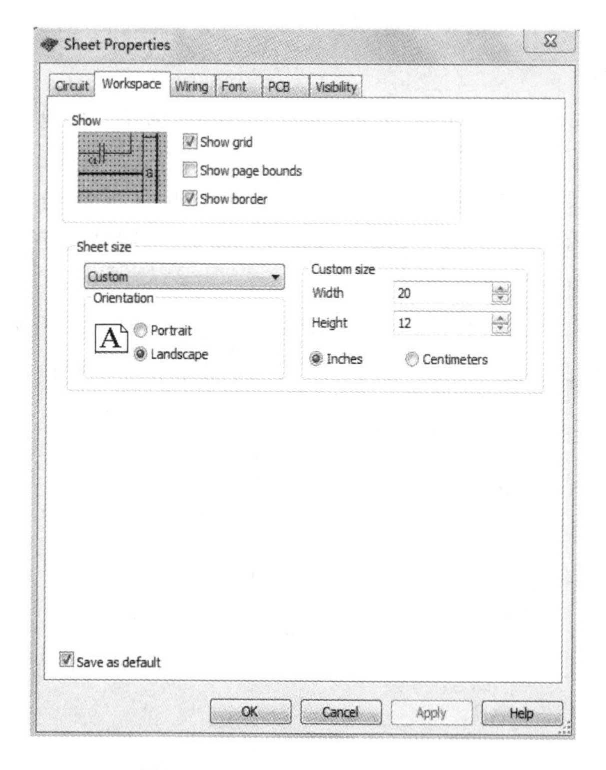

图 4-4-3 Workspace 选项卡

3. Wiring 选项卡

选择 Options→Sheet Properties 对话框中的 Wiring 选项,可弹出如图 4-4-4 所示的 Wiring 选项卡。

(1) Wire width 选项用于选择线宽。

(2) Bus width 选项用于选择总线线宽。

(3) Bus Wiring Mode 选项用于选择总线模式。

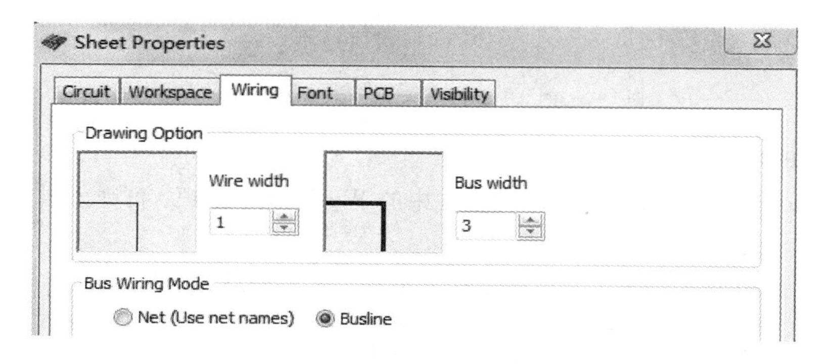

图 4-4-4 Wiring 选项卡

4. Font 选项卡

选择 Options→Sheet Properties 对话框中的 Font 选项，可弹出 Font 选项卡，如图 4-4-5 所示。

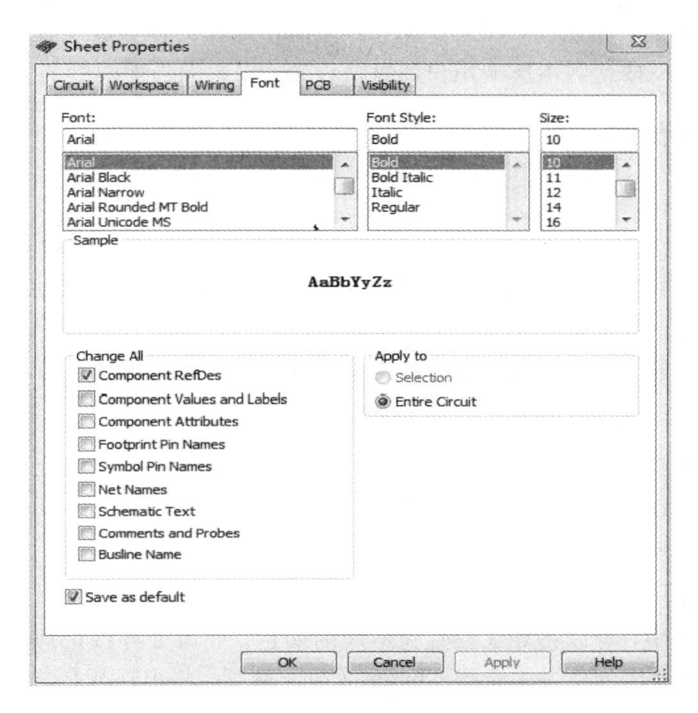

图 4-4-5 Font 选项卡

1）选择字型

（1）Font 区域为字型，可以直接在栏内选取所要采用的字型。

（2）Font Style 区域用于选择字体，字体可以为粗体字(Bold)、粗斜体字(Bold Italic)、斜体字(Italic)、正常字(Regular)。

（3）Size 区域用于选择字型大小，可以直接在栏内选取。

（4）Sample 区域显示的是所设定的字型。

2）选择字型的应用项目(Change All)

（1）Component Values and Labels：选择元器件标注文字和数值采用所设定的字型。

（2）Component RefDes：选择元器件编号采用所设定的字型。

（3）Component Attributes：选择元器件属性文字采用所设定的字型。

（4）Footprint Pin Names：选择引脚名称采用所设定的字型。

（5）Symbol Pin Names：选择符号引脚采用所设定的字型。

（6）Net Names：选择网络表名称采用所设定的字型。

（7）Schematic Text：选择电路图里的文字采用所设定的字型。

3）选择字型的应用范围(Apply to)

（1）Entire Circuit：应用于整个电路图。

（2）Selection：应用在选取的项目。

5. Default 对话框

在 Options→Sheet Properties 和 Options→Global Preferences 等对话框的左下角有一个用于用户默认的设置，点击选择 Save as default 则将当前设置存为用户的默认设置，默认设置的影响范围是新建图纸；除去 Save as default 选择会将当前设置恢复为用户的默认设置。若仅点击 OK 按钮则不影响用户的默认设置，仅影响当前图纸的设置。

4.4.3 导线的操作

1. 导线的连接

在两个元器件之间连接导线，首先将鼠标指向一个元器件的端点使其出现一个小圆点，按下鼠标左键并拖曳出一根导线，拉住导线并指向另一个元器件的端点使其出现小圆点，释放鼠标左键，则导线连接完成。

连接完成后，导线将自动选择合适的走向，不会与其他元器件或仪器发生交叉。

2. 连线的删除与改动

将鼠标指向元器件与导线的连接点使其出现一个圆点，按下左键拖曳该圆点使导线离开元器件端点，释放左键，导线会自动消失，连线的删除完成。也可以将拖曳移开的导线连至另一个接点，实现连线的改动。

3. 改变导线的颜色

在复杂的电路中，可以将导线设置为不同的颜色。要改变导线的颜色，用鼠标指向该导线，点击右键在弹出的菜单中选择 Change Color 选项，将出现颜色选择框，然后选择合适的颜色即可。

4. 在导线中插入元器件

将元器件直接拖曳放置在导线上，然后释放即可插入元器件在电路中。

5. 从电路中删除元器件

选中该元器件，按下 Edit→Delete 即可；或者点击右键在出现的菜单中选择 Delete 即可。

6. "连接点"的使用

"连接点"是一个小圆点，点击 Place Junction 可以放置节点。一个"连接点"最多可以连接来自四个方向的导线。可以直接将"连接点"插入连线中。

7. 节点编号

在连接电路时，Multisim 会自动为每个节点分配一个编号。是否显示节点编号可由 Options→Sheet Properties 对话框中的 Circuit 选项设置。选择 RefDes 选项，可以选择是否显示连接线的节点编号。

4.4.4 输入/输出端

用鼠标点击 Place 菜单中的 Connectors 选项(Place →Connectors)，即可取出所需要的一个输入/输出端 。输入/输出端菜单如图 4-4-6 所示。

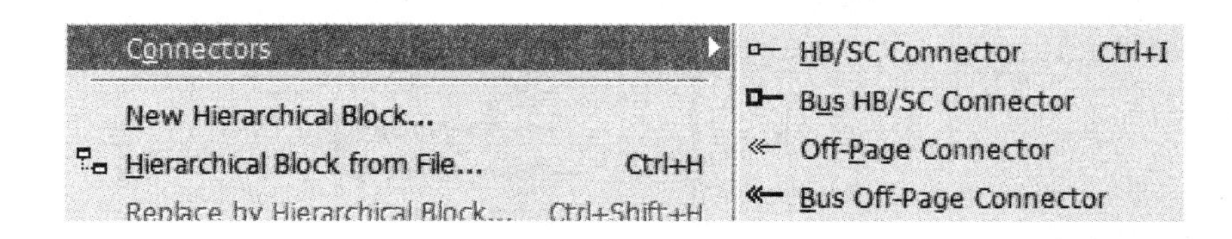

图 4－4－6 输入/输出端菜单

在电路控制区中，输入/输出端可以看做只有一个引脚的元器件，所有操作方法与元器件相同，不同的是输入/输出端只有一个连接点。

4.5 仪器仪表的使用

4.5.1 仪器仪表的基本操作

Multisim 的仪器库存放有数字万用表、函数信号发生器、示波器、波特图示仪、字发生器、逻辑分析仪、逻辑转换器、功率表、失真分析仪、网络分析仪、频谱分析仪等 17 种仪器仪表可供使用，仪器仪表以图标方式显示，如图 4－2－19 所示。

1. 仪器的选用与连接

(1) 仪器的选用。从仪器库中将所选用的仪器图标，用鼠标将它“拖放”到电路工作区即可，类似元器件的拖放。

(2) 仪器的连接。将仪器图标上的连接端(接线柱)与相应电路的连接点相连，连线过程类似元器件的连线。

2. 仪器参数的设置

(1) 设置仪器仪表参数。双击仪器图标即可打开仪器面板。可以用鼠标操作仪器面板上相应按钮及参数设置对话窗口的设置数据。

(2) 改变仪器仪表参数。在测量或观察过程中，可以根据测量或观察结果来改变仪器仪表参数的设置，如示波器、逻辑分析仪等。

4.5.2 数字万用表(Multimeter)

数字万用表是一种可以用来测量交直流电压、交直流电流、电阻及电路中两点之间的分贝损耗，自动调整量程的数字显示的多用表。

用鼠标双击数字万用表图标，可以放大数字多用表面板，如图 4－5－1 所示。用鼠标单击数字万用表面板上的设置(Settings)按钮，则弹出参数设置对话框，在该对话框中可以设置数字万用表的电流表内阻、电压表内阻、欧姆表电流及测量范围等参数。万用表参数设置对话框如图 4－5－2 所示。

(1) Electronic Setting：万用表所需使用参数的设置。

(2) Display Setting：万用表所需显示参数的设置。

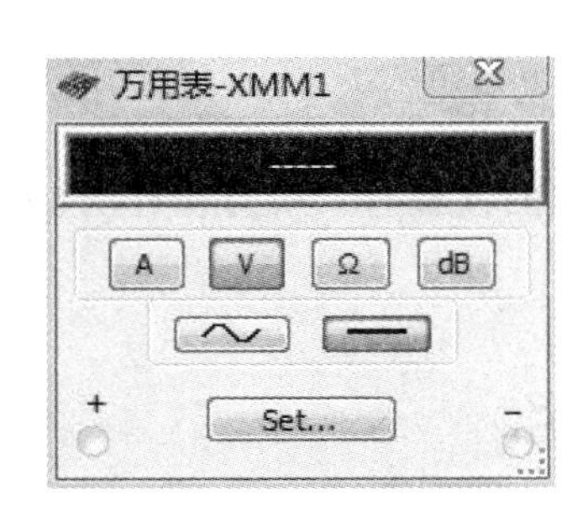

图 4-5-1 万用表面板

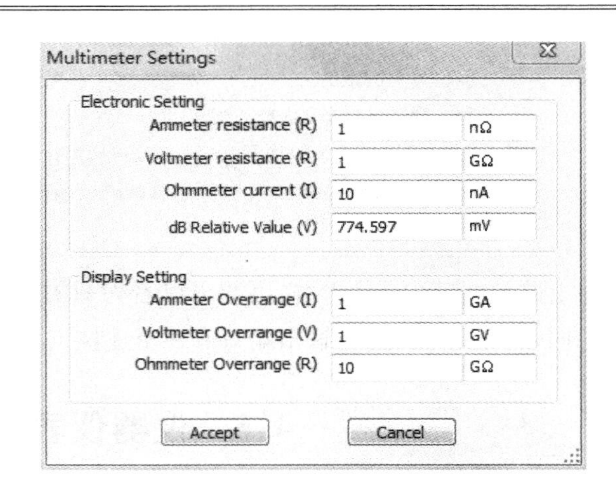

图 4-5-2 万用表参数设置对话框

4.5.3 函数信号发生器(Function Generator)

函数信号发生器是可提供正弦波、三角波、方波三种不同波形的信号的电压信号源。用鼠标双击函数信号发生器图标，可以放大函数信号发生器的面板。函数信号发生器的面板如图 4-5-3 所示。

函数信号发生器其输出波形、工作频率、占空比、幅度和直流偏置，可用波形选择按钮和在各窗口设置相应的参数来实现。频率设置范围为 1 fHz～99999999 THz；占空比调整值可从 1%～99%；幅度设置范围为 1 fV～99999999 TV；偏移设置范围为－99999999 TV～99999999 TV。

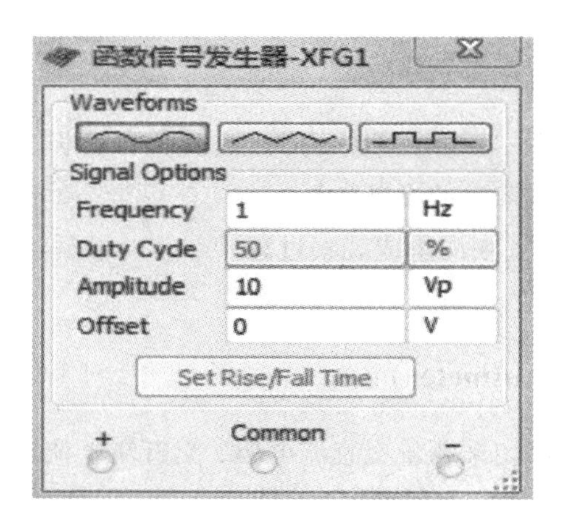

图 4-5-3 函数信号发生器的面板图

4.5.4 功率表(Wattmeter)

功率表用来测量电路的功率，交流或者直流均可测量。用鼠标双击功率表的图标可以放大功率表的面板。电压输入端与测量电路并联连接，电流输入端与测量电路串联连接。功率表的面板如图 4-5-4 所示。

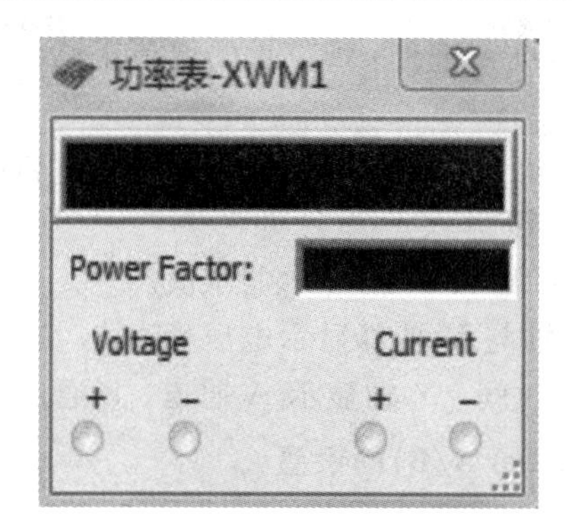

图 4-5-4 功率表的面板图

4.5.5 示波器(Oscilloscope)

示波器是用来显示电信号波形的形状、大小、频率等参数的仪器。用鼠标双击示波器图标，放大的示波器的面板图如图 4-5-5 所示。

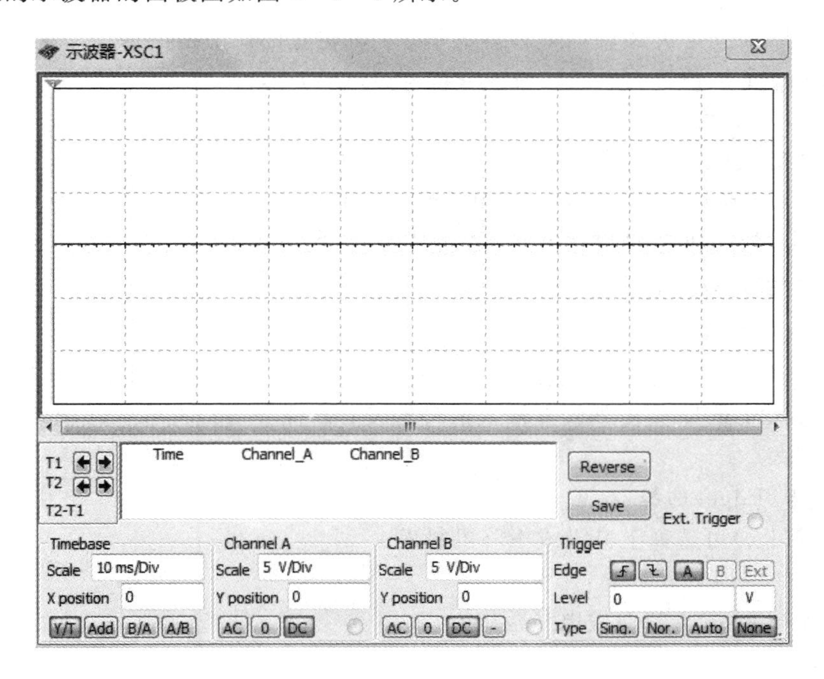

图 4-5-5 示波器的面板图

示波器面板各按键的作用、调整及参数的设置与实际的示波器类似。Multisim 包含一般的双踪示波器和四踪示波器两种。下面以我们最常见的双踪示波器为例进行介绍。

1. 时基(Timebase)控制部分的调整

1) 时间基准

X 轴刻度显示示波器的时间基准，其基准有 0.1 fs/Div～1000 Ts/Div 可供选择。

2) X 轴位置控制

X 轴位置控制 X 轴的起始点。当 X 轴位置调到 0 时，信号从显示器的左边缘开始，正值时起始点右移，负值时起始点左移。X 轴位置的调节范围为－5.00～＋5.00。

3）显示方式选择

显示方式选择示波器的显示，可以从“幅度/时间(Y/T)”切换到“A 通道/B 通道(A/B)”、“B 通道/A 通道(B/A)”或“Add”方式。

(1) Y/T 方式：X 轴显示时间，Y 轴显示电压值。

(2) A/B、B/A 方式：X 轴与 Y 轴都显示电压值。

(3) Add 方式：X 轴显示时间，Y 轴显示 A 通道、B 通道的输入电压之和。

2. 示波器输入通道(Channel A/B)的设置

1）Y 轴刻度

Y 轴电压刻度范围为 1 fV/Div～1000 TV/Div，可以根据输入信号大小来选择 Y 轴刻度值的大小，使信号波形在示波器显示屏上显示出合适的幅度。

2）Y 轴位置(Y Position)

Y 轴位置控制 Y 轴的起始点。当 Y 轴位置调到 0 时，Y 轴的起始点与 X 轴重合，如果将 Y 轴位置增加到 1.00，Y 轴原点位置从 X 轴向上移一大格；若将 Y 轴位置减小到－1.00，Y 轴原点位置从 X 轴向下移一大格。Y 轴位置的调节范围为－3.00～＋3.00。改变 A、B 通道的 Y 轴位置有助于比较或分辨两通道的波形。

3）Y 轴输入方式

Y 轴输入方式即信号输入的耦合方式。当用 AC 耦合时，示波器显示信号的交流分量。当用 DC 耦合时，显示的是信号的 AC 和 DC 分量之和。

当用 0 耦合时，在 Y 轴设置的原点位置显示一条水平直线。

3. 触发方式(Trigger)调整

1）触发信号选择

触发信号选择一般选择自动触发(Auto)。选择“A”或“B”，则用相应通道的信号作为触发信号；选择“Ext”，则由外触发输入信号触发；选择“Sing”为单脉冲触发；选择“Nor”为一般脉冲触发。

2）触发沿(Edge)选择

触发沿(Edge)可选择上升沿或下降沿触发。

3）触发电平(Level)选择

触发电平(Level)选择触发电平范围。

4. 示波器显示波形读数

要显示波形读数的精确值，可用鼠标将垂直光标拖到需要读取数据的位置。屏幕下方的方框内，显示的是光标与波形垂直相交点处的时间和电压值，以及两光标位置之间的时间、电压的差值。

用鼠标单击“Reverse”按钮可改变示波器屏幕的背景颜色。用鼠标单击“Save”按钮可按 ASCII 码格式存储波形读数。

4.5.6 波特图示仪(Bode Plotter)

波特图示仪可以用来测量和显示电路的幅频特性与相频特性，类似于扫频仪。用鼠标双击波特图示仪图标，放大的波特图示仪面板图如图 4－5－6 所示。可选择幅频特性(Magnitude)或者相频特性(Phase)。

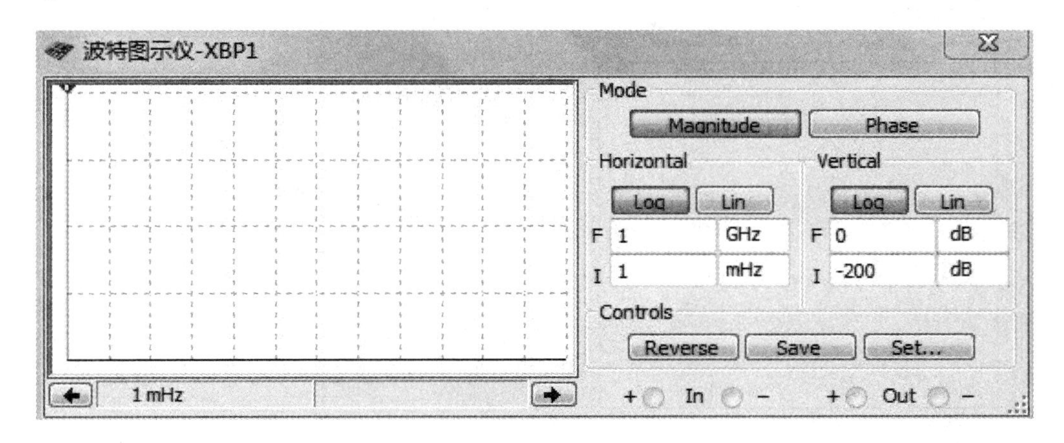

图 4－5－6 波特图示仪面板图

波特图示仪有 In 和 Out 两对端口，其中 In 端口的"＋"和"－"分别接电路输入端的正端和负端；Out 端口的"＋"和"－"分别接电路输出端的正端和负端。使用波特图示仪时，必须在电路的输入端接入 AC(交流)信号源。

1. 坐标设置

在垂直(Vertical)坐标或水平(Horizontal)坐标控制面板内，按下"Log"按钮，则坐标以对数(底数为 10)的形式显示；按下"Lin"按钮，则坐标以线性的结果显示。

水平(Horizontal)坐标标度为 1 μHz～1000 THz。水平坐标轴总是显示频率值。它的标度由水平轴的初始值(I，Initial)或终值(F，Final)决定。

在信号频率范围很宽的电路中，分析电路频率响应时，通常选用对数坐标(以对数为坐标所绘出的频率特性曲线称为波特图)。

当测量电压增益时，垂直轴显示输出电压与输入电压之比，如果使用对数基准，单位是分贝；如果使用线性基准，显示的是比值。当测量相位时，垂直轴总是以度为单位显示相位角。

2. 坐标数值的读出

要得到特性曲线上任意点的频率、增益或相位差，可用鼠标拖动读数指针(位于波特图仪中的垂直光标)，或者用读数指针移动按钮来移动读数指针(垂直光标)到需要测量的点，读数指针(垂直光标)与曲线交点处的频率、增益或相位角的数值显示在读数框中。

3. 分辨率设置

Set 用来设置扫描的分辨率，用鼠标点击 Set，出现分辨率设置对话框，数值越大分辨率越高。

4.5.7 频谱分析仪(Spectrum Analyzer)

频谱分析仪用来分析信号的频域特性，Multisim 提供的频谱分析仪频率范围上限为

4 GHz。频谱分析仪面板如图 4－5－7 所示。

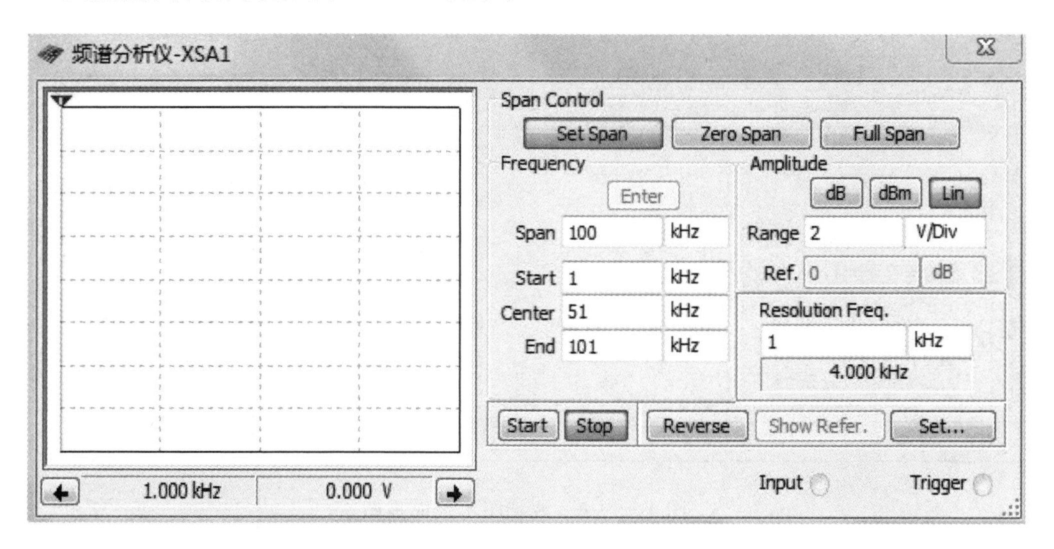

图 4－5－7 频谱分析仪的面板图

频谱分析仪面板分为 5 个区。

(1) 在 Span Control 区中，当选择 Set Span 时，频率范围由 Frequency 区域设定；当选择 Zero Span 时，频率范围仅由 Frequency 区域的 Center 栏位设定的中心频率确定；当选择 Full Span 时，频率范围设定为 0～4 GHz。

(2) 在 Frequency 区中，Span 设定频率范围；Start 设定起始频率；Center 设定中心频率；End 设定终止频率。

(3) 在 Amplitude 区中，当选择 dB 时，纵坐标刻度单位为 dB；当选择 dBm 时，纵坐标刻度单位为 dBm；当选择 Lin 时，纵坐标刻度单位为线性。

(4) 在 Resolution Freq 区中，可以设定频率分辨率，即能够分辨的最小谱线间隔。

(5) 在 Controls 区中，当选择 Start 时，启动分析；当选择 Stop 时，停止分析；用鼠标单击 Reverse 按钮可改变频谱仪屏幕的背景颜色；当选择 Trigger 选项时，选择触发源是 Internal(内部触发)还是 External(外部触发)，选择触发模式是 Continue(连续触发)还是 Single(单次触发)。

频谱图显示在频谱分析仪面板左侧的窗口中，利用游标可以读取其中每个点的数据并显示在面板右侧下部的数字显示区域中。

4.6 电路仿真实验举例

1. 连接电路

图 4－6－1 所示为一个二阶 RC 低通滤波器电路，按 4.4 节和 4.5 节所述的方法来创建电路、设置元器件参数并连接好仪器。电路中的连线可以设置颜色，使不同的连线便于区分。例如示波器屏幕上波形曲线的颜色与输入通道接入导线的颜色是一致的，当

双踪示波器不同通道的连接颜色不同时，屏幕上显示的波形曲线的颜色也不同，且与连接线的颜色相一致，这样在观察结果的时候，就很容易区分波形曲线与输入通道的对应关系。

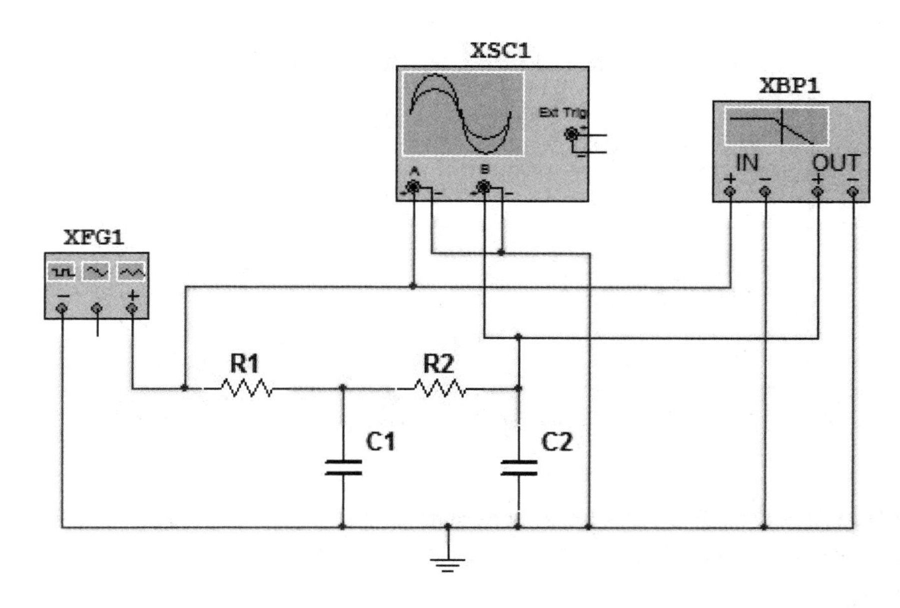

图 4-6-1　二阶 RC 低通滤波器电路

2. 电路文件保存与打开

电路生成后可以将其电路文件保存，以备调用。其方法是选择 File→Save As(文件→另存为)命令，在弹出的对话框中选择合适的路径并输入文件名，再点击“保存”按钮即可完成对电路文件的保存。Multisim 10 会自动为电路文件添加后缀“. ms10”。若需打开电路文件，可选择 File→Open(文件→打开)命令，在弹出相应的对话框中选择所要打开的文件，再按下打开即可。保存与打开也可以使用工具栏的相关按钮进行操作。

3. 电路仿真实验

电路仿真实验开始前可通过双击有关仪器的图标来打开其仪器面板，准备观察被测试的波形。按下电路上方的“启动/停止”开关，仿真实验开始。若再按下此开关，则仿真实验结束。如果要将实验过程暂停，可单击开关边上的 Pause(暂停)按钮。再次单击 Pause 按钮，实验恢复运行。

电路启动后，可双击示波器显示波形，同时可以根据波形调整示波器的时基和通道控制，使波形显示正常。一般情况下，示波器连续显示并自动刷新所测量的波形，如果希望仔细观察和读取波形数据，可以按下 Pause 按钮，则波形暂停，可以利用读数指针读取波形各点的具体数值。

示波器的面板显示波形图如图 4-6-2 所示。实验中，当改变函数信号发生器的信号(即电路的输入信号)频率时，可以观察示波器显示屏上输入、输出波形的变化。

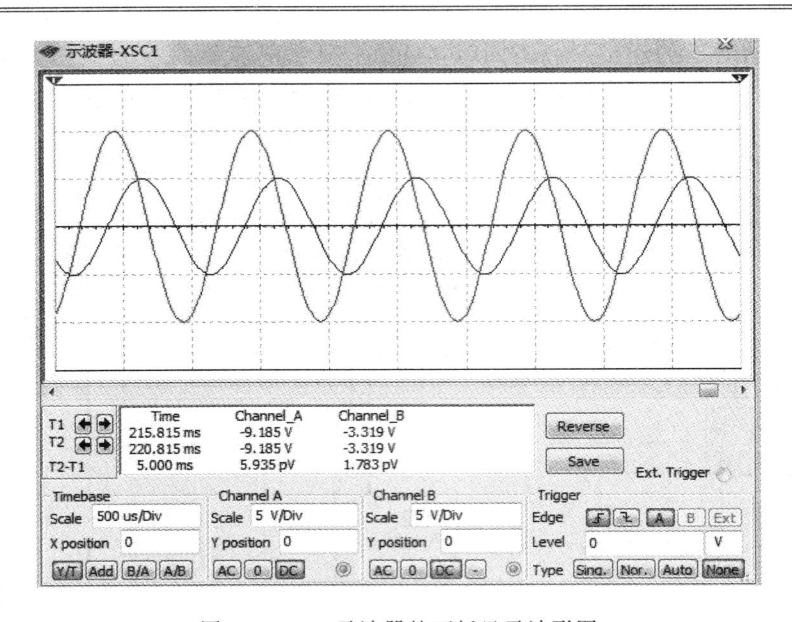

图 4-6-2　示波器的面板显示波形图

打开波特图示仪的面板，可以观察该电路的幅频和相频特性曲线。图 4-6-3 所示为电路的幅频特性曲线，图 4-6-4 所示为电路的相频特性曲线。可以拖动读数指针读取曲线各点的数值。

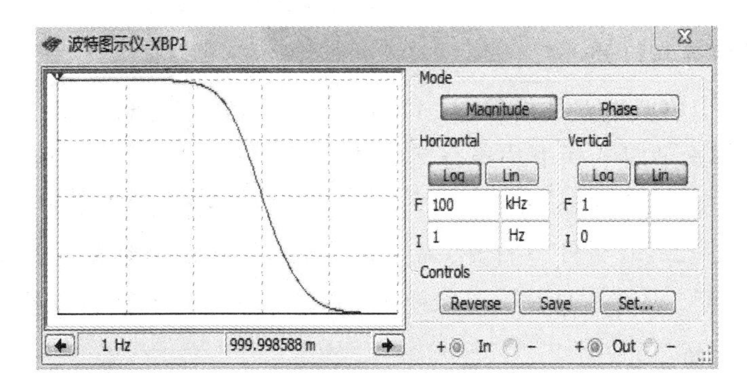

图 4-6-3　波特图示仪的幅频特性曲线

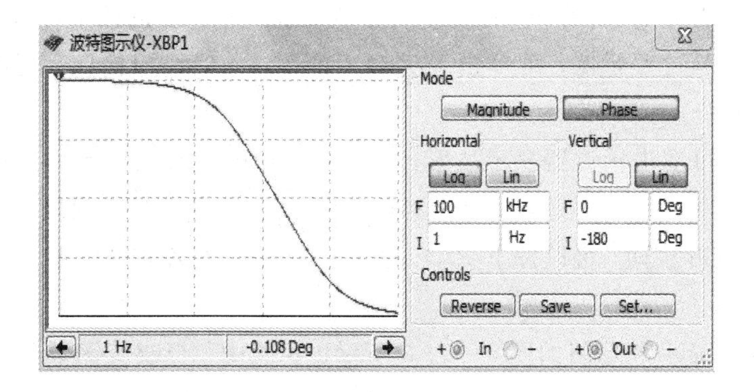

图 4-6-4　波特图示仪的相频特性曲线

如需提高读数精度，也可以单击 Set 选项，在对话框中增加波特图显示点数的设置，其默认设置为 100。但增加这个数值将增加运行时间。此外，还可以缩短频率轴的范围，展开感兴趣频率段的显示曲线，提高读数的精度。波特图示仪面板参数修改以后，建议重新启动电路，以确保曲线的精确显示。

4. 实验结果的输出

输出实验结果的方法有多种，可以保存电路文件；也可以用系统的剪贴板输出电路图或仪器面板图(包括显示波形)；还可以打印输出。

(1) 保存电路文件。

(2) 图形复制。按住鼠标左键拖动鼠标形成一个矩形，释放鼠标按键，这时包围在该矩形区域内的图形即可进行拖动或右键进行复制，复制后所选中的元器件即被输出到剪贴板，可以使用粘贴键粘贴在此电路图或者新的电路图中。

(3) 打印输出。选择 File→Print 命令，弹出打印窗口，点击确定就可以将电路图打印出来。

以上主要介绍了 Multisim 的基本功能和简单使用方法，有关更多功能的使用方法，可参考有关书籍和资料。

第五章　电路、信号与系统基础性实验

实验一　直流电压、电流和电阻的测量

一、实验目的

熟悉万用表的使用方法，了解电压表、电流表内阻对测量结果的影响。

二、实验仪器

（1）电流稳压电源：1 台。

（2）MF47F 型万用表：1 台。

（3）实验板：1 块。

（4）电阻器：若干。

三、实验原理

1. 万用表的内阻

万用表的测量机构是表头，表头配合各种测量电路就可组成电压表、电流表和欧姆表，成为多用途、多量程的万用表。由于表头和测量电路都具有一定的电阻，因此在测量过程中，会对被测电路产生影响，使测量结果产生误差。500 型万用表电流挡的内阻如表 5－1－1 所示。电压挡的内阻可根据表面上给出的电压灵敏度以及测量时的电压量程进行计算，两者的乘积就是该量程的内阻。

表 5－1－1　500 型万用表电流挡内阻

量程	1 mA	10 mA	100 mA	500 mA
内阻	720 Ω	75 Ω	7.5 Ω	1.5 Ω

2. 仪表内阻对测量的影响

图 5－1－1 示出了测量支路电流和电压时，仪表的连接方法。在分析仪表内阻对被测电路的影响时，可根据戴维南定理和诺顿定理把被测电路用等效电路来代替。下面分别讨论电压表和电流表对测量的影响。

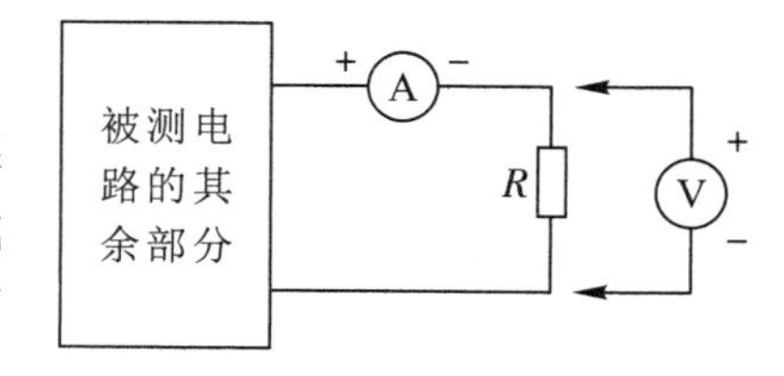

图 5－1－1　仪表连接

1）电压表内阻对测量电压的影响

图 5－1－2 示出了被测电路的戴维南等效电路，图中 U_0、R_0 为被测电路的戴维南等效

参数。电压表内阻 $R_V=\infty$时，被测电压值为

$$U_R=U_0 \tag{5-1-1}$$

电压表内阻 $R_V\neq\infty$时，被测电压值为

$$U'_R=\frac{R_VU_0}{R_0+R_V} \tag{5-1-2}$$

则电压表内阻 R_V引起的测量误差为

$$\varepsilon=\frac{U_R-U'_R}{U_R}\times100\%=\frac{1}{1+\frac{R_V}{R_0}}\times100\% \tag{5-1-3}$$

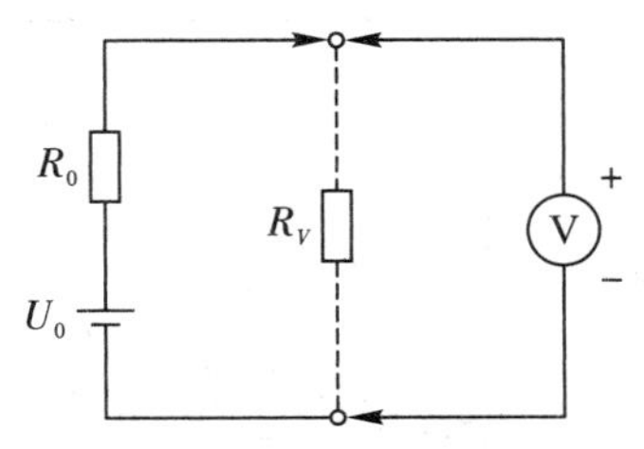

图 5-1-2　戴维南等效电路

2）内阻对测量电流的影响

图 5-1-3 示出了被测电路的诺顿等效电路，其中 I_S、R_0为被测电路的诺顿等效参数。电流表内阻 $R_A=\infty$时，被测电流值为

$$I=I_S \tag{5-1-4}$$

电流表内阻 $R_A\neq\infty$时，被测电流值应为

$$I'=\frac{R_0I_S}{R_0+R_A} \tag{5-1-5}$$

则电流表内阻 R_A引起的误差为

$$\varepsilon=\frac{I-I'}{I}\times100\%=\frac{1}{1+\frac{R_0}{R_A}}\times100\% \tag{5-1-6}$$

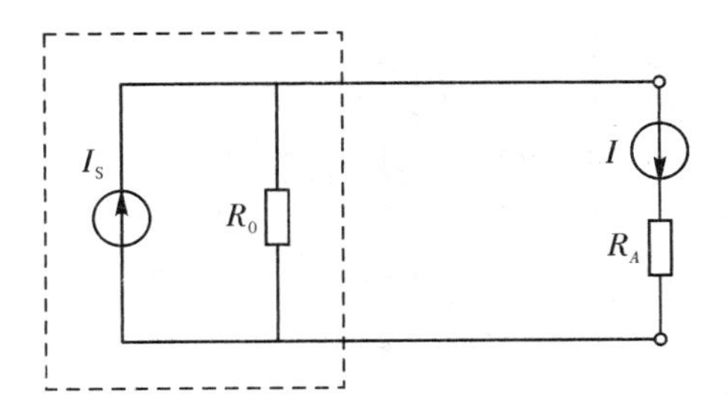

图 5-1-3　诺顿等效电路

四、实验内容

1. 直流电压的测量

1）直接法

用万用表直流电压挡测量图 5-1-4 电路中各电阻上的电压，并与计算值比较（以计

算值作标准值，计算相对误差)，数据记入表5-1-2。

操作步骤如下：

(1) 按图5-1-4所示电路在直流实验板上连接线路。注意：在接入电源之前，必须以万用表电压挡为准，将稳压电源的输出调至10 V。

(2) 用万用表的直流电压挡(10 V)分别测量电路中各电阻上的电压。注意：读数时不要读错刻度线。

(3) 将测量数据记入表5-1-2，并与理论值比较，计算出相对误差。

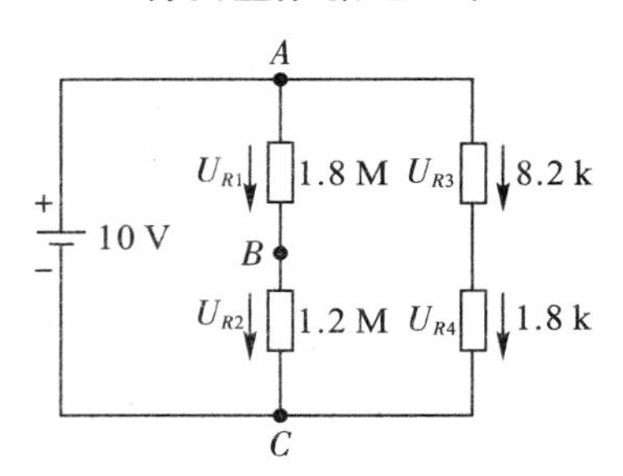

图5-1-4 直流电压被测电路(直接法)

表5-1-2 直流电压测量

	U_{R1}	U_{R2}	U_{R3}	U_{R4}
测量值(V)				
计算值(V)				
不计内阻影响的相对误差(%)				
计内阻影响的相对误差(%)				

2) 间接法

在图5-1-5所示电路中，调节电位器R_P使电路平衡(流过微安表中的电流为零)，则有：

$$U_{AB}=U_{AD}$$

$$U_{BC}=U_{DC}$$

断开微安表(为什么？)测量U_{AD}、U_{DC}即可得到U_{AB}、U_{BC}值。这种间接测量方法，把对ABC高阻支路的测量转为对ADC低阻支路的测量，从而大大地减小了电表内阻的影响，提高了测量的准确程度。

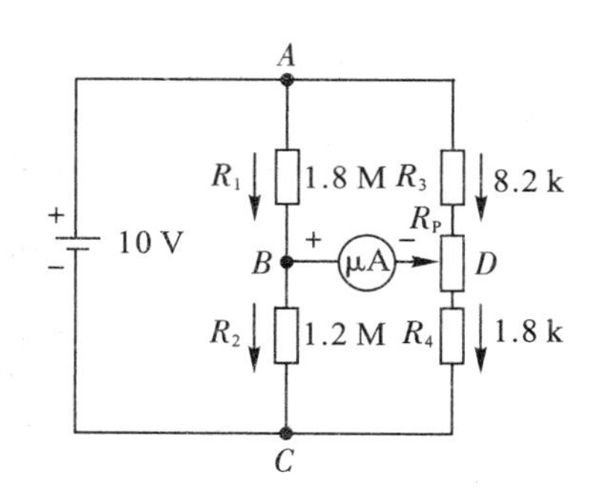

图5-1-5 直流电压被测电路(间接法)

操作步骤如下：

(1) 按图5-1-5所示电路连接(先不接微安表)，调节电位器R_P使U_{DC}略小于4 V。

(2) 按图示极性接入微安表。

(3) 缓慢调节电位器R_P，使微安表中的电流为零。

(4) 断开微安表，测量$U_{AD}(=U_{AB})$和$U_{DC}(=U_{BC})$。

2. 直流电流的测量

1）直接法

用万用表电流挡测量图 5-1-6 电路中的电流 I_1、I_2和 I_3。

操作步骤如下：

(1) 按图 5-1-6 所示电路连接线路。

(2) 将电源(10 V)加入电路(以万用表电压挡测量为准)。

(3) 将电流表分别串入电路中，测量各支路电流 I_1、I_2和 I_3。

(4) 将测量结果记入表 5-1-3 中，并与计算值比较，计算相对误差(以计算值作为标准值)。

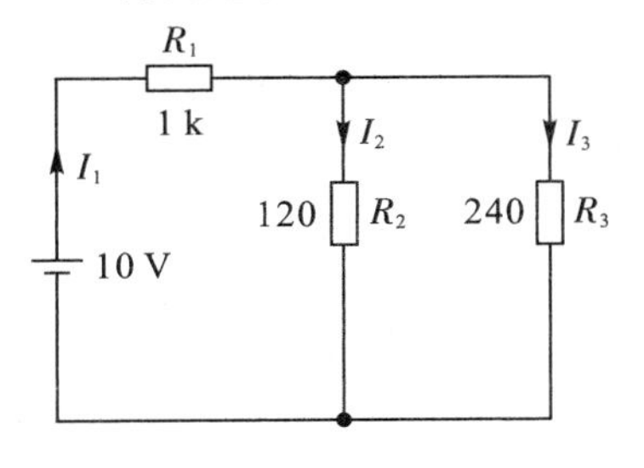

图 5-1-6　直流电流被测电路

表 5-1-3　直接法测直流电流

支路电流 I_i	I_1(mA)	I_2(mA)	I_3(mA)
测量值			
理论值			
相对误差(%)			

2）间接法

用万用表电压挡测量图 5-1-6 电路中各电阻上的电压，用 $I=U/R$ 计算出 I_1、I_2和 I_3。

操作步骤如下：

(1) 按图 5-1-6 连接线路。

(2) 将电源接入电路。

(3) 用电压表分别测量电路中各电阻上的电压，将测量结果记入表 5-1-4 中。

(4) 利用公式 $I=U/R$ 计算出所求的电流值，记入表 5-1-4 内，并计算出相对误差。

(5) 对上述两种测量结果的误差进行比较分析。

表 5-1-4　间接法测直流电流

支路电阻 R_i	R_1	R_2	R_3
U_R(V)			
$I=U_R/R_i$(mA)			
$I_{理论}$(mA)			
相对误差(%)			

3. 交流电压的测量

用万用表交流电压挡测量市电电压。注意：在测量时，用一只手握住万用表的两个测量表笔，以防不测。

4. 电阻的测量

电阻测量的操作步骤如下：

（1）使用万用表欧姆挡测量图 5－1－7 电路中的 R_{ab}、R_{bc}、R_{cd} 和 R_{bd}，并与计算值比较，数据记入表 5－1－5 内。注意：测量前，欧姆表要选择适当的量程并进行调零。

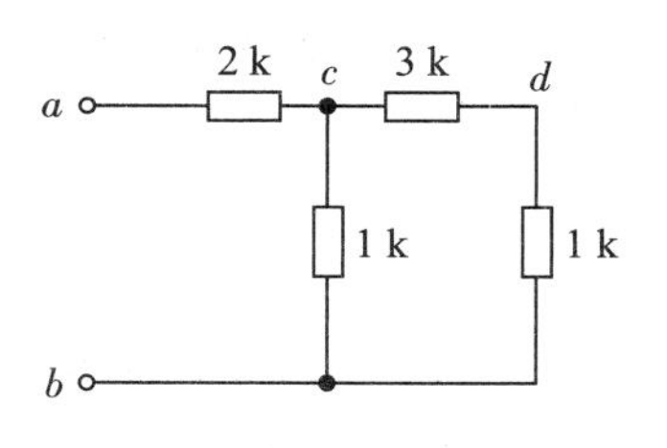

图 5－1－7 测电阻电路

（2）用欧姆表 $R\times1$ k 挡判别二极管的正、负极性，并用 $R\times10$、$R\times100$、$R\times1$ k 挡分别测量 1 kΩ 电阻和二极管的正向电阻值，将测量结果记入表 5－1－6 内，并分析测量结果说明什么问题。测量时注意黑表笔应接内部电池的正极，它的电位高于红表笔电位。二极管的正极接高电位、负极接低电位时称正向运用，此时的电阻称为正向电阻。

表 5－1－5 欧姆表测电阻

	R_{ab}	R_{bc}	R_{cd}	R_{bd}
测量值(kΩ)				
计算值(kΩ)				
相对误差(%)				

表 5－1－6 测量结果分析比较

欧姆表量程	×10	×100	×1 k
1 kΩ 电阻测量值			
二极管测量值			

五、思考题

（1）指针式万用表在分别作为电压表、电流表和欧姆表时，它们的量程如何选择？

（2）用万用表测量电压、电流和电阻时，应注意哪些方面？

（3）用万用表测量同一电压或电流时，采用不同的量程测量，结果常常有差异，试说明其原因。

实验二 叠加定理

一、实验目的

（1）验证线性电路中的叠加定理及其适用范围。

（2）学习直流电路的测试方法。

二、实验仪器

（1）直流稳压电源：2 台。

（2）直流电流源：1 台。

（3）MF47F 型万用表：1 只。

（4）实验板：1 块。

（5）电阻器：若干。

三、实验原理

对于某一线性电阻网络，当几个电源（可以都是电压源、都是电流源，或者是电压源和电流源的混合)共同作用时，它们在电路中任意支路产生的电流或在任意两点间所产生的电压降，等于这些电压源或(和)电流源分别单独作用时在该部分所产生的电流或电压降的代数和。这一结论称为线性电路的叠加定理。实验电路如图 5－2－1 所示，在线性电路中有两个电压源和一个电流源。

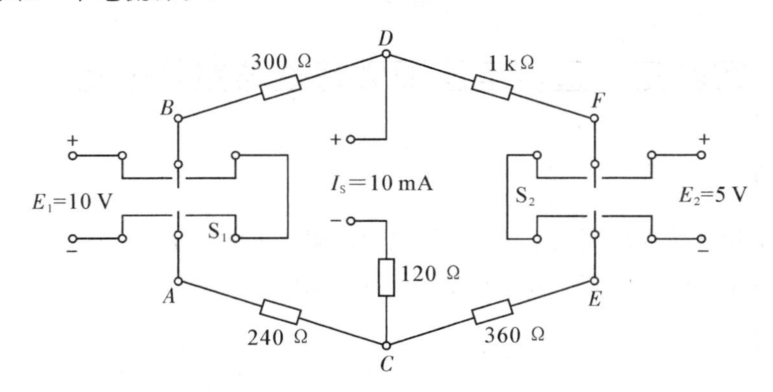

图 5－2－1　叠加定理实验原理图

四、实验内容

操作步骤如下：

(1) 在实验板上按图 5－2－1 所示电路连接。

(2) 以万用表(电压挡)指示为准，分别调节稳压电源使 $E_1=10$ V 和 $E_2=5$ V，再调节电流源 $I_S=10$ mA(由稳压电源给出)。

(3) 将 E_2短路，I_S开路，分别测量各电阻上的电压(注意极性)，将测量数据记入表 5－2－1 中。

(4) 将 E_1短路，I_S开路，再分别测量各电阻上的电压，将测量数据记入表 5－2－1 中。

(5) 将 E_1和 E_2短路，再分别测量各电阻上的电压，将测量数据记入表 5－2－1 中。

(6) 将 E_1、E_2和 I_S同时接入电路，再分别测量各电阻上的电压，将测量数据记入表 5－2－1 中。将测量结果与理论值进行比较，计算相对误差。

表 5－2－1　验证叠加定理

项　目	电　压				
	U_{AC}(V)	U_{BD}(V)	U_{CD}(V)	U_{CE}(V)	U_{DF}(V)
E_1单独作用					
E_2单独作用					
I_S单独作用					
E_1、E_2、I_S共同作用					
理论计算值					
相对误差(%)					

五、思考题

（1）如果在实验中需考虑电源的内阻或导纳，应如何处理？
（2）如果改变图 5-2-1 中 120 Ω 电阻的大小，对测量结果有何影响？

实验三　直流电压源外特性与戴维南定理

一、实验目的

（1）掌握电源外特性的测试方法，了解电源内阻对电源输出特性的影响。
（2）验证戴维南定理，学习用实验方法测量等效电源的参数。

二、实验仪器

（1）SS1791 可跟踪直流稳定电源。
（2）MF47F 型万用表。

三、实验原理

1. 电源外特性

电源的外特性也称伏安特性，是对电源输出端电压(V)和电流(A)之间关系的描述。

1）电压源

电压源的等效电路如图 5-3-1(a)所示，由恒定电势 E 和内阻 $R_i=R_0$ 串联组成，其端电压随输出电流而变化，即

$$U=E-R_iI \tag{5-3-1}$$

其伏安特性示于图 5-3-1(b)。对于理想电压源，$R_i=0$，端电压 $U\equiv E$，不随输出电流 I 改变，如图 5-3-1(b)中曲线①所示；对于实际电压源，如干电池、电子稳压电源等，其 $R_i\neq0$，输出电压随电流增加而稍许下降，如图 5-3-1(b)中曲线②所示。内阻不同，电源端电压随电流增加而下降的速率不同。内阻越小，电源外特性越趋理想，故内阻大小成为衡量电压源特性的重要指标之一。目前，电子稳压电源的内阻可达毫欧姆数量级。外特性曲线斜率的绝对值就是内阻 R_i。

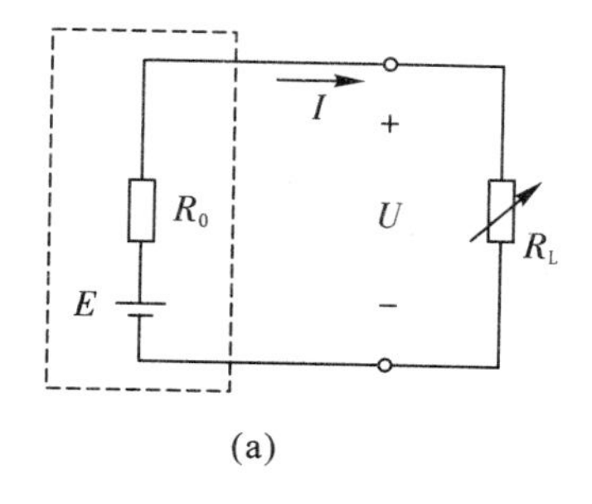

(a)

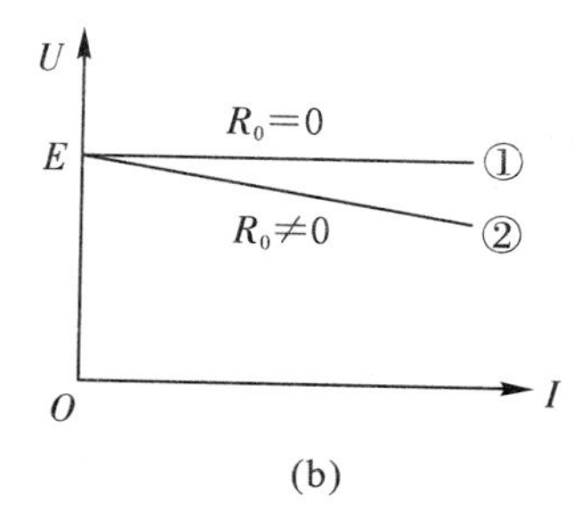

(b)

图 5-3-1　电压源及其外特性

2）电流源

电流源的等效电路由恒定电流 J 与内电导 G 并联组成，如图 5-3-2(a)所示。它的输出电流随端电压 U 而变化，即

$$I = J - GU \tag{5-3-2}$$

其伏安特性示于图 5-3-2(b)。对于理想电流源，$G=0$，输出电流 $I \equiv J$，如图 5-3-2(b)中曲线①所示；对于实际电流源，$G \neq 0$，输出电流随端电压 U 增加而下降，如图 5-3-2(b)中曲线②所示。电流源外特性曲线斜率的绝对值就是内电导 G。

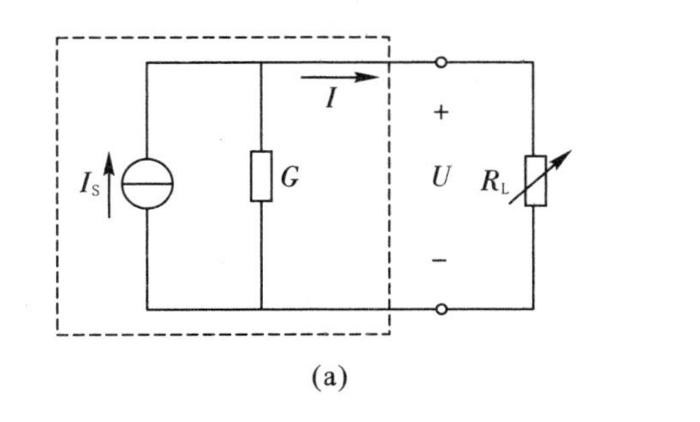

(a)

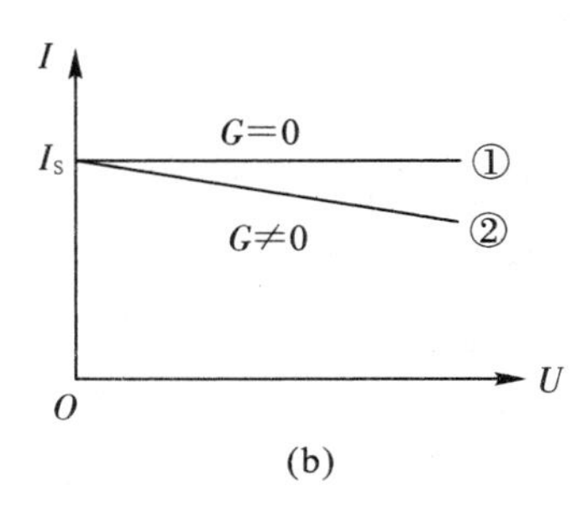

(b)

图 5-3-2　电流源及其外特性

2. 戴维南定理

任何一个包含独立电源或非独立电源的线性有源单口网络，都可以等效为一个电压源，如图 5-3-3 所示。其电动势 U_0 为网络 a、b 端的开路电压，内阻 R_i 是在使网络中所有独立电流为零(把独立电压源 E 短路、独立电流源 J 断开)而保留非独立电源的情况下，自 a、b 端向网络看进去的等效电阻。

等效电源的 R_i 和 U_0 可以计算得出，也可由实验测得。测量方法如下：

(1) 用高内阻(相对于等效电源内阻而言)电压表可直接测量 a、b 端开路电压 U_{ab}，则 U_0 等于 U_{ab}，然后用低内阻电流表测量 a、b 端短路电流 I_0，则内阻 $R_i = U_0/I_0$。

(2) 如果线性网络不允许 a、b 端开路或短路，可以测量外特性曲线(在 a、b 端不开路也不短路的情况下测量)。外特性曲线的延伸线在纵坐标(电压坐标)上的截距就是 U_0，在横坐标(电流坐标)上的截距就是 I_0，而 $R_i = U_0/I_0$，见图 5-3-4。实际上只要知道外特性曲线上任意两点的坐标参数，就可以计算出 U_0 和 R_i，计算公式读者可自行推导。

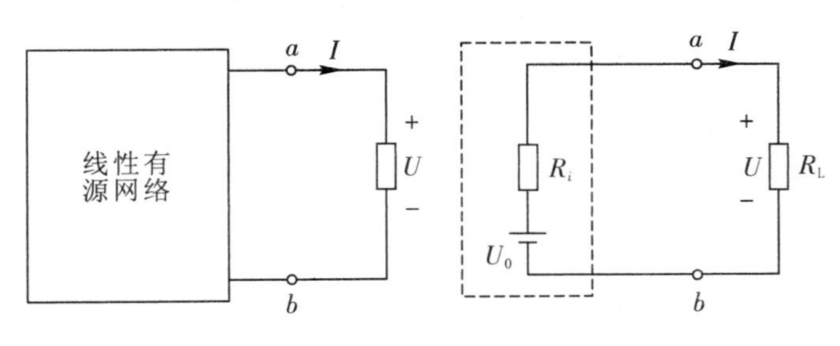

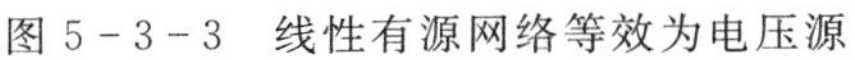
图 5-3-3　线性有源网络等效为电压源

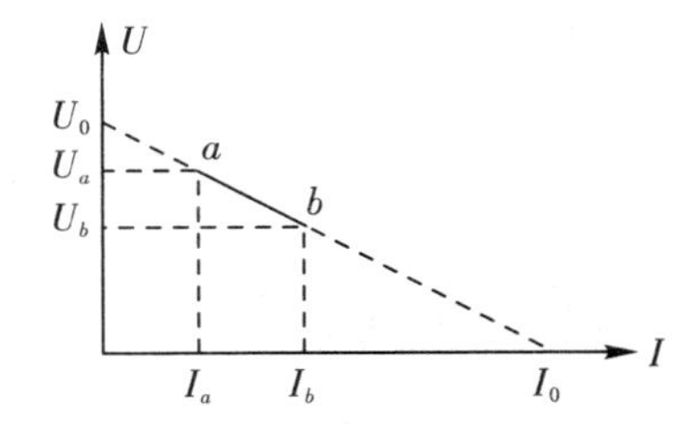

图 5-3-4　线性有源网络外特性

3. 伏安特性的测试方法

1）无源单口网络

图 5-3-5 所示电路可用来测量无源单口网络的伏安特性。改变电源电压 E，可测出

一系列 U、I 值，借以画出伏安特性曲线。当必须考虑电表内阻对测量的影响时，改变电压表的连接位置，可在一定程度上减小测量误差。

2）有源网络

图 5-3-6 示出了测量有源网络外特性的电路。改变负载 R_L，可测得一组 U、I 值，借以画出外特性曲线。对于有源单口网络，因其内部结构(如有源器件的工作点等)常常不允许输出短路，故在测量时可根据需要，在负载支路串接一固定的限流电阻。

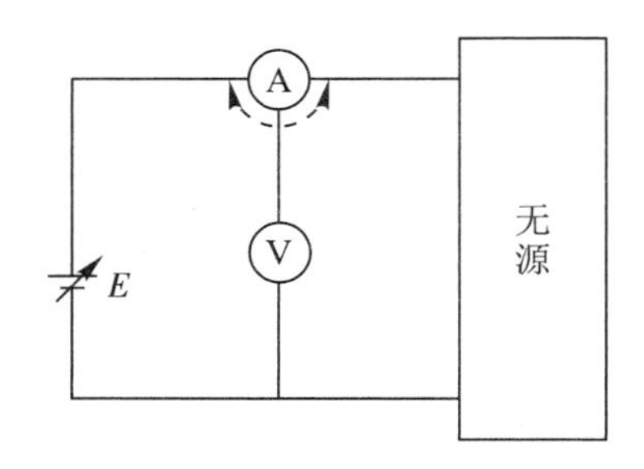

图 5-3-5　无源网络伏安特性的测量

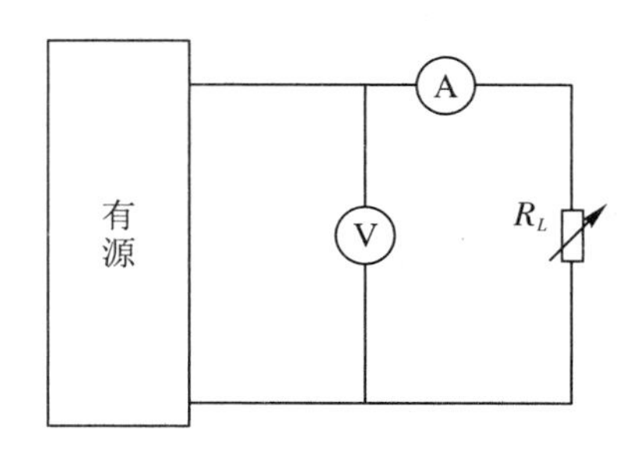

图 5-3-6　有源网络外特性的测量

四、实验内容

1. 测量电压源外特性

测量电压源外特性的测量方案如图 5-3-7 所示，E 由稳压电源提供。因稳压电源的内阻很小(毫欧级)，本实验中所用的负载比稳压电源的内阻要大得多，故其外特性接近理想，用普通万用表难以分辨输出电压的变化。为突出电源内阻对输出特性的影响，于 a、b 间串联一个电阻 R_i，作为电压源的内阻，组成虚线方框所示的模拟电压源。对不同的 R_i 值进行测试，可得出内阻大小对电压源外特性影响大小不同的结果。

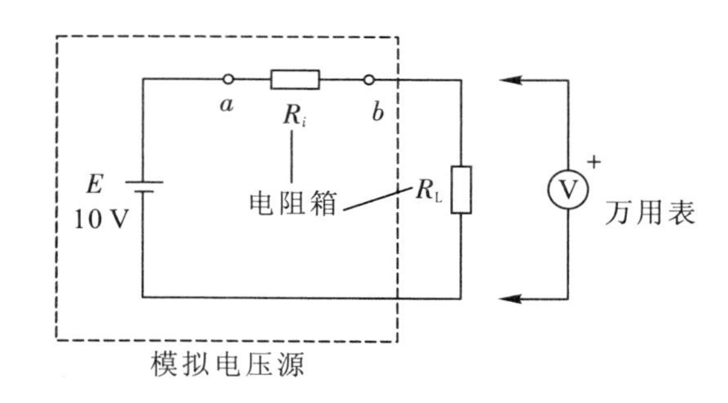

图 5-3-7　电压源外特性的测量

操作步骤如下：

(1) 以万用表作指示，调节稳压电源，使其开路电压 $E=10$ V，然后按图 5-3-7 所示电路连接线路。

(2) 令 $R_i=0$，按表 5-3-1 所列数据从 5 kΩ 开始依次改变 R_L 值，测量并记录 R_L 上的电压 U。表 5-3-1 中电流 I 值是间接测量值，$I=U/R_L$。

(3) 令 R_i 分别等于 150 Ω 和 680 Ω，测量 U 和 I 值。

表 5-3-1　测量电压源外特性

$R_i(\Omega)$ \ 测量值 \ $R_L(\Omega)$		5.00	4.00	3.00	2.00	1.00
0	U(V)					
	I(mA)					
150	U(V)					
	I(mA)					
680	U(V)					
	I(mA)					

2. 测量电流源外特性

操作步骤如下：

(1) 按图 5-3-8 所示电路连接线路(电流源本身用的 10 V 电压由稳压电源供给)，不接 R(即内电导 $G=0$)，令 $R_L=1\ \text{k}\Omega$，调节电流源输出为 1 mA(即 $U=1$ V)。

(2) 按表 5-3-2 规定的数值改变 R_L，测量并记录 R_L上的电压 U，并由 $I=U/R_L$ 计算出 I 值。

(3) a、c 间并接电阻 $R=6.8\ \text{k}\Omega$(模拟内电导 $G=1/6.8\times10^3$S)，重复步骤(2)。

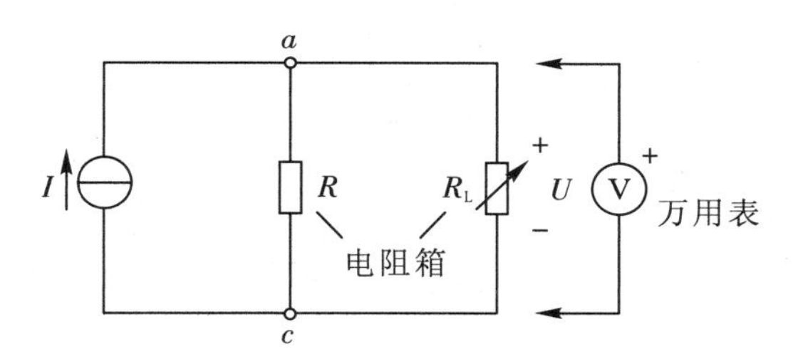

图 5-3-8　电流源外特性的测量

表 5-3-2　测量电流源外特性

G(S) \ 测量值 \ R_L(kΩ)		0.20	0.40	0.60	0.80	1.00	1.50	2.00
0	I(mA)							
	U(V)							
$\frac{1}{6.8\times10^3}$	I(mA)							
	U(V)							

3. 验证戴维南定理

(1) 测量只含独立电源的线性网络外特性。按图 5-3-9 连接线路，$E=10$ V 由直流稳压电源提供。按表 5-3-3 所列数据改变 R_L值，用万用表测量 R_L两端电压，测量数据记入表 5-3-3 中。

表 5-3-3 验证戴维南定理

$R_L(\Omega)$	1000	800	600	400	200	100
$U(V)$						
$I_L=U/R_L(mA)$						

（2）测量只含独立电源的线性网络等效参数。用半压法测量图 5-3-9 所示网络 A 的 U_0 和 R_i。

（3）测量等效电源外特性。根据图 5-3-9 所示网络 A 的 U_0 和 R_i 理论计算值（U_0、R_i 的计算在预习时完成），组成网络 A 的戴维南等效电路，如图 5-3-10 所示。按表 5-3-3 所列数据改变 R_L 值，用万用表测量 R_L 两端电压，将测量结果与表 5-3-3 数据进行比较。

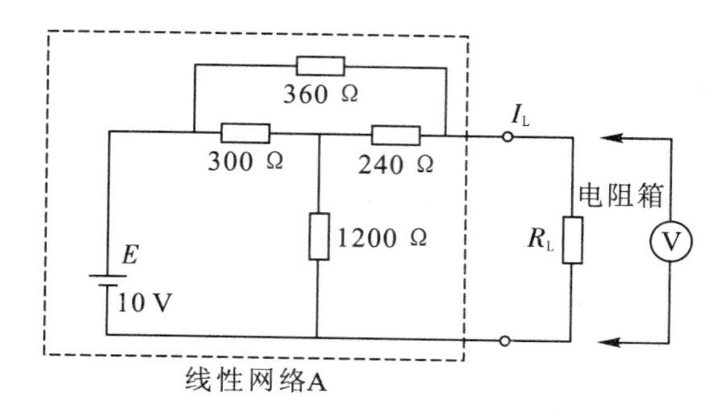

图 5-3-9 网络 A

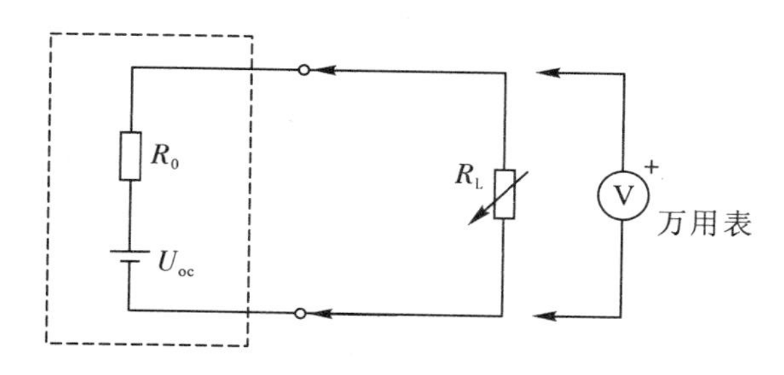

图 5-3-10 网络 A 的等效电路

五、思考题

（1）利用负载电阻 R_L 等于等效电源内阻 R_i 时，电源电压平均分配在 R_L 和 R_i 上的规律，提出测量 R_i 的方案。

（2）测量二端口网络的开路电压 U_0 和短路电流 I_0，由 $R_i=U_0/I_0$ 计算 R_i 的方法有什么使用条件？

实验四 基尔霍夫定律与特勒根定理

一、实验目的

验证基尔霍夫定律与特勒根定理，加深对电路基本定律适用范围普遍性的认识。

二、实验仪器

(1) SS1791 可跟踪直流稳定电源。

(2) MF47F 型万用表。

三、实验原理

1. 基尔霍夫电流定律

在电路的任一节点，流入、流出该节点电流的代数和为零，即

$$\sum I = 0 \tag{5-4-1}$$

2. 基尔霍夫电压定律

电路中任一闭合回路的电压代数和为零，即

$$\sum U = 0 \tag{5-4-2}$$

3. 特勒根定理之一

整个电路功率的代数和为零，即

$$\sum IU = 0$$

4. 特勒根定理之二

两个元件参数和性质不同、拓扑结构完全相同的网络 N 和 N′，网络 N 中各支路电压(或电流)与网络 N′中对应支路电流(或电压)乘积的代数和恒为零，即

$$\left.\begin{array}{l}\sum UI' \\ \sum IU'\end{array}\right\} \tag{5-4-3}$$

式中，乘积 UI' 和 IU' 具有功率的量纲，但并无任何物理意义，称为“似功率”。

四、实验内容

1. 基尔霍夫定律验证

验证基尔霍夫定律的操作步骤如下：

(1) 按图 5-4-1 和图 5-4-2 所示电路分别在实验板上连接线路。

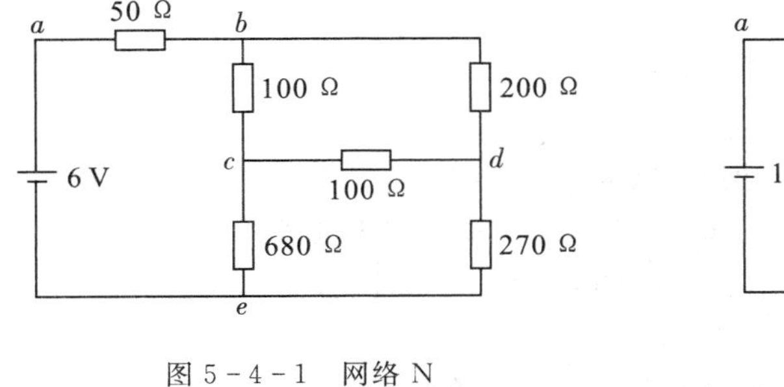

图 5-4-1　网络 N

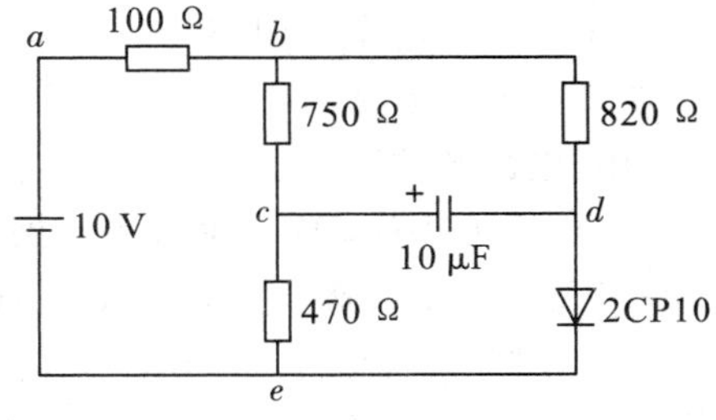

图 5-4-2　网络 N′

(2) 分别测出网络 N 和网络 N′各支路电压，并计算出各支路电流，记入表 5-4-1 内。

(3) 证明 $\sum U=0$ 和 $\sum I=0$。

表 5-4-1　验证基尔霍夫定律

	U_{ab}	U_{bc}	U_{bd}	U_{cd}	U_{ce}	U_{de}	U_{ae}	I_{ab}	I_{bc}	I_{bd}	I_{dc}	I_{ce}	I_{de}	I_{ae}
网络 N														
网络 N′														

2. 特勒根定理验证

根据表 5-4-1 中的数据，验证 $\sum IU'=0$ 和 $\sum I'U=0$。

实验五　信号波形参数测量

一、实验目的

学习示波器的基本原理以及示波器的基本操作。

二、实验仪器

(1) YB4340 模拟双踪示波器。

(2) GDS1072B 数字示波器。

三、实验内容

1. 学习使用 YB4340 模拟双踪示波器

1) 开机前调整面板上各开关、旋钮位置

(1) “亮度”顺时针旋至最亮位置。

(2) “输入耦合开关”置于接地(⊥)位。

(3) “显示方式”置于 Y_1(或 Y_2)。

(4) “灵敏度选择”置于 1 V/cm 位。

(5) “扫描速率”置于 0.2 ms/cm 位。

(6) “触发源选择”向上扳至“内”。

(7) “触发方式”置于“自动”(或“自激”、“高频”)位。

(8) Y_1“位移(拉 X)”向内推。

2) 开机、寻找光迹、显示波形

(1) 用“电源开关”接通电源。

(2) 开机后十几秒，应在屏幕上看到光迹(为一条横线；若显示的是一个光点，可调整一下“电平”旋钮，光点就会变成横线)。如果未见光迹，可作以下处理：示波器面板上方有四个氖灯指示的上、下、左、右四个方向(发亮的氖灯表示光迹在此方向偏出屏幕)，调节“Y 位移”和“X 位移”，使光迹位于屏幕中央。

(3) 将亮度调至适中(光点过亮不仅会损伤人眼和屏幕，而且会使聚焦不良)，并调节“聚焦”使光迹变细。

(4) 令信号源产生 $f=1.00$ kHz，$U=1.0$ V(以信号源上电压表指示)的正弦波并输入示波器。注意：① 输入 Y_1 还是输入 Y_2 由“Y 工作方式”开关决定。② 信号源的地线要和示波器的地线接在一起，称为“共地”，否则会引入外部干扰使波形不稳。

(5) “输入耦合开关”扳至“AC”位，“触发方式”扳至“AC”或“DC”位。此时，屏幕上会出现正弦波形或在屏幕左侧出现一条垂直亮线(若输入是方波，则屏幕上会出现方波或在屏幕左侧垂直方向上出现两个亮点)。若出现亮线(或两个亮点)，表示信号已输入，只要调节“电平”旋钮就可使波形出现。

(6) 调节“聚焦”，使波形清晰。

(7) 将“灵敏度选择”开关顺时针一挡一挡地旋转，观察波形有何变化，掌握这种变化的规律。

(8) 将“灵敏度选择”开关逆时针一挡一挡地旋转，观察波形有何变化。注意：波形在开关变到某一挡位后会突然消失，此时只要调节“电平”旋钮，又可使波形出现。

(9) 将“灵敏度选择”开关旋回到 1 V/cm 位，然后调节“扫描速率”开关，使扫速增加和减小，观察波形有何变化。

(10) 将“扫描速率”开关旋回到 0.2 ms/cm 位，逆时针和顺时针改变“扫描速率”开关中央的微调旋钮位置，观察波形有何变化。

(11) 调节信号频率，使其从 100 Hz～10.0 kHz 变化，观察波形有何变化。

(12) 信号频率回到 1.00 kHz，改变“触发极性”开关位置，观察频率为“＋”或“－”时波形有何变化。主要观察屏幕左侧波形起始部分是上升还是下降。

(13) 将信号源输出正弦波改为方波(注意调节信号源“占空比”或“脉冲宽度”旋钮，使信号源输出方波)，重复上述操作。

3) 电压测量练习

(1) 测量方波峰-峰值 U_{PP}：① 信号源输出方波(接上面的实验)。② 测量方波上顶和下底之间的高度 h(以 cm 为单位)。测量时先调 Y 位移使方波下底位于 Y 轴刻度的任一整数线上，再调 X 位移使上顶移至 Y 轴刻度线处，然后读数。必须注意，如果使用 YB4272 示波器，在读数前应将“灵敏度选择”开关中央的微调旋钮顺时针旋到底(“校准”位)。③ 读取“灵敏度选择”开关指示的灵敏度 y(单位为 V/cm)值。④ 用 $U_{PP}=hy$ 公式计算 U_{PP} 值。

(2) 测量正弦波有效值 U：① 信号源输出正弦波。② 在示波器上测量正弦波上峰点和下峰点之间的垂直高度 h 和灵敏度 y(测量方法与上述测量方波电压方法相同)。③ 用 $U=hy/\sqrt{2}$ 计算有效值。

4) 时间测量练习

(1) 测正弦波周期。① 信号源输出频率 $f=1.20$ kHz 正弦波。② 调 Y 位移使正弦波上、下峰点对称于 X 刻度线。③ 调“扫描速率”开关中央的微调旋钮至“校准”位(顺时针旋到底)。④ 调“扫描速率”开关，使屏幕上出现 1～2 个周期的正弦波。⑤ 调 X 位移，使波形左侧第一个过零点位于刻度整数线上。⑥ 测量波形一个周期在 X 轴方向所占长度 x(第一过零点到第二过零点间的距离)。⑦ 读“扫描速率”开关指示的时间定标值 T_0。⑧ 用 $T=xT_0$ 计算周期值。

(2) 测方波周期。① 信号源输出方波，频率 $f=800$ Hz。② 测方波周期 T，方法同上。

2. 学习使用 GDS1072B 数字示波器

1）探头校准并观察标准方波

示波器提供一个频率为 1 kHz、电压为 2 V 的方波校准信号，其作用是：

（1）可以用于检查示波器自身的测量准确性。

（2）可以检查输入探头是否完好。

（3）使用比较法测量其他信号时，提供一个标准作为参考信号。

注：精确测量时，要使用本机附带测量探头，并及时补偿校准。

2）观测信号源的 1000 Hz、1 V 正弦波

使用 AUTOSET 自动捕获信号波形，选择最合适的、已配置的垂直和水平灵敏度显示波形。

3）游标测量

移动垂直和水平游标来测量游标。

（1）按功能区 Cursor 按键，屏幕底部出现菜单，默认首先操作为两条水平游标。

（2）再按 Cursor 会出现垂直游标。

（3）用 VARIABLE 旋钮移动游标，用亮黄色 Select 按钮选择实线游标。

注：通常游标色彩和相关通道波形色彩相同，测量结果数据在参数窗口动态显示。

4）用 Measure 键自动测量

（1）按功能区 Measure 按键，屏幕底部出现菜单，按第 1 键选择添加测量参数，按第 2 键删除测量参数。

（2）再按右侧菜单选择参数种类。

（3）用 VARIABLE＋Select 选择下拉菜单选定需要添加和删除的参数名。

注：指标参数测试结果在屏幕下方窗口动态显示，最多可同时显示 8 个参数。

5）利用 Math

使用 A＋B 观察信号源两通道相近频率正弦波的“差拍”图像。

6）存储和回放信号波形

按功能区 Save/Recall 键，可以保存和调出回放当前屏幕图像或指定通道的波形。要按菜单功能操作，存储的波形可以由 USB 接口转向 U 盘。

7）观察李萨育图形

按功能区 Acquire 键，出现底部菜单，选择[X－Y]扫描方式。

CH1 和 CH2 两通道交互为整数倍频率的正弦波。

3. 用示波器测量电压和时间

1）测电压

（1）调节信号源的输出 $U_{PP}=4$ V，$f=1.2$ kHz 的正弦波，用示波器测量其波形的 U_{PP} 和 U；

（2）测信号源输出正弦波的峰峰值 U_{PP}；

（3）测信号源输出正弦波的有效值 U。

2）测时间

（1）调节信号源输出脉冲信号 $f=1.5$ kHz，用示波器测量占空比为 20％和 70％时的

脉宽 τ；

(2) 测量脉冲波周期 T；

(3) 测量脉冲波正脉冲宽度 $\tau_{20\%}$ 和 $\tau_{70\%}$。

3) 测方波

调节信号源，在示波器上显示一个周期的方波：$U_{PP}=4$ V，$T=1000$ μs。

四、思考题

(1) YB4340 模拟双踪示波器扫速微调旋钮有什么作用？测波形宽度时它应处在什么位置？

(2) 以在整个屏幕上显示一个信号周期的波形为准，GDS1072B 数字示波器能观察到的最高信号频率是多少？你是怎样得出这一数据的？

(3) GDS1072B 数字示波器测量直流电压的方法是什么？

实验六　一阶电路的暂态响应

一、实验目的

学习用示波器观察和分析一阶电路的暂态过程，学习测量电路时常数的方法，建立积分电路和微分电路的基本概念。

二、实验仪器

(1) GDS1072B 数字示波器。

(2) TFG1010 DDS 函数信号发生器。

(3) 暂态实验板。

三、实验原理

1. 暂态响应的测量方法

在任意时间信号激励下，线性网络的暂态响应可由冲击响应或阶跃响应通过卷积或杜阿梅尔积分求得。冲击响应和阶跃响应的测量方法是在网络输入端加上冲击信号或阶跃信号，利用示波器观察网络输出端的电压响应。

为了技术实现方便，在实验方法上常以周期性窄脉冲模拟冲击信号，以周期方波电压模拟阶跃信号。为了正确模拟孤立的冲击或阶跃函数，要求窄脉冲或方波有足够长的周期，使每次由它们激励的暂态过程在下一个激励到来之前能够达到它的终值。换句话说，这种方法的实质是使非周期的(孤立的)暂态过程作周期性重复，从而便于使用示波器对其观测。

脉冲测试，要求作为激励信号的脉冲宽度极窄而幅度尽量大(这样才能在极短时间内向被测网络注入足够能量)，但是这可能受到网络线性工作范围及过载能力的限制。如果采用方波测试，则容易实现得多，因为这时只需对方波的上升沿提出要求。

线性时不变网络有这样的特性：当输入端加一激励函数时，其输出端有一响应函数；而当把输入改变为原激励函数的导数时，其输出也随之改变为原响应函数的导数。由此可以推知，因为单位阶跃信号 $U(t)$ 的导数是单位冲击信号 $\delta(t)$，故网络的单位冲击响应也必为其单位阶跃响应的导数，如图 5-6-1 所示。

由上述可知，获得冲击响应的方案可有多种，示于图 5-6-2，图中的示波器通常用超低频示波器。

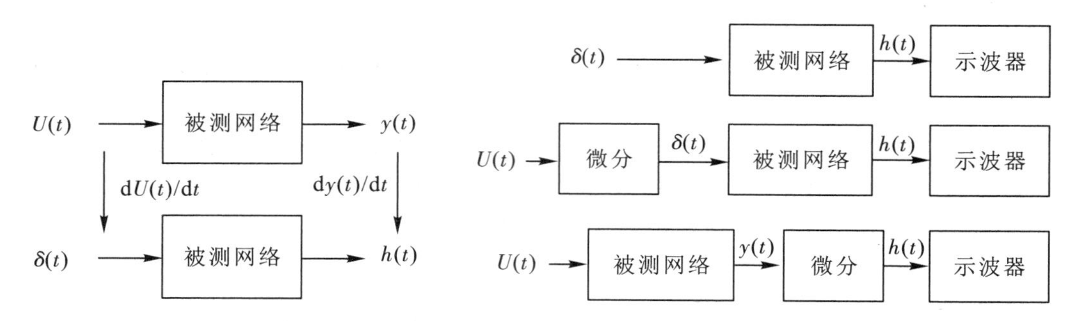

图 5-6-1　由单位阶跃响应获得单位冲击响应　　　图 5-6-2　获得冲击响应的方案

超低频示波器适于观察和研究低频或超低频的周期过程以及持续时间较长的脉冲和单次过程。如仪器附加照相装置，还可对低频或超低频信号拍照研究。超低频示波器的特点是采用长余辉 CRT 及扫描时间相当长的扫描发生器。国产 SBD-6 型超低频双线示波器可以双线显示，它的扫描时间为 100 μs～1000 s，分 14 挡连续调节。

暂态响应可用专用的暂态特性测量仪进行测量。暂态特性测量仪是一种专用示波器，专门用来测定二端口网络的暂态特性。其简单的原理方框图示于图 5-6-3，详细说明可参看具体仪器说明书。

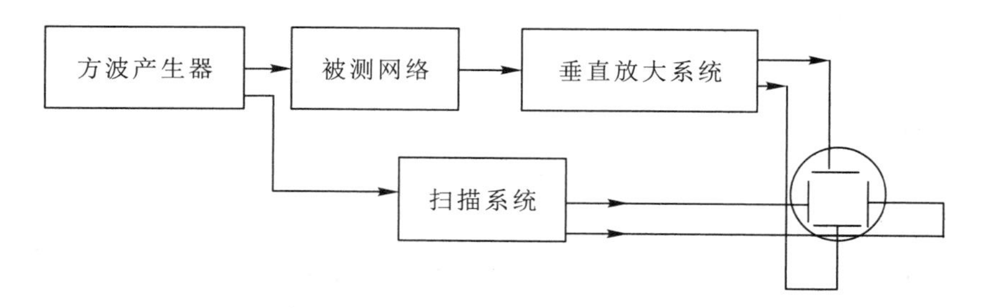

图 5-6-3　暂态特性测量仪原理方框图

2. 一阶电路的暂态响应

求解含有储能元件(L、C)电路的响应时，需用微分方程。当描述某一电路的方程是一阶微分方程时，称该电路为一阶电路。一阶电路通常只含有一个储能元件。

1) 一阶 *RC* 电路的零状态响应

图 5-6-4 所示为一阶 RC 电路。当 $t<0$ 时，开关 S 处在位置“2”，电路已稳定，即电容器 C 中无储能，电压 $U_C(0^-)=0$。设 $t=0$ 时，S 由位置“2”换接至位置“1”。电源 U_S 通过电阻 R_1 对电容 C 充电，激励起电路的暂态过程。由于电路中初始储能为零，电路中各处响应均由外加激励引起，故称零状态响应。可以求出，电容器 C 上电压为

$$U_C(t)=U_S(1-e^{-\frac{t}{\tau_1}})\quad t\geqslant 0 \tag{5-6-1}$$

式中，$\tau_1=R_1C$，是电路的时常数，决定了充电速度。

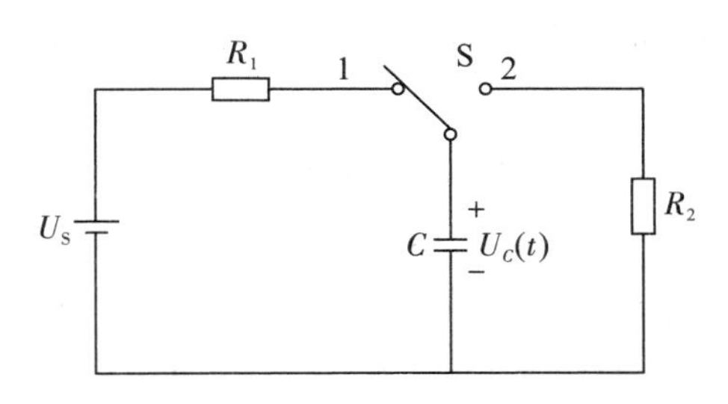

图 5-6-4　一阶 RC 电路

图 5-6-5 示出了 $U_C(t)$零状态响应曲线(时常数为 τ_1)。

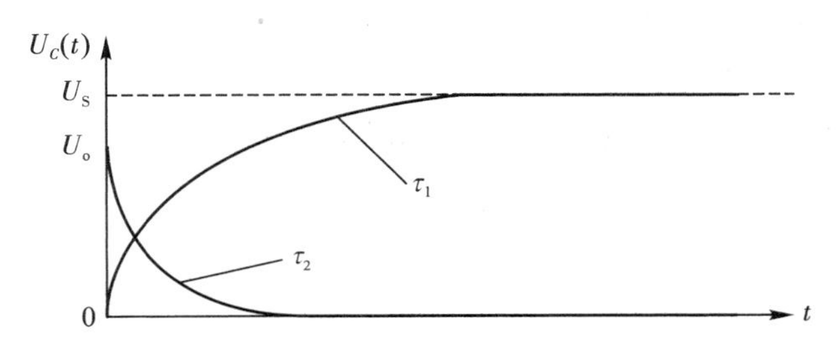

图 5-6-5　一阶 RC 电路的零状态响应和零输入响应

2）一阶 RC 电路的零输入响应

设 $t<0$ 时，图 5-6-4 中开关 S 已接至“1”，电路开始了充电过程。当 $t=0^-$ 时，C 上电压为 $U_C(0^-)=U_S$。在 $t=0$ 时刻，S 换接至“2”，电路中 C 开始了放电过程。由于此时无外加激励电压，电路中的响应只靠 C 中原始储能 $U_C(0^+)=U_C(0^-)=U_S$来维持，故称零输入响应。可以求出电容器 C 上电压为

$$U_C(t)=U_S e^{-\frac{t}{\tau_2}}\quad t\geqslant 0 \tag{5-6-2}$$

式中，时常数 $\tau_2=R_2C$。

图 5-6-5 示出了 $U_C(t)$零输入响应曲线(时常数为 τ_2)。

3）完全响应

若电路中的动态元件初始储能不为零，同时又有外加激励共同作用，这时电路的响应即为完全响应。完全响应的表达式为

完全响应＝零输入响应＋零状态响应

关于 RL 电路的响应表达式，请读者自行归纳。

4）响应波形的观察方法

上述响应均是单次过程。对于单次过程，当时常数 τ 相当大时，可利用慢扫描长余辉示波器进行观察。当时常数小，过程变化快时，直接观察单次过程很困难。通常是利用周期方波信号作激励，只要保证方波的周期 T 满足 $T/2>5\tau$，即在方波的半个周期内暂态过程基本结束，就可将单次过程变为周期过程，这样用示波器观察就很方便了。

图 5-6-6 示出了一阶 RC 电路在方波激励下 $U_C(t)$和 $U_R(t)$(即充放电电流)的波形。

当方波作用时，对应于图 5-6-4 中开关 S 换接至“1”时的零状态响应。当方波为零时，对应于图 5-6-4 中 S 换接至“2”时的零输入响应。请思考，若将图 5-6-6 中方波的 t 轴上移 $U_0/2$，即使方波对称于横轴，$U_C(t)$ 和 $U_R(t)$ 波形将如何变化。

5）电路时常数 τ 的测量

通过分析可知，一阶电路的暂态响应均按指数曲线增长或衰减，而指数曲线有如图 5-6-7 所示的规律：$t=0$ 时，电压由 0 开始上升；$t=\infty$ 时，电压上升至 U_o（实际上这一过程只需 3～5 倍时常数即可完成）。指数曲线的特点是：电压由 0 开始上升至 $U_o/2$ 所经历的时间 Δt 近似等于 0.69τ（见图 5-6-7 中 K_1 点），而电压由 0 开始上升至 $0.63U_o$ 所经历的时间近似等于 τ。事实上，由曲线上任意一点开始都遵循这一规律。例如，图 5-6-7 中 K_1' 点至 U_o 间的电压为 U_P，则自 K_1' 点开始，当电压上升至 $U_P/2$（图中 K_2' 点）时所经历的时间也近似为 0.69τ。这说明在测量时常数 τ 时，电压不一定要用 0 值作为起始点，指数曲线上任一点（如 K_1' 点）均可作起始点。

利用上述规律可以方便地在响应波形上测出电路时常数 τ，同时也可用此规律来画波形。

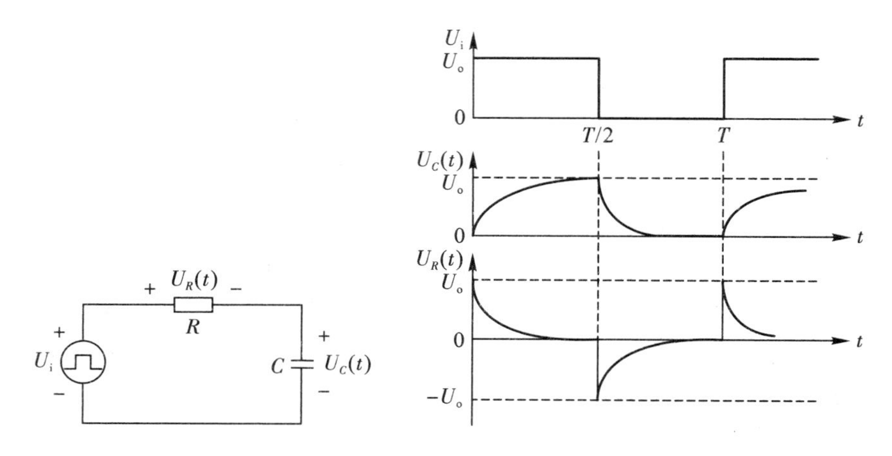

图 5-6-6　方波激励下 $U_C(t)$ 和 $U_R(t)$ 的波形

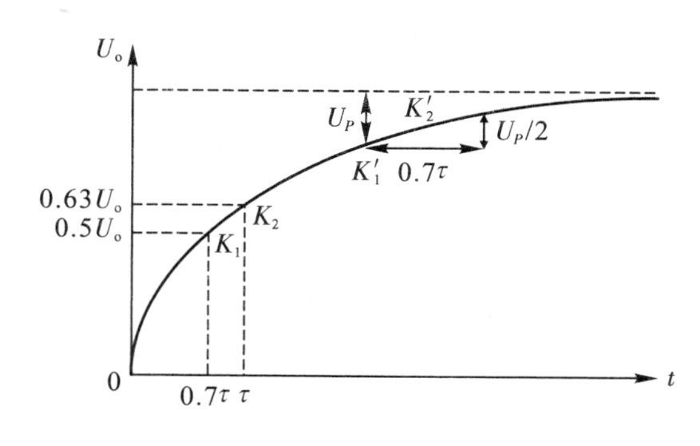

图 5-6-7　时常数 τ 的测量

6）一阶电路暂态响应波形的描绘

根据一阶电路的暂态响应按指数规律上升或下降的特点，如果已测得起始值 $U(0^+)$、稳定值 $U(\infty)$ 以及 $\Delta t=0.69\tau$ 值（即指数波形的三要素），那么可以用下述方法画出波形。

设$|U(\infty)-U(0^+)|=U_P$，则不同时刻的$U(t)$值如表5-6-1所示。注意，表中的t值是相对值，0时刻指的是波形开始上升(或下降)的时刻，Δt、$2\Delta t$…指的是相对于0时刻的值。根据表5-6-1的值，就很容易在坐标纸上画出波形。

表5-6-1　一阶电路暂态响应$U(t)$值

t值	上升指数曲线的$U(t)$值	下降指数曲线的$U(t)$值
0^+	$U(0^+)$	$U(0^+)$
$0.42\Delta t$	$U(0^+)+0.25U_P$	$U(0^+)-0.25U_P$
Δt	$U(0^+)+0.5U_P$	$U(0^+)-0.5U_P$
$2\Delta t$	$U(0^+)+0.75U_P$	$U(0^+)-0.75U_P$
$3\Delta t$	$U(0^+)+0.875U_P$	$U(0^+)-0.875U_P$
⋮	⋮	⋮
$>6\Delta t$	$U(\infty)$	$U(\infty)$

一阶RC电路可用作简单的积分电路和微分电路。图5-6-8(a)为一积分电路，其特点是电路时常数τ远大于输入信号的周期$T/2$。在此条件下，$U_C \ll U_R$，因而

$$I(t)=\frac{U_R(t)}{R}\approx\frac{U_i(t)}{R}$$

$$U_o(t)=U_C(t)=\frac{1}{C}\int i(t)\mathrm{d}t\approx\frac{1}{RC}\int U_i(t)\mathrm{d}t \tag{5-6-3}$$

即输出电压近似与输入电压的积分成正比。若输入电压为周期方波，则输出电压为周期三角波，如图5-6-8(b)所示。

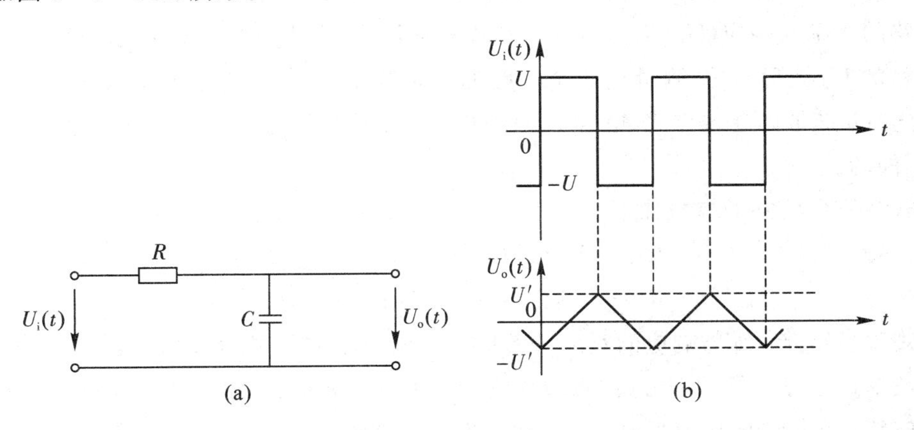

图5-6-8　积分电路及其输入、输出波形

一阶RC电路也可用来作微分电路，如图5-6-9(a)所示。它的特点是电路的时常数τ远小于输入信号周期$T/2$。在此条件下，$U_R(t)\ll U_C(t)$，$U_C(t)\approx U_i(t)$，因而

$$U_o(t)=U_R(t)=Ri=RC\frac{\mathrm{d}U_C(t)}{\mathrm{d}t}\approx RC\frac{\mathrm{d}U_i(t)}{\mathrm{d}t} \tag{5-6-4}$$

即输出电压近似与输入电压的微分成正比。若输入电压为周期方波，则输出电压为周期窄脉冲，如图5-6-9(b)所示。

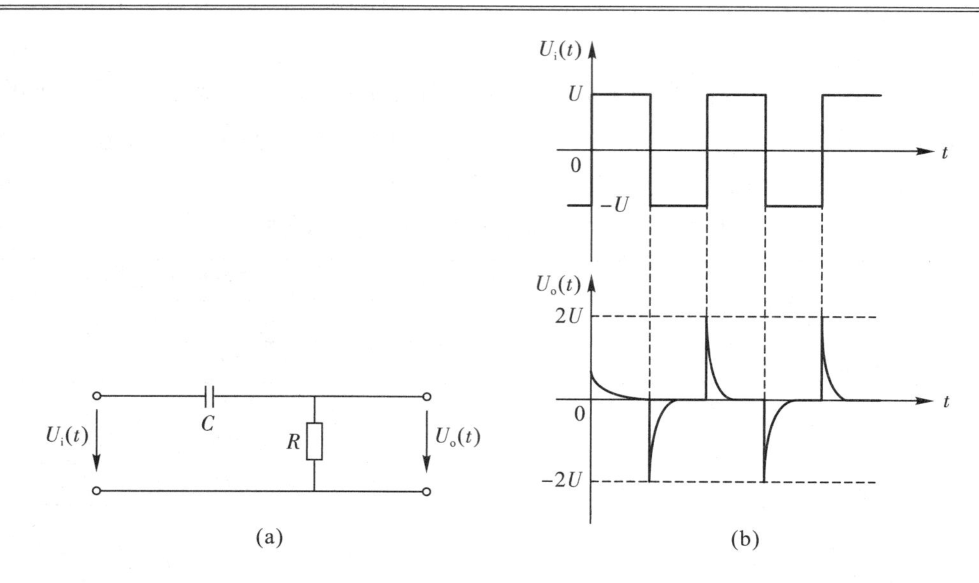

图 5-6-9 微分电路及其输入、输出波形

四、实验内容

(1) 观察一阶 RC 电路(实验板上 B 电路和 C 电路)对周期方波信号的响应，并测量电路的时常数 τ。

首先将信号发生器接至实验板上 RC 电路的输入端，观察输入信号。调节信号源使其输出方波，并使其周期 $T=1.00$ ms，电压 $U_P=4.00$ V。

然后用 CH1 通道观察输入信号，用 CH2 通道观察响应电压(注意“共地”)。描绘 B、C 两个电路的激励与响应(U_C、U_R)的一个整周期的波形(先描绘两个电路的 U_C波形，再描绘两个电路的 U_R 波形)，并测量这两个电路的时常数 τ。注意：为了使信号源与示波器“共地”，观察 U_C波形的连线方式(电容 C 一端接地)与观察 U_R 波形连线方式(电阻 R 一端接地)是不同的。

B 电路和 C 电路的参数如下：

$$R=2.2\ \text{k}\Omega,\ C=0.01\mu\text{F} \qquad (\text{B 电路})$$

$$R=6.2\ \text{k}\Omega,\ \text{C}=0.01\mu\text{F} \qquad (\text{C 电路})$$

在观察、分析激励与响应的对应关系时，应使激励波形显示在示波器显示屏的上方，使响应波形位于显示屏的下方(注意观察它们在时间、波形、幅度上的异同)，并能从原理上加以解释。在描绘响应波形时，为能描绘准确，应使响应波形尽量占满显示屏的有效部位。为此，可使显示屏单独显示响应波形。

当测量时常数 τ 时，若 τ 值很小，波形上升或下降很快。一个 τ 的时间在时间轴上所占长度很短，时间分辨率差，导致测量误差大，如图 5-6-10 中粗实线所示。为使测量准确，根据示波器的特性和指数曲线的规律，可采取下述方法(请读者自己思考这种方法的依据)。

首先测出扫描起始点到稳态值之间的电压差 U_P 值，然后用示波器垂直和水平移位旋钮“POSITION”调整扫描起始点至一便于观察的位置。在保证垂直灵敏度不变的条件下提高扫描速度，此时屏幕上扫描起始点不动，整个曲线变得“平缓”。在适当提高扫速后，只需测出电压从波形扫描起始点上升 $U_P/2$ 所用的时间 Δt 即可。此时 $\tau=\Delta t/0.69$，如图 5－6－10 中点画线所示。

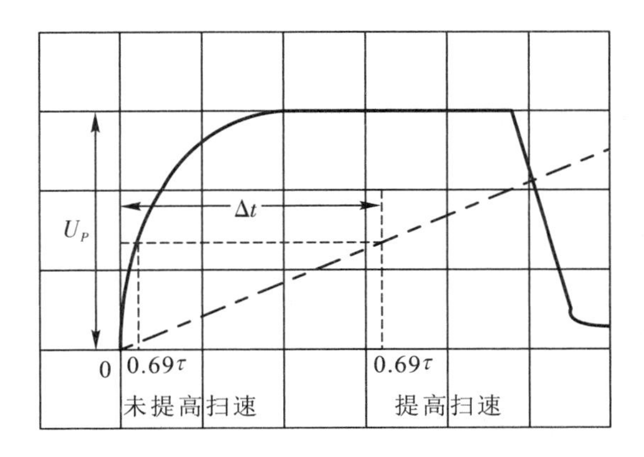

图 5－6－10　测 τ 方法

在测时常数时，可能会出现下述两种情况：一是示波器上波形最左边的起始点不在 0 值位置，这时可调节示波器的“LEVEL”旋钮使之延伸至 0 值附近(不可能达到 0 值)；二是 U_P值不是 2 的整数倍会引起 t_0 值的测量误差，这时可调节“LEVEL”旋钮，将波形起始点上移(或下移)使 U_P是 2 的整数倍。

(2) 用示波器观察并记录方波(T＝1.00 ms，U_P＝4.00 V)输入一阶 RL 电路时的 U_R 和 U_L波形。R＝1 kΩ，L＝10 mH(实验板上 RL 电路之 A)。注意观测到的 U_L波形与理论波形有何不同。

(3) 积分电路和微分电路的研究。

积分电路：电路如图 5－6－8(a)所示，R＝6.2 kΩ，C＝1 μF(实验板上 D 电路)。输入信号方波(T＝1.00 ms，U_P＝4.00 V)，观察并记录输出信号波形，要求测出 U_P值。

注意：由于输出积分波形幅度较小，应将垂直灵敏度选择旋钮“SCALE”旋至灵敏度较高位置，否则没有扫描波形出现。(请思考这是为什么。)

微分电路：电路如图 5－6－9(a)所示，R＝2.2 kΩ，C＝2200 pF(实验板上 A 电路)。输入信号方波(T＝1.00 ms，U_P＝4.00 V)，观察并记录输出信号波形，并测出 U_P值及时常数。

五、思考题

(1) 说明图 5－6－10 所示测时常数 τ 方法的依据。

(2) 在做实验内容(1)时，方波电压激励 C 电路，用示波器观察响应 $U_C(t)$波形时，若将方波频率由 1.00 kHz 提高到 4 kHz，$U_C(t)$的波形将如何变化。试画出它的大致形状，并说明其原因。

(3) 实验观察到的 U_L波形与理论分析是否一致？试说明其原因。

(4) 在观察积分电路输出波形时，为什么要将垂直方向灵敏度旋钮旋转至较小位置才能观察到波形？

(5) 已知积分电路输入方波的周期 T、峰峰值 U_P以及输出三角波的峰峰值 U_P，问能否计算出积分电路的时常数 τ，如何计算。

实验七　二阶电路的暂态响应

一、实验目的

观察二阶电路的暂态过程及状态变量轨迹。

二、实验仪器

(1) GDS1072B 数字示波器。

(2) TFG1010 DDS 函数信号发生器。

三、实验原理

1. *RLC* 串联电路的阶跃响应

图 5-7-1 所示 *RLC* 串联电路，若输入电压为一阶跃电压 $U_1=U(t)$，则根据基尔霍夫定律有

$$LC\frac{\mathrm{d}^2U_C}{\mathrm{d}t^2}+RC\frac{\mathrm{d}U_C}{\mathrm{d}t}+U_C=U(t) \tag{5-7-1}$$

由此得

$$U_C=\left[1-\frac{\omega_0}{\sqrt{\omega_0^2-\alpha^2}}\mathrm{e}^{-\alpha t}\sin\left(\sqrt{\omega_0^2-\alpha^2}\,t+\psi\right)\right]U(t) \tag{5-7-2}$$

式中：$\omega_0=1/\sqrt{LC}$为回路的谐振角频率；$\alpha=R/2L$ 为回路的衰减常数；$\psi=\arctan(\sqrt{\omega_0^2-\alpha^2}/\alpha)$ 为初相角。

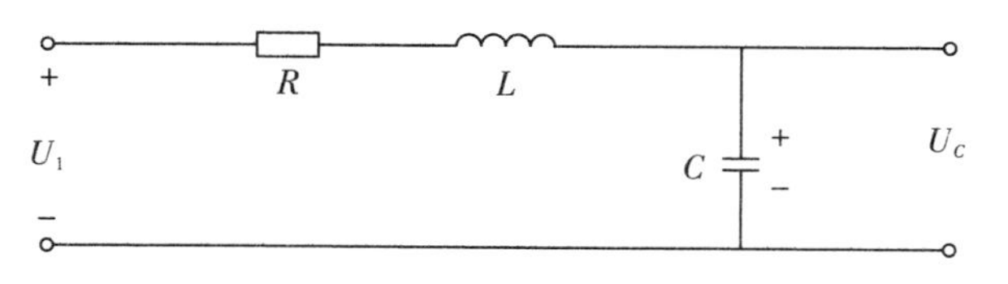

图 5-7-1　*RLC* 串联电路

式(5-7-2)有三种不同情况：

(1) $\omega_0^2>\alpha^2$，即 $Q=\sqrt{L/C}/R=\omega_0/2\alpha>1/2$ 或 $R<2\sqrt{L/C}$，这时电路损耗较小，U_C为一衰减振荡，其表示式就是式(5-7-2)。衰减振荡角频率为 $\omega_d=\sqrt{\omega_0^2-\alpha^2}$。

(2) $\omega_0^2<\alpha^2$，即 $Q<1/2$ 或 $R>2\sqrt{L/C}$，这时式(5-7-2)中的 $\sqrt{\omega_0^2-\alpha^2}$ 为纯虚数，U_C 的表示式为

$$U_C=\left[1-\frac{\omega_0}{\sqrt{\alpha^2-\omega_0^2}}\mathrm{e}^{-\alpha t}Sh\left(\sqrt{\omega_0^2-\alpha^2 t}+x\right)\right]U(t) \tag{5-7-3}$$

式中，$x=\arctan\sqrt{1-(\omega_0/\alpha)^2}$。这时电路损耗较大，$U_C$波形为非振荡波形。

(3) $\omega_0^2=\alpha^2$，即 $Q=1/2$，或 $R=2\sqrt{L/C}$，为临界状态，此时

$$U_C=[1-(\alpha t+1)\mathrm{e}^{-\alpha t}]U(t) \tag{5-7-4}$$

三种情况的波形示于图 5-7-2，其中(a)为输入阶跃信号，(b)为三种响应波形。

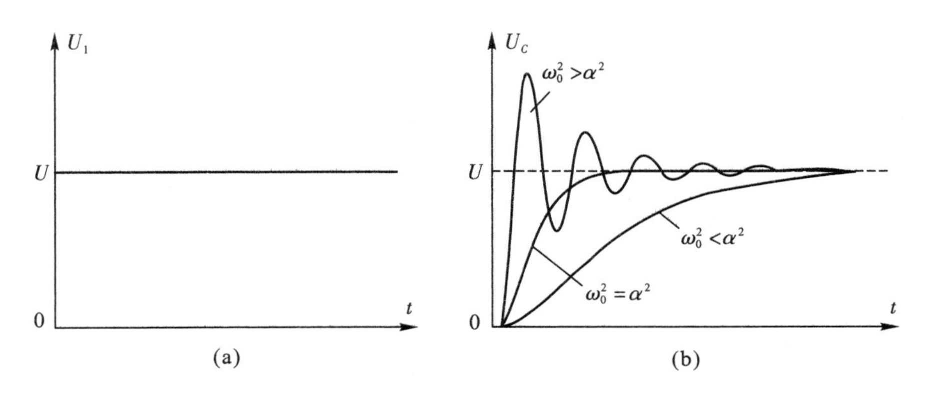

图 5-7-2　二阶串联电路的阶跃响应

2. *RLC* 并联电路的阶跃响应

图 5-7-3(a)所示电路，在输入端加阶跃电压时，输出电压 U_C 也有三种不同情况：

(1) $\omega_0^2>\alpha^2$，即 $Q>1/2$ 或 $R>(1/2)\sqrt{L/C}$（这里 $\alpha=1/(2RC)$，$Q=R\sqrt{C/L}$），此时电路处于衰减振荡状态。

(2) $\omega_0^2<\alpha^2$，即 $Q<1/2$ 时，电路不发生振荡。

(3) $\omega_0^2=\alpha^2$，即 $Q=1/2$ 时，电路处于临界状态。

上述三种状态的输出电压波形示于图 5-7-3(b)，注意它与串联电路波形的不同，并解释为什么不同。

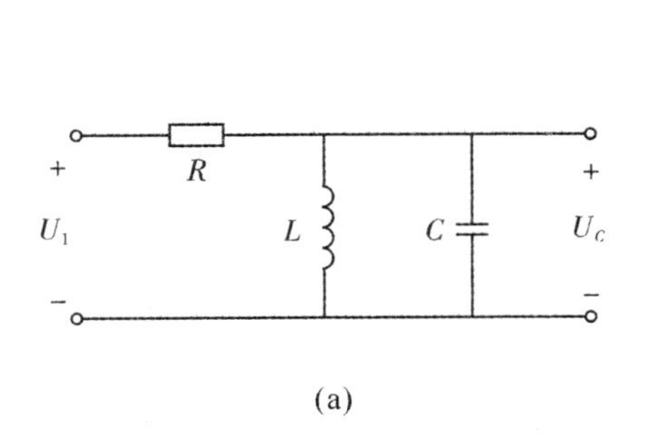

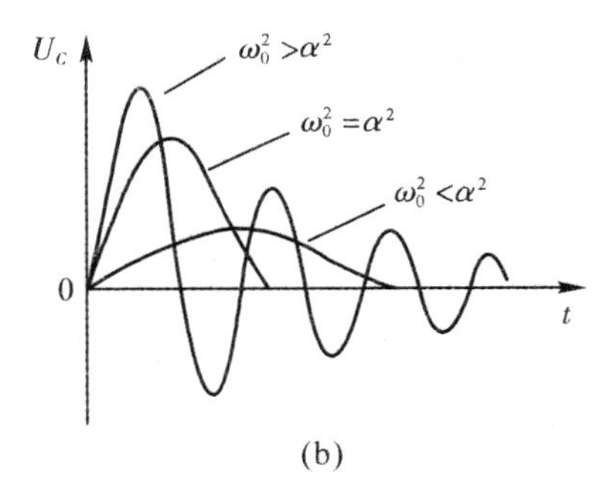

图 5-7-3　二阶并联电路的阶跃响应

3. α 与 ω_d 的测量方法

由图 5-7-4 所示衰减振荡波形看出，若测得第一个峰点出现时间为 t_1，第 n 个峰点出现时间为 t_n，则自由振荡周期为 $T_d=(t_n-t_1)/(n-1)$，频率 $f_d=1/T_d$ 或 $\omega_d=2\pi f_d=2\pi(n-1)/(t_n-t_1)$。

又设测得第一个峰值为 U_{m1}，第 n 个峰值为 U_{mn}（注意，两个电压值均是以稳定值为基准计值的），由于

$$U_{m1}=U_m e^{-\alpha t_1}$$

$$U_{mn}=U_m e^{-\alpha t_n}\quad (n=1,2,3\cdots)$$

所以

$$\frac{U_{mn}}{U_{m1}} = \mathrm{e}^{-\alpha(t_n - t_1)}$$

故得衰减常数

$$\alpha = \frac{1}{t_n - t_1}\ln\frac{U_{m1}}{U_{mn}} \tag{5-7-5}$$

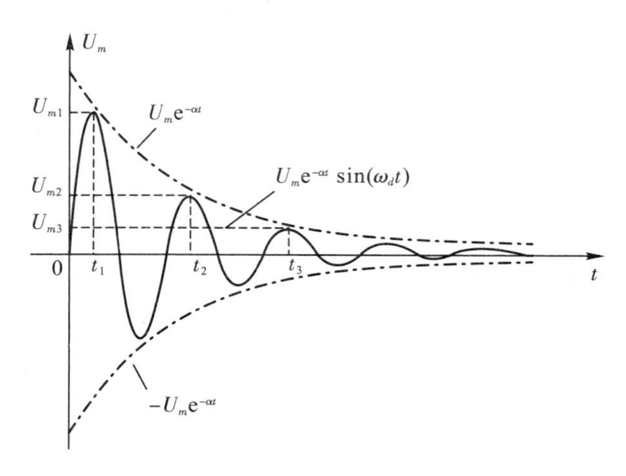

图 5-7-4　衰减振荡波形

4. 二阶电路的状态变量轨迹

对于二阶电路，常选电感中电流 i_L 和电容上电压 u_C 为电路的状态变量。对于图 5-7-1 所示 RLC 串联电路，有：

$$i_L = \left[\frac{2\alpha}{\omega_d R}\mathrm{e}^{-\alpha t}\sin\omega_d t\right]U(t) \tag{5-7-6}$$

$$u_C = \left[1 - \frac{\omega_0}{\omega_d}\mathrm{e}^{-\alpha t}\sin(\omega_d t + \psi)\right]U(t) \tag{5-7-7}$$

因示波器为电压输入，故 i_L 的变化可由 R 上电压 $i_R = i_L R$ 来反映。如将 U_C 和 U_R 分别加到示波器的 X 轴和 Y 轴，则荧光屏上将显示出状态变量轨迹。图 5-7-5 示出了在阶跃信号作用下，RLC 串联电路的状态变量轨迹，图(a)为振荡状态，图(b)为过阻尼状态。

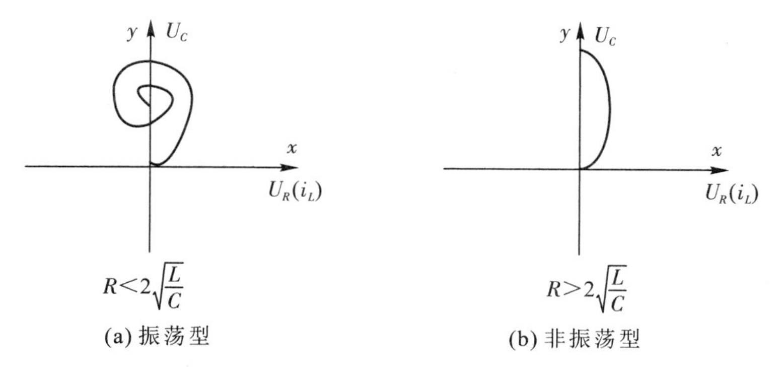

图 5-7-5　RLC 串联电路状态变量轨迹

四、实验内容

(1) 观测 $U_P=4.00$ V，$f=1.00$ kHz 方波作用下的 RLC 串联电路的暂态响应（观测 U_C波形）。改变 R 值，使出现振荡、临界和阻尼（不振荡）三种情况，要求描绘波形，测量振荡状态时的 f_d及 α。

(2) 观测 $U_P=4.00$ V，$f=1.00$ kHz 方波作用于 RLC 并联电路时的 U_C波形（振荡状态），分析与串联振荡时的 U_C波形为何不同。

(3) 观测 RLC 串联电路在 $U_P=4.00$ V，$f=1.00$ kHz 方波作用下的状态变量轨迹（分别观测三种状态）。在接线时，需考虑 X、Y 轴输入共地。注意观察到的轨迹与图 5-7-5 所示的有何差别，为什么。

实验八　阻 抗 的 测 量

一、实验目的

(1) 测量 R、L、C 元件的阻抗频率特性。

(2) 掌握简单 R、L、C 网络的阻抗模和阻抗角的测量方法。

二、实验仪器

(1) DDS 信号发生器。

(2) YB2174C 交流毫伏表。

(3) GDS1072B 数字示波器。

(4) 交流实验板：1 块。

图 5-8-1 示出了一种固定线路实验板。实验板上装有各种实验线路，面板上绘出了电路图并设有引线插孔。实验者只需利用带插头的导线把外接测量仪表连接到实验线路的插孔上，便可进行实验。

图 5-8-1　固定线路实验板

这种实验板的中部还装有两组转接插孔。每组的三个插孔用导线相连，供转接连线使用，有扩展插孔数目的功能。

三、实验原理

正弦交流电作用于任一线性非时变二端网络，其两端电压与电流相量之比称为该网络的阻抗，如图 5-8-2 所示。网络阻抗

$$Z=\frac{\dot{U}}{\dot{I}}=\frac{U}{I}\mathrm{e}^{\mathrm{j}(\varphi_u-\varphi_i)}=|Z|\mathrm{e}^{\mathrm{j}\varphi_Z} \tag{5-8-1}$$

是一复数，其模 $|Z|$ 表示电压、电流振幅值或有效值的比值，而辐角 φ_Z 代表电压、电流的相位差。

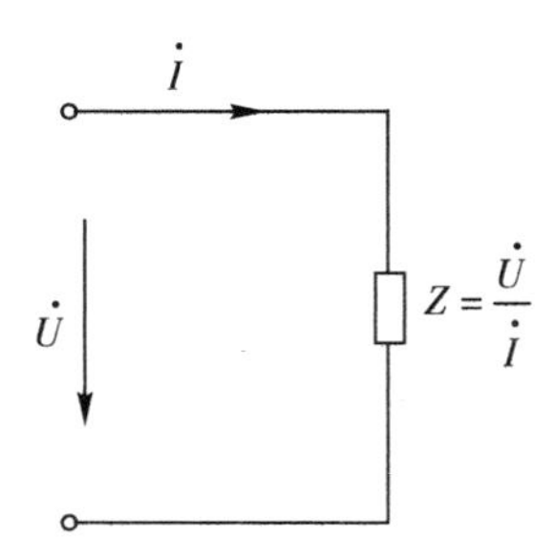

图 5-8-2　阻抗定义示意图

对于 R、L、C，其阻抗分别为

$$\left.\begin{aligned}Z_R&=\frac{\dot{U}_R}{\dot{I}_R}=R\\Z_L&=\frac{\dot{U}_L}{\dot{I}_L}=\mathrm{j}X_L\\Z_C&=\frac{\dot{U}_C}{\dot{I}_C}=-\mathrm{j}X_C\end{aligned}\right\} \tag{5-8-2}$$

式中：

$$\left.\begin{aligned}R&=\frac{U_R}{I_R}\\X_L&=\frac{U_L}{I_L}=\omega L\\Z_C&=\frac{U_C}{I_C}=\frac{1}{\omega C}\end{aligned}\right\} \tag{5-8-3}$$

电阻 R 是不随 ω 变化的常量，电阻上的电压与流过电阻的电流同相；电感的感抗 X_L 与 ω 成正比，电感两端的电压超前流过电感的电流 $\pi/2$；电容的容抗 X_C 与 ω 成反比，电容两端的电压滞后电流 $\pi/2$。理想元件的阻抗频率特性如图 5-8-3 所示。

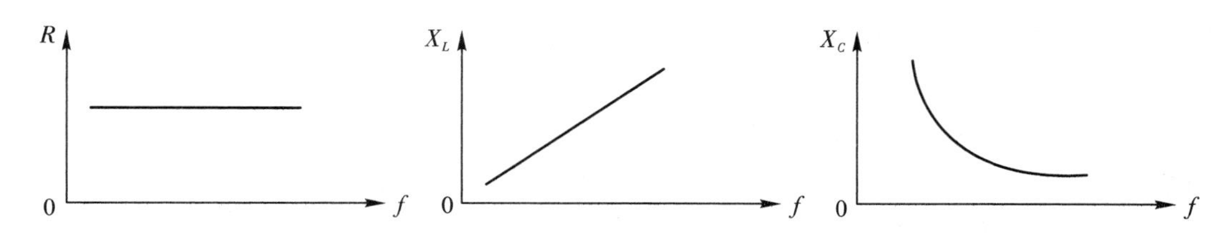

图 5-8-3　理想元件的阻抗频率特性

一个网络可由多个元件组成，具有复杂的阻抗频率特性。如果其阻抗随 ω 增加而增加，则称感性阻抗，可以等效为一个电感与一个电阻串联(如图 5-8-4(a)所示)。感性阻抗两端的电压超前电流。如果阻抗随 ω 增加而减小，则称容性阻抗，可以等效为一个电容与一个电阻串联(如图 5-8-4(b)所示)。容性阻抗两端的电压滞后电流。

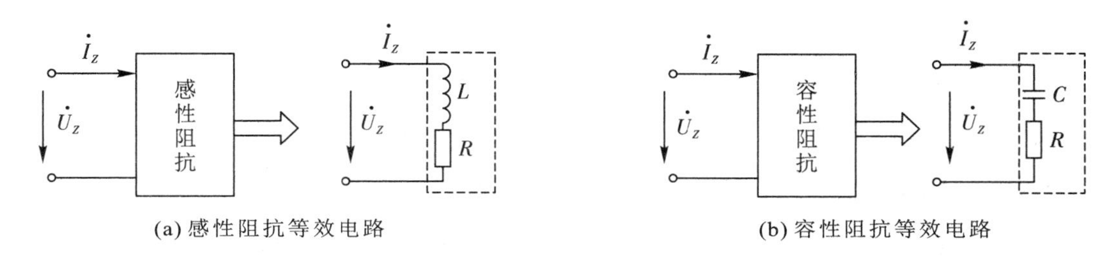

(a) 感性阻抗等效电路　(b) 容性阻抗等效电路

图 5-8-4　阻抗等效电路

根据阻抗 $Z=(U_Z/I_Z)e^{j(\varphi_u-\varphi_i)}$ 可知，只要测出阻抗两端的电压 U_Z 和流过被测阻抗的电流 I_Z 以及它们的相位差 $\varphi_u-\varphi_i$，就可计算出阻抗 Z。

测量交流电压时，视其频率 f 的不同，可采用不同类型的测量仪器。通常，当测量市电时，用万用表；当频率为低频范围时，用低频毫伏表；而当频率为高频范围时，则要用高频毫伏表进行测量。

测量交流电流时，由于适用于工频(50 Hz)以上的通用仪表大多只能测交流电压，不能测量交流电流，故实际测量时在主回路中串接一已知的辅助电阻 r，如图 5-8-5 所示。r 称电流取样电阻，取值原则是保证测量精度，且便于测量和计算。这样，流过被测阻抗的电流可通过测量 r 的电压求得。设 Z 和 r 上电压分别为 U_Z 和 U_r，被测阻抗的模可由下式算出：

$$|Z|=\frac{U_Z}{U_r}\cdot r \tag{5-8-4}$$

显然，为使测量误差减小，U_Z 和 U_r 值应接近，令电压表指针落在同一量程的相近刻度上。在选择采样电阻数值时，应注意这一点。

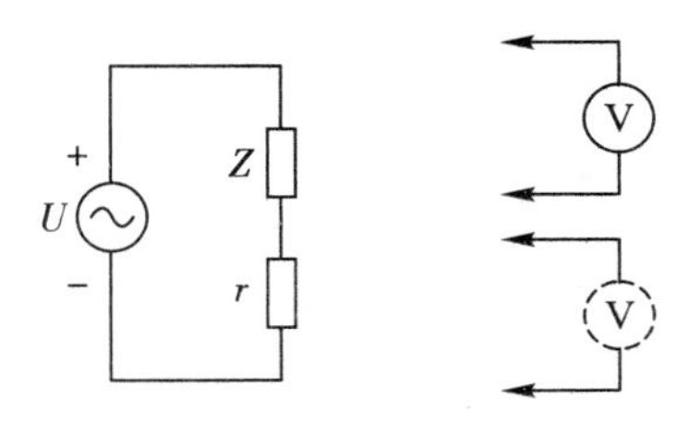

图 5-8-5　测交流电流

若要测 $|Z|-f$ 频率特性，可事先在欲测的频段内选择若干个频率点，然后改变信号源频率，依次测出每一频率点上的 $|Z|$ 值，再按所测数值在直角坐标系中画出阻抗随频率变化的曲线，即 $|Z|-f$ 曲线。

相位差的测量方法有多种，可以用相位计进行测量，也可以用示波器通过李沙育图形来测量(即椭圆法)，但最常用的还是用双踪示波器(双迹法)进行测量。在无示波器的情况下，也可用电压表法测得。

用双踪示波器测 φ_Z 时，为使示波器与测试电源“共地”，测量电路如图 5－8－6 所示。将电源电压 U 和电阻 r 上的电压 U_r 分别加到双踪示波器的 CH1 和 CH2 两个输入端，调节示波器使在荧光屏上显示出稳定的波形，并使两波形的基线与荧光屏的同一横轴重合，如图 5－8－7 所示。然后读出波形一周期所占横轴长度，设为 L_T(mm)，读出波形过零点的间隔 L_τ(mm)，则相位差

$$\varphi = \varphi_u - \varphi_i = \frac{L_\tau}{L_T} \times 360° \qquad (5-8-5)$$

可见当 $|Z| \gg r$ 时，由示波器测得的 U 与 U_r 间的相位差 $\varphi_U - \varphi_r \approx \varphi_Z$。

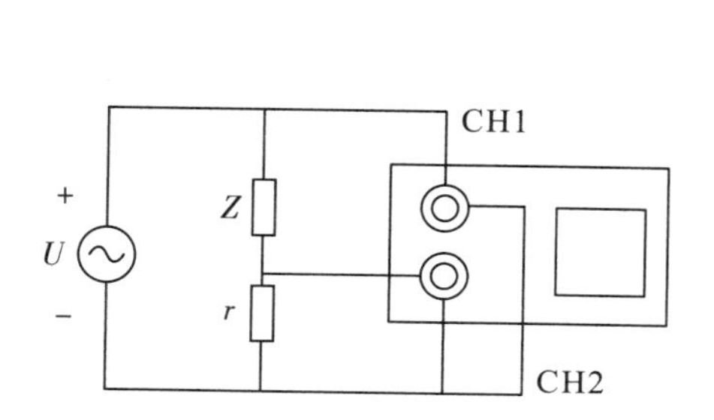

图 5－8－6 双迹法测阻抗角电路图

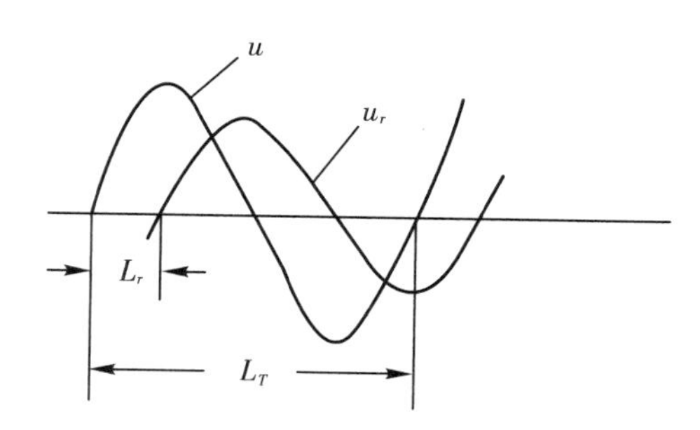

图 5－8－7 双迹法测相位差

这种方法使用方便但测量精度不高，误差来源主要有两个输入通道的相移不等、视差及光迹不够细等原因，一般误差达±5°左右。为了减小误差，在调整示波器时应使波形的周期 T 在荧光屏上所占长度尽量长，这样可以提高时基分辨率。

电压表法测阻抗角 φ_Z 如图 5－8－8(a)所示。设电源电压相量为 U、Z 及 r 上电压相量分别为 U_Z 及 U_r。又设 Z 为感性阻抗，可得相量图如图 5－8－7(b)所示。由图可求出

$$\varphi_Z = \arccos \frac{U^2 - U_Z^2 - U_r^2}{2U_Z U_r} \qquad (5-8-6)$$

注意，用上式计算出的阻抗角可能为正也可能为负，这要根据该阻抗的性质来决定。若是感性阻抗则取正号，若是容性阻抗则取负号。

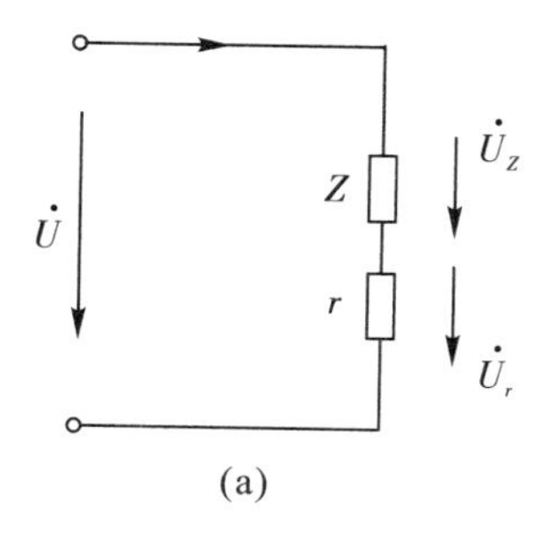

(a)

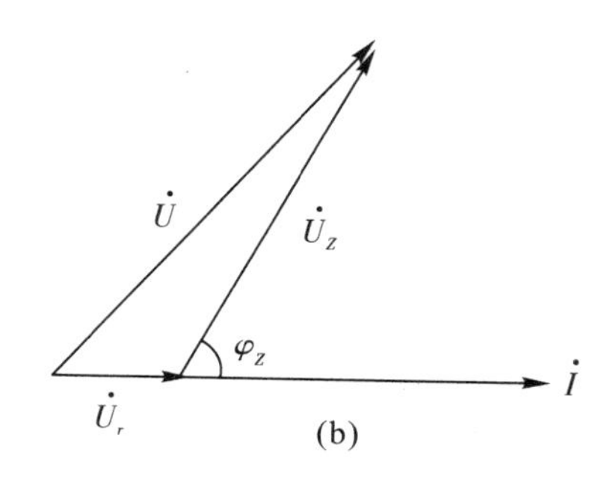

(b)

图 5－8－8 电压表法测阻抗角

可见，用电压表法测 φ_Z，只需测出三个电压值 U、U_Z 和 U_r 即可，故电压表法测 $|Z|$ 及 φ_Z 又称为三压法。

四、实验内容

1. 信号源内阻的影响

连接电路如图 5-8-9 所示。改变信号源频率分别为 4.00 kHz、8.00 kHz、12.0 kHz、16.0 kHz、20.0 kHz。

在每一频率时将开关 S 打开，调节信号源开路端电压 $U_{0C}=3.00$ V；将 S 闭合，测量 U 值，并将数据记入表 5-8-1 中，比较 U 值与 U_{0C} 值有何不同，分析原因，得出结论。

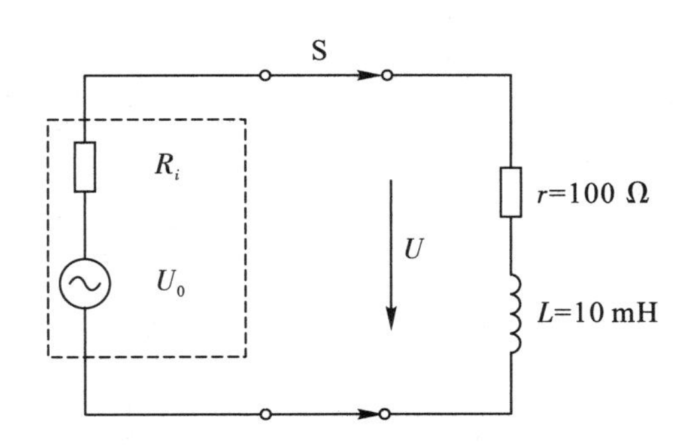

图 5-8-9　信号源内阻对测量的影响

表 5-8-1　信号源内阻对测量的影响数据

f/kHz	4.00	8.00	12.0	16.0	20.0
U_{0C}/V					
U/V					

2. 测量 X_L-f 特性

设 $L=10$ mH，$r=100\ \Omega$，信号电压 $U=3.00$ V(带负载)。用毫伏表分别测量频率为 4.00 kHz、8.00 kHz、12.0 kHz、16.0 kHz、20.0 kHz 时的 U_L 和 U_r，将测量值记入表 5-8-2 中，并计算 X_L。将测量和计算结果相比较，计算出相对误差，画出 X_L-f 实验曲线，并与理论曲线进行比较。

表 5-8-2　测量 X_L-f 特性

f/kHz	4.00	8.00	12.0	16.0	20.0
U_Z/V					
U_r/V					
$X_{测}=\frac{U_Z}{U_R}\cdot r/\Omega$					
$X_{理论计算}/\Omega$					
相对误差/%					

3. 测量 X_C-f 特性

设 $C=0.01\ \mu$F，$r=100\ \Omega$，实验方法和实验数据的表格同表 5-8-2。

4. 三压法测阻抗

(1) 用三压法测量图 5-8-10(a)所示电路中的 Z_{ab}，信号频率为 30.0 kHz，U=3.00 V(带负载)。将测量数据记入表 5-8-3 中，画出电路的相量图。

(2) 用同样的方法测量图 5-8-10(b)所示电路中的 Z_{ab}，信号频率为 15.0 kHz，U=3.00 V(带负载)，将测量数据记入表 5-8-3 中，画出电路的相量图。

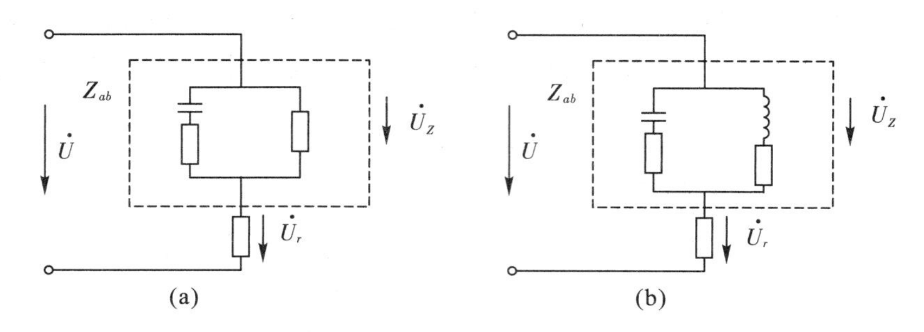

图 5-8-10 三压法实验电路

表 5-8-3 三压法测阻抗数据

电 路	f/kHz	U/V	U_Z/V	U_r/V	$\|Z\|$/Ω	φ_Z/(°)	$\|Z\|_{理}$/Ω	$\varphi_{Z理}$/(°)
图 5-8-10(a)所示电路								
图 5-8-10(b)所示电路								

5. 用双踪示波器测量

用双踪示波器测量图 5-8-10(a)、(b)中的 φ_Z，实验条件同上。

五、思考题

(1) 从测量结果判断 $\sum = U - U_Z - U_r$ 是否为零，为什么。

(2) 一个元件，不知是电感还是电容，如何判断是何种元件？请说明用何仪器，怎样判断。

实验九　*RLC* 串联谐振电路

一、实验目的

(1) 测量 *RLC* 串联谐振电路的幅频率特性。

(2) 加深理解谐振电路品质因数 Q 的含义。

二、实验仪器

(1) TFG1010 DDS 函数信号发生器。

(2) YB2174C 交流毫伏表。

(3) GDS1072B 数字示波器。

三、实验原理

1. *RLC* 串联电路的幅频特性

图 5-9-1 为 *RLC* 串联电路原理图，其回路阻抗表示为

$$\left.\begin{aligned} Z &= R + \mathrm{j}\left(\omega L - \frac{1}{\omega C}\right) \\ |Z| &= \sqrt{R^2 + \left(\omega L - \frac{1}{\omega C}\right)^2} \\ \varphi_Z &= \arctan\left(\frac{\omega L - \frac{1}{\omega C}}{R}\right) \end{aligned}\right\} \tag{5-9-1}$$

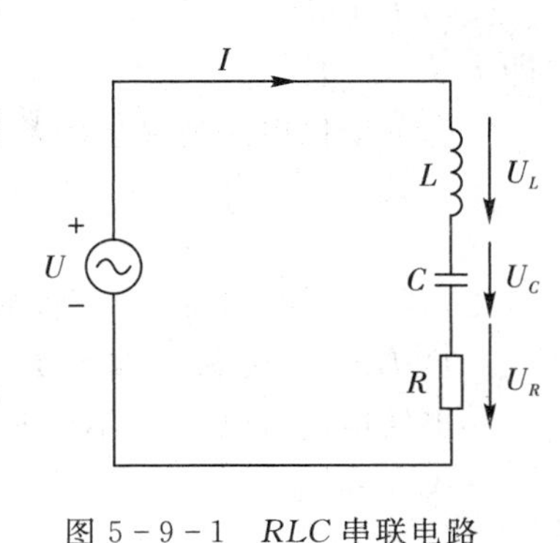

图 5-9-1　*RLC* 串联电路

1) 谐振条件

当 $X_L = X_C$ 时，电路谐振，由此得谐振频率为

$$\left.\begin{aligned} \omega_0 &= \frac{1}{\sqrt{LC}} \\ f_0 &= \frac{1}{2\pi\sqrt{LC}} \end{aligned}\right\} \tag{5-9-2}$$

2) 电路串联谐振的特点

阻抗最小为

$$Z = R$$

电流最大为

$$I_0 = \frac{U}{R}$$

L 和 *C* 上的电压为

$$\dot{U}_L + \dot{U}_C = \mathrm{j}\omega_0 L \dot{I}_0 - \mathrm{j}\left(\frac{1}{\omega_0 C}\right)\dot{I}_0 = 0$$

$$U_L = U_C = QU \tag{5-9-3}$$

式中，

$$Q = \frac{\omega_0 L}{R} = \frac{1}{\omega_0 CR} = \frac{\sqrt{\frac{L}{C}}}{R}$$

称为回路品质因数，一般 $Q \gg 1$。

3) 谐振曲线(I/I_0—f 曲线)

回路阻抗可改写为

$$|Z| = \sqrt{R^2 + \left(\omega L - \frac{1}{\omega C}\right)^2} = R\sqrt{1 + Q^2\left(\frac{f}{f_0} - \frac{f_0}{f}\right)^2}$$

保持信号电压幅值 *U* 不变而改变信号频率，则回路电流随频率的变化关系可写为

$$I = \frac{U}{|Z|} = \frac{I_0}{\sqrt{1 + Q^2\left(\frac{f}{f_0} - \frac{f_0}{f}\right)^2}} \tag{5-9-4}$$

据式(5－9－4)可画出 $I/I_0—f$ 归一化谐振曲线，回路 Q 值不同时曲线形状不同，如图 5－9－2 所示。

当 I/I_0 由 1 下降到 0.707 时，两个频率为 f_1、f_2，其差值定义为串联谐振的通频带，即 $B=f_2-f_1$。

串联谐振电路的品质因数可由通频带与谐振频率求出，即

$$Q=\frac{f_0}{B} \tag{5-9-5}$$

可见，品质因数越高，谐振曲线就越尖锐，通频带也越窄。

4) L、C 上电压随频率变化的关系

当保持信号电压 U 不变而改变信号频率时，L、C 上电压随频率改变。据 $U_L=X_LI$ 和 $U_C=X_CI$ 可得

$$\left.\begin{aligned} U_L &= \frac{\omega LU}{R\sqrt{1+Q^2\left(\dfrac{\omega}{\omega_0}-\dfrac{\omega_0}{\omega}\right)^2}} \\ U_C &= \frac{U}{\omega CR\sqrt{1+Q^2\left(\dfrac{\omega}{\omega_0}-\dfrac{\omega_0}{\omega}\right)^2}} \end{aligned}\right\} \tag{5-9-6}$$

根据式(5－9－6)可画出 $U_L—\omega$ 曲线和 $U_C—\omega$ 曲线如图 5－9－3 所示。它们的形状与 $I/I_0—f$ 曲线类似，也与 Q 值有关，当回路 Q 值越高时，峰值频率 f_C 和 f_L 越靠近 ω_0，$U_C—\omega$ 和 $U_L—\omega$ 曲线在 ω_0 附近的一段越与 $I/I_0—f$ 曲线相接近。

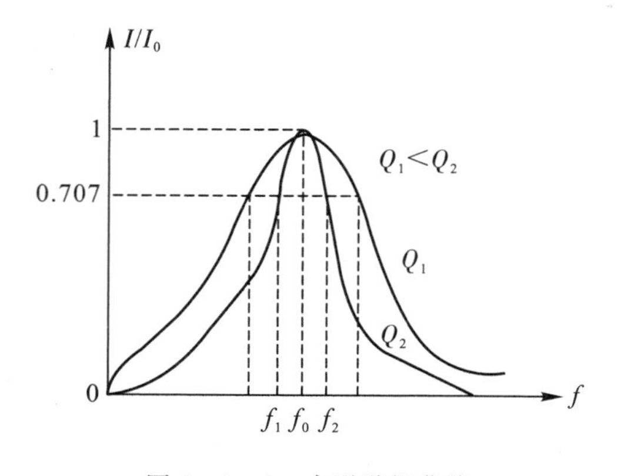

图 5－9－2　串联谐振曲线

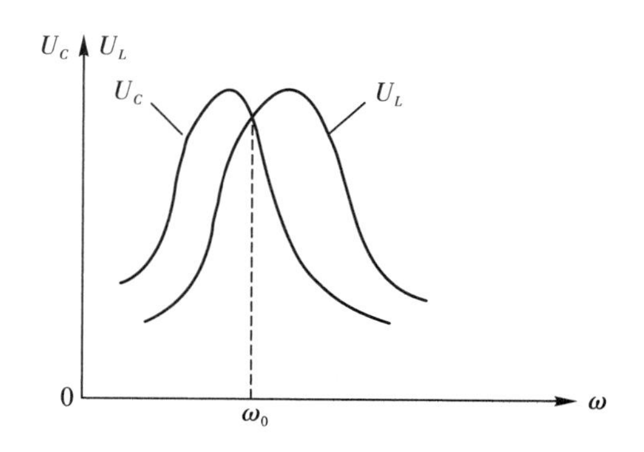

图 5－9－3　$U_C—f$ 曲线和 $U_L—f$ 曲线

2. 串联谐振电路频率特性的测量

网络频率特性的概念及测量方法请参见 3.3 节内容，测量过程中，要求信号源是恒压源，所以每次改变频率都要监测电路输入端电压使之恒定不变。

四、实验内容

1. 测量谐振频率 f_0

实验电路如图 5－9－3 所示，$L=10$ mH(电感的等效欧姆电阻有两种值：直径较小的

A 型电感的内阻 $r_L=80\ \Omega$；直径较大的 B 型电感的内阻 $r_L=60\ \Omega$），$C=0.047\ \mu F$，R 分别为 20 Ω 和 200 Ω。

实验时保持 $U=0.50$ V 不变，改变信号频率，根据谐振特点（U_R最大）测出谐振频率 f_0。

2. 测量品质因数 Q 值

在测量 f_0的基础上测量揩振时的 U_C值，根据式(5-9-5)换算 Q 值，并与理论值比较，分析误差产生的原因。

3. 测量谐振曲线

电路同上，信号频率在 2.00 kHz～12.0 kHz 范围内变化，保持 $U=0.50$ V 不变，用点测法分别测出当 $R=20\ \Omega$ 和 200 Ω 时的 U_R-f 曲线及 U_C-f 谐振曲线。测量频率自选，注意在谐振频率附近多测几个点。

数据记录表格见表 5-9-1（$L=10$ mH，$C=0.047\ \mu F$，$R=20\ \Omega$ 和 200 Ω）。

表 5-9-1　测量谐振曲线数据

f/kHz	2.00										12.0
U_C/V											
U_R/V											

根据数据表 5-9-1 在同一坐标平面上画出 R 分别为 20 Ω 和 200 Ω 时的归一化谐振曲线，并在实验曲线上确定通频带 B_0，比较 Q 值不同时曲线的特点。

五、思考题

(1) 谐振时，电阻 R 两端电压为什么与电源电压不相等？电容两端的电压是否等于电感两端的电压？

(2) 为什么做串联谐振电路实验时，在谐振频率附近信号源输出电压显著下降？

(3) 用一只标准电容器，应用谐振原理，设计测量未知电感的方案。

实验十　LC 滤波器

一、实验目的

通过对 LC 滤波器传输特性的测试和观察，加深对滤波概念的理解，了解信号的频谱与信号波形的关系。

二、实验仪器

(1) TFG1010 DDS 函数信号发生器。

(2) YB2174C 交流毫伏表。

(3) GDS1072B 数字示波器。

三、实验原理

滤波器按其传通范围分为低通、高通、带通和带阻四种形式，其幅频特性示于图 5-10-1。图中 H 值的刻度用的是归一化值，即把测得的最大 H 值作为 1。$H=1/\sqrt{2}$ 对应的频率称为截止频率，表示为 ω_C 或 f_C。本实验仅从幅频特性角度理解 LC 滤波器的滤波作用。

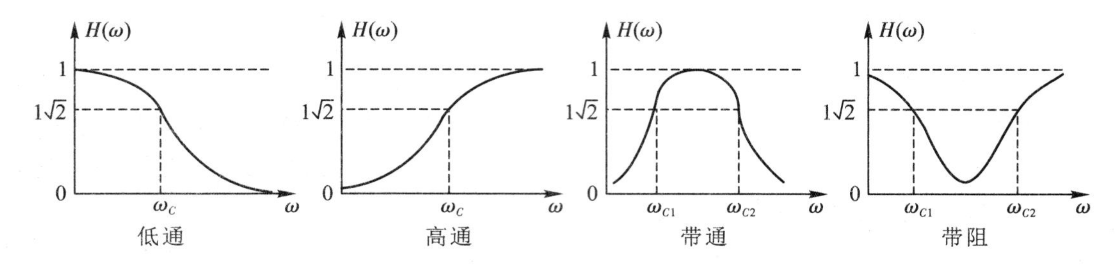

图 5-10-1　滤波器的幅频特性

在绘制频率特性曲线时，频率轴可采用对数刻度。用对数刻度可以在很宽的频率范围内，将频率特性的特点清晰地反映出来。如用刻度均匀的方格坐标，低频部分将受到很大的压缩而高频部分又相对展得很宽。图 5-10-2 画出了均匀刻度和对数刻度两个频率坐标轴，可以看出，从 10 Hz 到 100 Hz，频率变化了 10 倍，均匀刻度把这一频率范围压缩在很小的长度范围内，而从 1 kHz 到 10 kHz 频率也是变化 10 倍，但长度展得很宽；对数刻度可把两个 10 倍频率的范围变成相同长度，也即把低频端长度展宽，把高频端长度压缩。

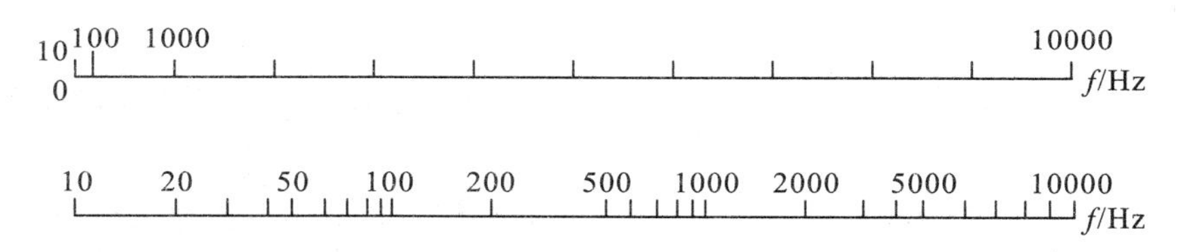

图 5-10-2　均匀刻度和对数刻度

对数刻度坐标纸分单对数纸和双对数纸两种。单对数纸只是横坐标用对数刻度，纵坐标仍为均匀刻度；双对数纸纵、横坐标均用对数刻度。

读者也可自己在均匀刻度坐标纸上重新刻度来获得对数刻度，方法是用计算器计算出 1～10 十个数的常用对数值，它们都是 0～1 之间的数。在均匀坐标上找出这些数的位置，并标上 1～10 十个数的值就成了对数刻度。由于是用对数值来取均匀刻度上的长度位置，所以刻度 10～100 时，只要将 0～10 的对数刻度在均匀刻度上向右移 1 即可。同样，刻度 100～1000 时只要在均匀刻度上向右移 2 即可。正因为有这种刻度的规律，常见的对数纸上，从左到右只是重复 1～9 的刻度值，在使用时由使用者自行定标。例如，设最左边(或最下面)的 1～9 定标为 10～90，右邻的(或上邻的)1～9 应定标为 100～900，再往右或(或再向上)则为 1000～9000。

由信号分析理论知，图 5-10-3 所示方波信号可以展开为傅里叶级数，即

$$f(t)=\frac{4E}{\pi}\left(\sin\Omega t+\frac{1}{3}\sin3\Omega t+\frac{1}{5}\sin5\Omega t+\cdots+\frac{1}{n}\sin n\Omega t\right)\quad(n=1,3,5,\cdots)$$

这说明方波是由无数个不同频率、不同幅度的正弦波叠加而成的。

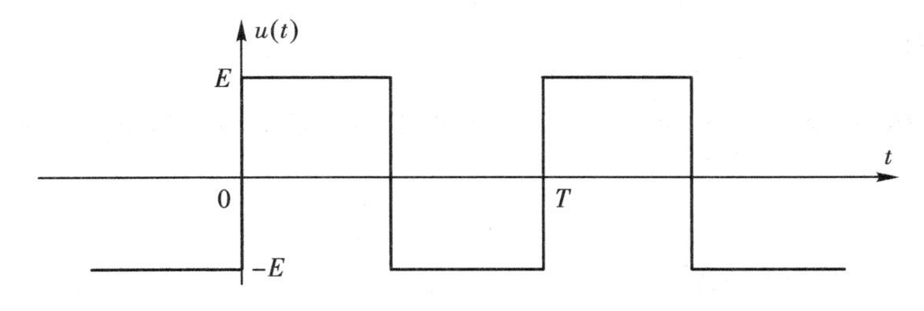

图 5-10-3　方波信号

如果有一个低通滤波器，其截止频率 f_C 大于 1 次谐波频率而小于 3 次谐波频率，则当方波通过低通滤波器后，输出将是频率与方波频率相同的正弦波，因为方波中的 3 次以上谐波均被滤波器衰减了。

频谱中各次谐波的幅度相互之间有一定的比例关系。如果这些比例关系发生变化，波形就会发生变化。当方波频谱中的高次谐波被衰减时，方波的上升边就会变缓；当方波频谱中的低次谐波被衰减时，方波的平顶就会下倾。实验六中的一阶 RC 电路，当输入方波时电阻 R 上的响应 U_R 和电容 C 上的响应 U_C，U_C 波形上升边变缓，U_R 波形平顶下倾。从频域分析角度来看，测 U_C 波形的电路是一个低通滤波器，方波频谱中的高次谐波被衰减。同样，测 U_R 波形的电路从频域分析角度来看是一个高通滤波器，方波频谱中的低次谐波被相对衰减。

四、实验内容

(1) 测量低通滤波器(2 号电路)和高通滤波器(3 号电路)的幅频($H-f$)特性。由于是测频率特性，所以信号要用正弦波。要求信号电压为 2.00 V，信号频率范围为 200 Hz～50.0 kHz。注意，在截止频率附近应多测几个点。

(2) 测量 4 号和 5 号滤波器的传通范围。先在 1.00 kHz～50.0 kHz 频率范围内变化信号源频率，用晶体管毫伏表监测网络输出电压的变化规律，从而确定该网络是带通网络还是带阻网络；然后测定最大输出电压 U_{2m} 值(在改变频率时要保持输入电压 U_1 值不变)；最后根据 $U_{2m}/\sqrt{2}$ 值来测定网络的两个截止频率 f_{c1} 和 f_{c2} 值(保持 U_1 不变)。再根据网络是带通还是带阻网络来确定传通范围。

(3) 测量方波通过低通滤波器后的波形。在 2 号低通滤波器的输入端，分别输入 $U_{P-P}=4.00$ V，频率为 3.00 kHz、10.0 kHz 和 30.0 kHz 的方波信号。用双踪示波器观察并绘出输入、输出波形。注意，以方波的上升边作为零时刻，输入、输出波形画在同一坐标上，要画一个周期。

五、思考题

(1) 测网络的 $H-f$ 特性时，是否一定要保持输入电压 U_1 不变？为什么？

(2) 对实验内容(3)，输入均为方波，只是频率不同，为什么输出波形差别很大？试用信号频谱理论结合网络幅频特性进行解释。

实验十一　二阶 *RC* 网络的频率特性测量

一、实验目的

研究二阶 *RC* 网络的频率特性，学习双 T 带阻网络阻带中心频率的调试。

二、实验仪器

(1) TFG1010 DDS 函数信号发生器。

(2) GDS1072B 数字示波器。

(3) YB2174C 交流毫伏表。

三、实验原理

图 5-11-1(a)所示的 *RC* 串并联电路，其电压传输系数为

$$H(\omega)=\frac{1}{\sqrt{3^2+\left[\frac{\omega}{\omega_0}-\frac{\omega_0}{\omega}\right]^2}} \tag{5-11-1}$$

$$\varphi(\omega)=-\arctan\frac{\frac{\omega}{\omega_0}-\frac{\omega_0}{\omega}}{3} \tag{5-11-2}$$

式中，$\omega_0=2\pi f_0=1/RC$ 称为电路的谐振频率。该电路的幅频特性和相频特性如图 5-11-1(b)所示。

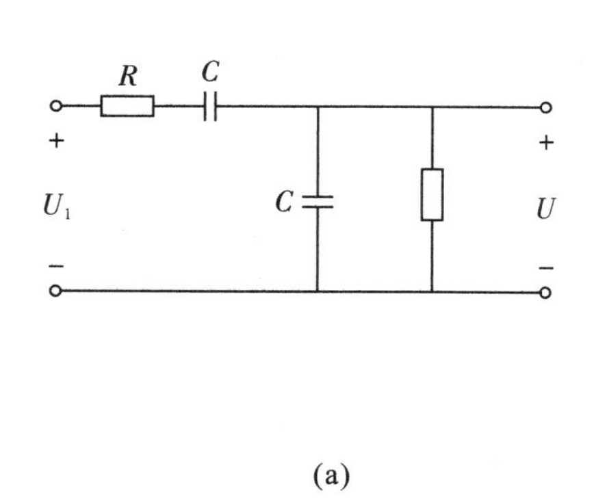

(a)

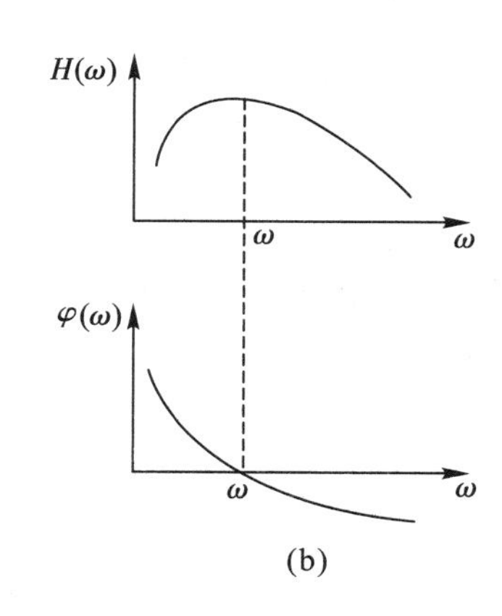

(b)

图 5-11-1　*RC* 串、并联电路及其传输特性

图 5-11-2(a)所示的双 T 型 *RC* 网络是一种实用的带阻网络，当它满足条件

$$\beta=\frac{\alpha}{1+\alpha} \tag{5-11-3}$$

和

$$\omega=\omega_0=\frac{1}{RC} \tag{5-11-4}$$

时，电压传输函数为

$$H(\omega)=\frac{1}{\sqrt{1+\left[\dfrac{2}{\beta\left(\dfrac{\omega}{\omega_0}-\dfrac{\omega_0}{\omega}\right)}\right]^2}} \tag{5-11-5}$$

$$\varphi(\omega)=\arctan\frac{2}{\beta\left(\dfrac{\omega}{\omega_0}-\dfrac{\omega_0}{\omega}\right)} \tag{5-11-6}$$

该网络的幅频特性和相频特性如图 5-11-2(b)所示。

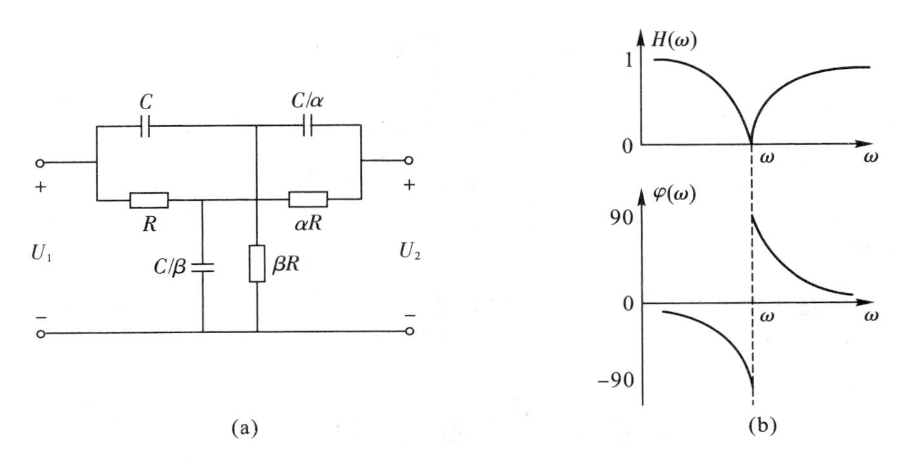

图 5-11-2　双 T 型网络及其传输特性

在实际装配图 5-11-2(a)所示电路时，由于元件值的误差，式(5-11-3)和式(5-11-4)给定的条件很难满足，结果是在规定的中心频率 f_0 处信号不能完全衰减。所以，在实际应用中常用图 5-11-3 所示电路，只要适当调整 R_{P_1} 和 R_{P_2} 就可使频率为 f_0 的信号完全被衰减，该电路信号输出为零的条件是：

$$1-\frac{\beta'(1+\alpha')}{\alpha}(\omega CR)^2=0 \tag{5-11-7}$$

$$\alpha+1-\frac{\alpha'}{\beta}(\omega CR)^2=0 \tag{5-11-8}$$

式中，ω 是要求被衰减的信号的频率；α、β 为定值。先调 R_{P_2} 改变 α' 值，使式(5-11-8)成立(U_2 下降至最小)，然后调节 R_{P_1} 改变 β' 值，使式(5-11-7)成立(U_2 进一步下降至最小)。在实际调试时要反复调节 R_{P_1} 和 R_{P_2}。

四、实验内容

用点测法测量图 5-11-1 所示电路的幅频特性和相频特性($R=2.7\ \text{k}\Omega$，$C=0.047\ \mu\text{F}$)，测量频率范围为 100 Hz～10 kHz。相频特性用双踪示波器测量。将测量数据列表记录，并根据数据表在坐标纸上画出幅频特性和相频特性。从特性曲线上确定谐振频率 f_0，并与理论计算值比较。

为了滤除 50 Hz 干扰信号，设计了图 5-11-3 所示的双 T 型网络，其中 $R=3.3\ \text{k}\Omega$，$C=2\times0.4\ \mu\text{F}$，$\alpha=1$，$\beta=1/2$，$R_{P_2}$ 为 4.7 kΩ 电位器，R_{P_1} 为 3.6 kΩ 电位器。要求先对该网

络进行调试，使阻带中心频率 $f_0=50$ Hz，然后在 20 Hz～200 Hz 频率范围内测试幅频特性。调试方法：输入信号频率用 50 Hz，幅度取较大值，反复调整 R_{P_2} 和 R_{P_1} 使输出信号幅度最小(用毫伏表监视)。注意，将干扰电压以及高次谐波电压与被调试信号区分开来。将测量数据列表记录，并画出图 5-11-3 双 T 型电路的幅频特性。

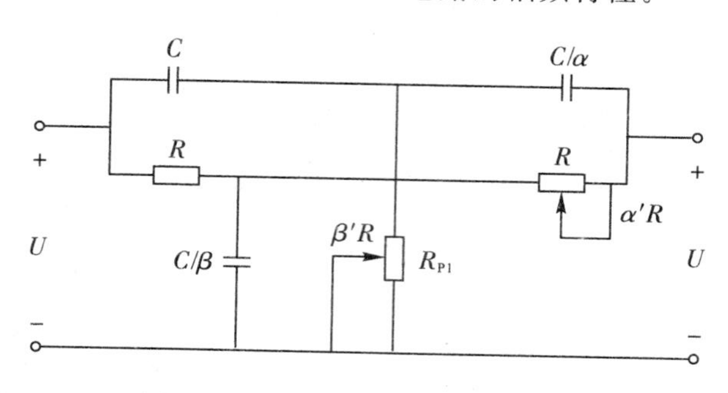

图 5-11-3 双 T 型网络实验线路

五、思考题

双 T 型电路在理论上 $\omega=\omega_0$ 时，U_2 应为零，但实际上总是有几毫伏至几十毫伏的电压，这是什么原因?

实验十二 信号的分解

一、实验目的

(1) 分析典型的矩形脉冲信号，了解矩形脉冲信号谐波分量的构成；
(2) 观察矩形脉冲信号通过多个数字滤波器后，分解出谐波分量的情况。

二、实验设备

(1) 信号与系统实验箱。
(2) 双踪示波器。
(3) 交流毫伏表。

三、实验原理

1. 信号的频谱与测量

信号的时域特性和频域特性是对信号的两种不同的描述方式。对于一个时域的周期信号 $f(t)$，只要满足狄里克莱(Dirichlet)条件，就可以将其展开成三角形式或指数形式的傅里叶级数。

例如，对于一个周期为 T 的时域周期信号 $f(t)$，可以用三角形式的傅里叶级数求出它的各次分量，在区间(t_1, t_1+T)内表示为

$$f(t)=A_0+\sum_{n=1}^{\infty}(A_n\cos n\Omega t+B_n\sin n\Omega t)$$

即将信号分解成直流分量及许多余弦分量和正弦分量，研究其频谱分布情况。

信号的时域特性与频域特性之间有着密切的内在联系，这种联系可以用图 5-12-1 来表示。其中，图 5-12-1(a)是信号在幅度—时间—频率三维坐标系统中的图形；图 5-12-1(b)是信号在幅度—时间坐标系统中的图形(即波形图)；把周期信号分解得到的各次谐波分量按频率的高低排列，就可以得到频谱图。反映各频率分量幅度的频谱称为振幅频谱。图 5-12-1(c)是信号在幅度—频率坐标系统中的图形(即振幅频谱图)。反映各分量相位的频谱称为相位频谱。在本实验中只研究信号的振幅频谱。周期信号的振幅频谱有三个性质：离散性、谐波性、收敛性。测量时利用了这些性质。从振幅频谱图上，可以直观地看出各频率分量所占的比重。测量方法有同时分析法和顺序分析法。

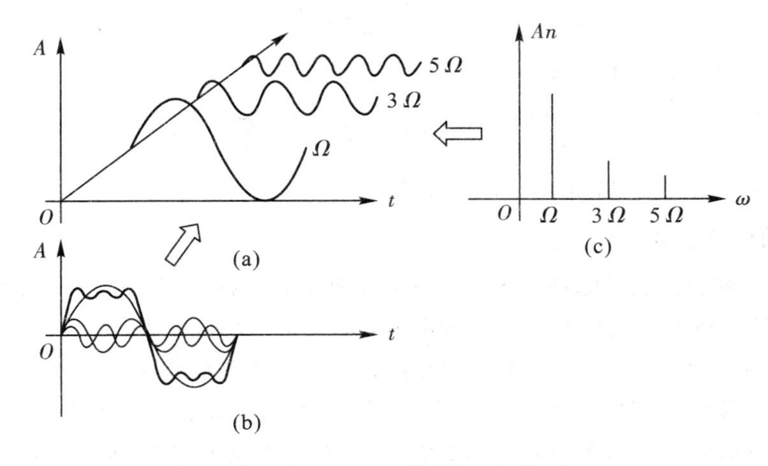

图 5-12-1　信号的时域特性和频域特性

同时分析法的基本工作原理是利用多个滤波器，把它们的中心频率分别调到被测信号的各个频率分量上。当被测信号同时加到所有滤波器上时，中心频率与信号所包含的某次谐波分量频率一致的滤波器便有输出。在被测信号发生的实际时间内可以同时测得信号所包含的各频率分量。在本实验中采用同时分析法进行频谱分析，如图 5-12-2 所示。

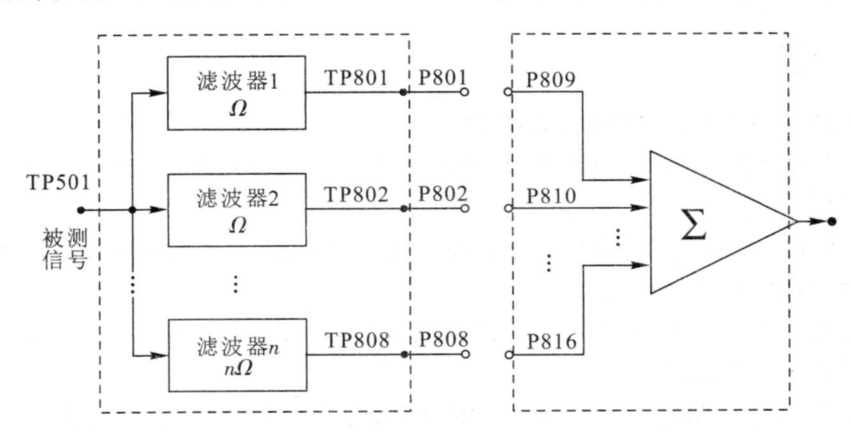

图 5-12-2　用同时分析法进行频谱分析

其中，P801 输出的是基频信号，即基波；P802 输出的是二次谐波；P803 输出的是三次谐波，依次类推。

矩形脉冲信号的频谱是一个幅度为 E、脉冲宽度为 τ、重复周期为 T 的矩形脉冲信号，如图 5-12-3 所示。

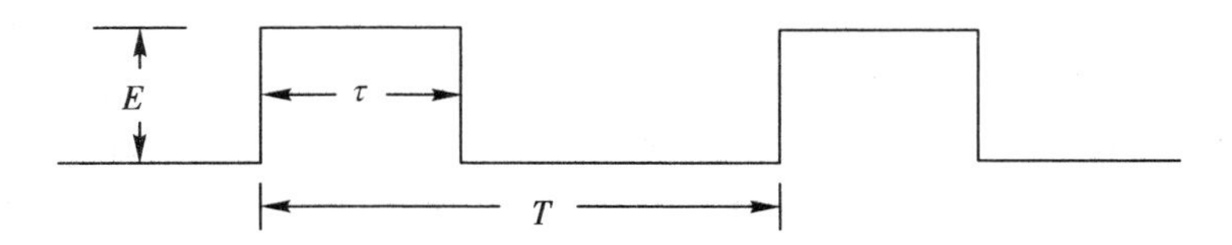

图 5-12-3 周期性矩形脉冲信号

其傅里叶级数为

$$f(t)=\frac{E\tau}{T}+\frac{2E\tau}{T}\sum_{i=1}^{n}\mathrm{Sa}\left(\frac{n\pi\tau}{T}\right)\cos n\omega t$$

该信号第 n 次谐波的振幅为

$$a=\frac{2E\tau}{T}\mathrm{Sa}\left(\frac{n\tau\pi}{T}\right)=\frac{2E\tau}{T}\frac{\sin(n\tau\pi/T)}{n\tau\pi/T}$$

由上式可见，第 n 次谐波的振幅与 E、T、τ 有关。

2. 信号的分解提取

进行信号分解和提取是滤波系统的一项基本任务。当我们仅对信号的某些分量感兴趣时，可以利用选频滤波器提取其中有用的部分，而将其他部分滤去。

目前 DSP 数字信号处理系统构成的数字滤波器已基本取代了传统的模拟滤波器，数字滤波器与模拟滤波器相比具有许多优点。用 DSP 构成的数字滤波器具有灵活性高、精度和稳定性高、体积小、性能高、便于实现等优点。因此在这里我们选用了数字滤波器来实现信号的分解。

在数字滤波器模块上，选用了有 8 路输出的 D/A 转换器 TLV5608(U502)，因此设计了 8 个滤波器(1 个低通器、6 个带通器、1 个高通器)将复杂信号分解提取某几次谐波。

分解输出的 8 路信号可以用示波器观察，测量点分别是 TP801、TP802、TP803、TP804、TP805、TP806、TP807、TP808。

四、实验内容

(1) 将 J701 置于"方波"位置，连接 P702 与 P101；

(2) 按下选择键 SW102，此时在数码管 SMG101 上将显示数字，继续按下按钮，直到显示数字"5"。

(3) 矩形脉冲信号的脉冲幅度 E 和频率 f 按要求给出，改变信号的脉宽 τ，测量不同 τ 时信号频谱中各分量的大小。

示波器可分别在 TP801、TP802、TP803、TP804、TP805、TP806、TP807 和 TP808 上观测信号各次谐波的波形。

根据表 5-12-1 和表 5-12-2 中给定的数值进行实验，并记录实验获得的数据填入表中。

注意：在调节输入信号的参数值(频率、幅度等)时，需在 P702 与 P701 连接后，用示波器在 TP101 上观测调节。S704 按钮为占空比选择按钮，每按下一次可以选择不同的占空比输出。

表 5-12-1　$\frac{\tau}{T}=\frac{1}{2}$的矩形脉冲信号的频谱

$f=4$ kHz，$T=250$ μs，$\frac{\tau}{T}=1/2$，$\tau=125$ μs，$E(V)=4$ V									
谐波频率/kHz		$1f$	$2f$	$3f$	$4f$	$5f$	$6f$	$7f$	$8f$ 以上
理论值	电压有效值								
	电压峰峰值								
测量值	电压有效值								
	电压峰峰值								

表 5-12-2　$\frac{\tau}{T}=\frac{1}{4}$的矩形脉冲信号的频谱

$f=4$ kHz，$T=250$ μs，$\frac{\tau}{T}=1/4$，$\tau=62.5$ μs，$E(V)=4$ V									
谐波频率/kHz		$1f$	$2f$	$3f$	$4f$	$5f$	$6f$	$7f$	$8f$ 以上
理论值	电压有效值								
	电压峰峰值								
测量值	电压有效值								
	电压峰峰值								

注意 4 个跳线器 K801、K802、K803、K804 应放在左边位置。4 个跳线器的功能是当置于左边位置时，只是连通；当置于右边位置时，可分别通过 W801、W802、W803、W804 调节各路谐波的幅度大小。

五、实验报告要求

(1) 按要求记录各实验数据，填写表 5-12-1、表 5-12-2。

(2) 描绘三种被测信号的振幅频谱图。

六、思考题

(1) $\frac{\tau}{T}=1/4$ 的矩形脉冲信号在哪些谐波分量上幅度为零？请画出基波信号频率为 5 kHz 的矩形脉冲信号的频谱图(取最高频率点为 10 次谐波)。

(2) 要提取一个$\frac{\tau}{T}=1/4$ 的矩形脉冲信号的基波和二、三次谐波，以及四次以上的高次谐波，你会选用哪些类型的低通、带通滤波器？

实验十三　信号的合成

一、实验目的

(1) 进一步了解波形分解与合成原理；

(2) 进一步掌握用傅里叶级数进行谐波分析的方法；

(3) 观察矩形脉冲信号分解出的各次谐波分量可以通过叠加合成出原矩形脉冲信号。

二、实验仪器

(1) 信号与系统实验箱。

(2) 双踪示波器。

三、实验原理

实验原理部分参考实验十二中矩形脉冲信号的分解实验。

矩形脉冲信号通过8路滤波器输出的各次谐波分量可通过一个加法合成器合成还原为原输入的矩形脉冲信号，合成后的波形可以用示波器在观测点TP809进行观测。如果滤波器设计正确，则分解前的原始信号(观测TP101)和合成后的信号应该相同。信号波形的合成电路图如图5-13-1所示。

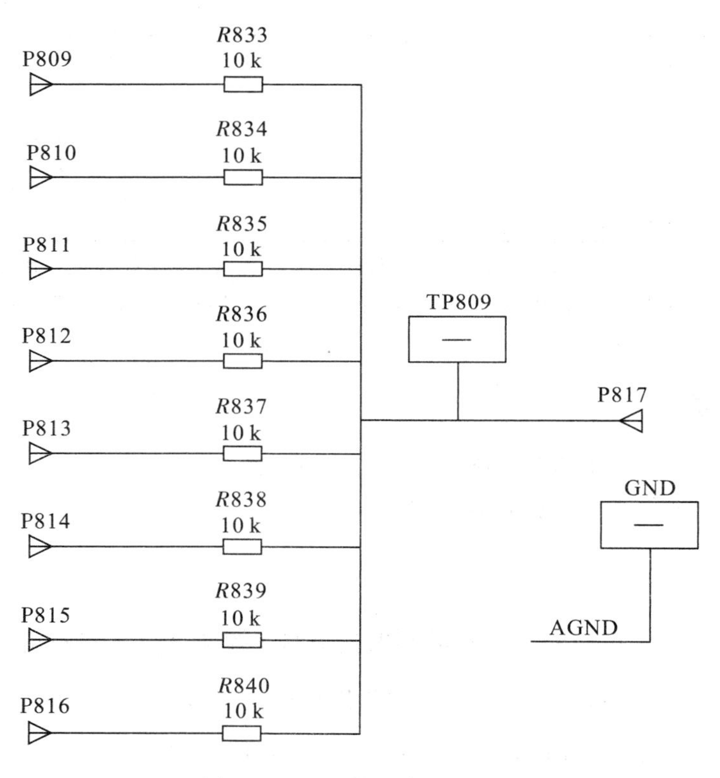

图5-13-1 信号合成电路图

四、实验内容

观察和记录信号的合成：注意4个跳线器K801、K802、K803、K804放在左边位置。实验步骤如下：

(1) 输入的矩形脉冲信号 $f=4$ kHz，$\frac{\tau}{T}=1/2$($\frac{\tau}{T}=1/2$ 的矩形脉冲信号又称为方波信

号），$E(V)=4$ V。

（2）电路中用 8 根导线分别控制各路滤波器输出的谐波是否参加信号合成，用导线把 P801 和 P809 连接起来，则基波参与信号的合成。用导线把 P802 与 P810 连接起来，则二次谐波参与信号的合成，依次类推。若 8 根导线依次连接，即 P801—P809、P802—P810、P803—P811、P804—P812、P805—P813、P806—P814、P807—P815、P808—P816，则各次谐波全部参与信号合成。另外可以选择多种组合进行波形合成，例如可选择基波和三次谐波的合成，也可选择基波、三次谐波和五次谐波的合成等等。

（3）按表 5-13-1 的要求，在输出端观察和记录合成结果，调节电位器 W805 可改变合成后信号的幅度。

五、实验报告要求

（1）据示波器上的显示结果，画图填写表 5-13-1。

（2）以矩形脉冲信号为例，总结周期信号的分解与合成原理。

表 5-13-1　矩形脉冲信号的各次谐波之间的合成

波形合成要求	合成后的波形
基波与三次谐波合成	
三次与五次谐波合成	
基波与五次谐波合成	
基波、三次与五次谐波合成	
基波、二、三、四、五、六、七及八次以上高次谐波的合成	
没有二次谐波的其他谐波合成	
没有五次谐波的其他谐波合成	
没有八次以上高次谐波的其他谐波合成	

六、思考题

方波信号在哪些谐波分量上幅度为零？请画出信号频率为 2 kHz 的方波信号的频谱图（取最高频率点为 10 次谐波）。

实验十四　信号的卷积

一、实验目的

（1）理解卷积的概念及物理意义；

（2）通过实验的方法加深对卷积运算的图解方法及结果的理解。

二、实验仪器

（1）信号与系统实验箱。

（2）双踪示波器。

三、实验原理

卷积积分的物理意义是将信号分解为冲激信号之和，借助系统的冲激响应，求解系统对任意激励信号的零状态响应。设系统的激励信号为 $x(t)$，冲激响应为 $h(t)$，则系统的零状态响应为 $y(t)=x(t)*h(t)=\int_{-\infty}^{\infty}x(t)h(t-\tau)\mathrm{d}\tau$。

对于任意两个信号 $f_1(t)$ 和 $f_2(t)$，两者做卷积运算定义为

$$f(t)=\int_{-\infty}^{\infty}f_1(t)f_2(t-\tau)\mathrm{d}\tau=f_1(t)*f_2(t)=f_2(t)*f_1(t)$$

1. 两个矩形脉冲信号的卷积过程

两信号 $x(t)$ 与 $h(t)$ 都为矩形脉冲信号，如图 5-14-1 所示。下面由图解的方法（见图 5-14-1）给出两个信号的卷积过程和结果，以便与实验结果进行比较。

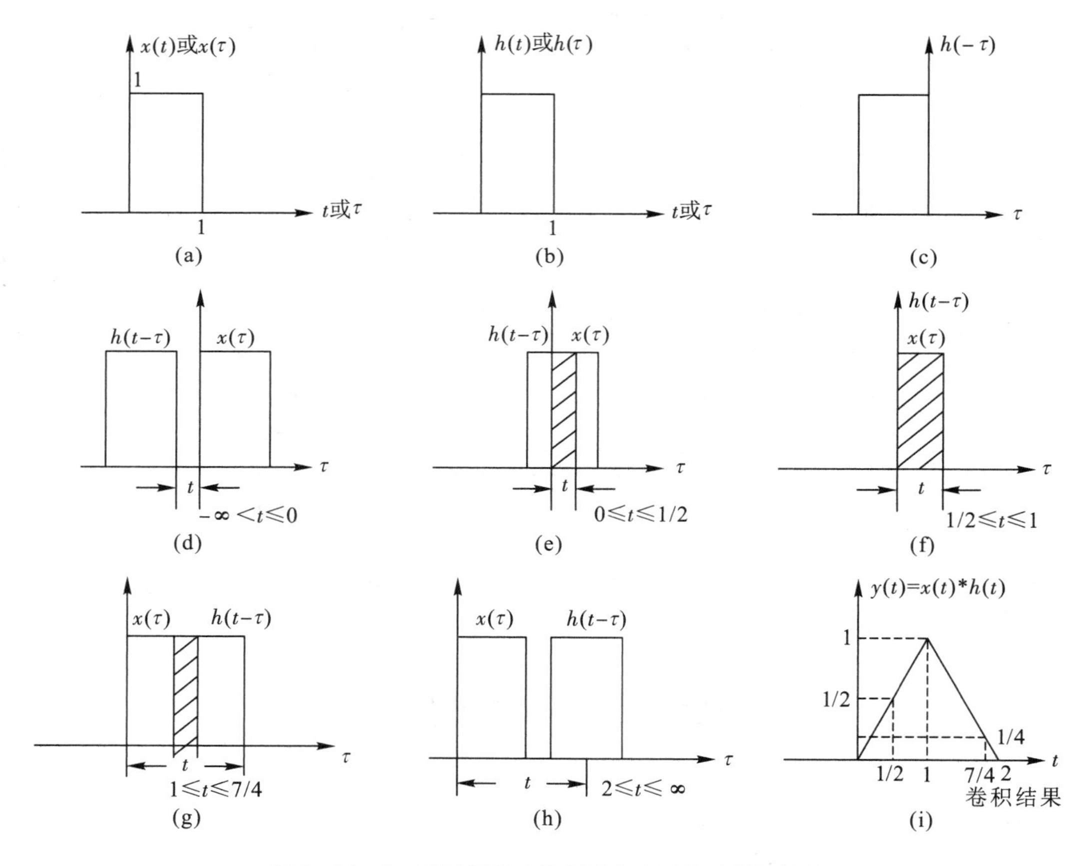

图 5-14-1　两矩形脉冲卷积积分的运算过程与结果

2. 矩形脉冲信号与锯齿波信号的卷积

信号 $f_1(t)$ 为矩形脉冲信号，$f_2(t)$ 为锯齿波信号，如图 5-14-2(a)、(b)所示。根据卷积积分的运算方法得到 $f_1(t)$ 和 $f_2(t)$ 的卷积积分结果 $f(t)$，如图 5-14-2(c)所示。

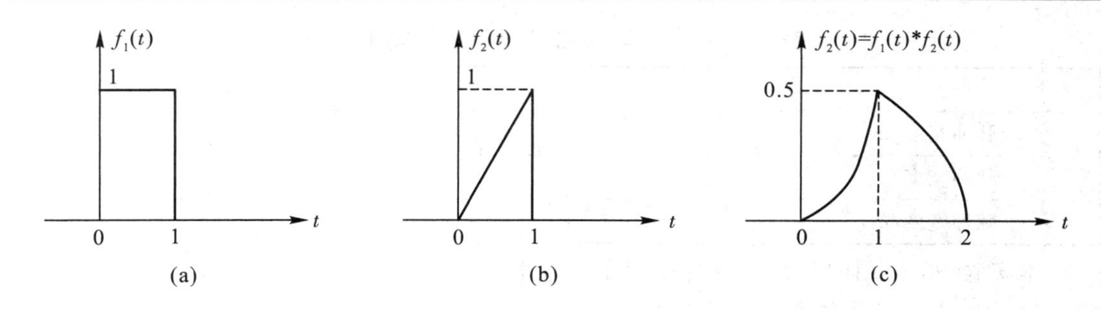

图 5－14－2　矩形脉冲信号与锯齿脉冲信号的卷积积分的结果

3. 卷积运算的实现方法

在本实验装置中采用了 DSP 数字信号处理芯片，因此在处理模拟信号的卷积积分运算时，是先通过 A/D 转换器把模拟信号转换为数字信号，利用所编写的相应程序控制 DSP 芯片实现数字信号的卷积运算，再把运算结果通过 D/A 转换为模拟信号输出。其结果与模拟信号的直接运算结果是一致的。数字信号处理系统逐步和完全取代模拟信号处理系统是科学技术发展的必然趋势。图 5－14－3 为信号卷积的流程图。

图 5－14－3　信号卷积的流程

四、实验内容

1. 检测矩形脉冲信号的自卷积结果

用双踪示波器同时观察输入信号和卷积后的输出信号，把输入信号的幅度峰值调节为 4 V，再调节输入信号的频率或占空比使输入信号的时间宽度满足表 5－14－1 中的要求，观察输出信号有何变化，判断卷积的结果是否正确，并记录于表中。

实验步骤如下：

(1) 将跳线开关 J702 置于“脉冲”上。

(2) 连接 P702 与 P101，将示波器接在 TP101 上观测输入波形，按下信号源模块上的按钮 S701、S702，使信号频率为 1 kHz，调节 W701 使幅度为 4 V。(注意：输入波形的频率与幅度要在 P702 与 P101 连接后，在 TP101 上测试。)

(3) 按下选择键 SW102，此时在数码管 SMG101 上将显示数字，连续按下按钮，直到显示数字“3”。

(4) 将示波器的 CH1 接于 TP801，CH2 接于 TP803，可分别观察到输入信号的 $f_1(t)$ 波形与卷积后的输出信号 $f_1(t)*f_2(t)$ 的波形。

(5) 按下 S701、S702 改变输入信号的频率，可改变激励信号的脉宽。

表 5-14-1 输入信号卷积后的输出信号

	输入信号 $f_1(t)$	输出信号 $f_1(t) * f_2(t)$
脉冲宽度/ms	1	
脉冲宽度/ms	0.5	
脉冲宽度/ms	0.25	

本实验中，采用的是矩形脉冲信号的自卷积，因此，在 TP803 上可观察到矩形脉冲波，在 TP801 上可观测到一个三角波。

2. 信号与系统卷积

实验原理及步骤如下：

(1) 将跳线开关 J702 置于“脉冲”上。

(2) 连接 P702 与 P101，将示波器接在 TP101 上观测输入波形，按下信号源模块上的按钮 S701、S702，使信号频率为 1 kHz，调节 W701 使幅度为 4 V。(注意：输入波形的频率与幅度要在 P702 与 P101 连接后，在 TP101 上测试。)

(3) 按下选择键 SW102，此时在数码管 SMG101 上将显示数字，连续按下按钮，直到显示数字“4”。

(4) 将示波器的 CH1 接于 TP803，CH2 接于 TP802，首先观测两个卷积信号，TP803 上测得的是激励信号 $f_1(t)$；TP802 上测得的是系统信号 $f_2(t)$(本实验中系统信号用的是锯齿波信号)。再用示波器的 CH2 接于 TP801，可观测到卷积后的输出信号 $f_1(t) * f_2(t)$ 的波形，将测得的结果记录在表 5-14-2 中。

(5) 按下 S701、S702 改变输入信号的频率，可改变激励信号的脉宽。

表 5-14-2 输入信号和卷积后的输出信号

	输入信号 $f_1(t)$	$f_2(t)$锯齿波	输出信号 $f_1(t) * f_2(t)$
脉冲宽度/ms	1		
脉冲宽度/ms	0.5		
脉冲宽度/ms	0.25		

五、思考题

用图解的方法给出图 5-14-4 中两个信号的卷积过程。

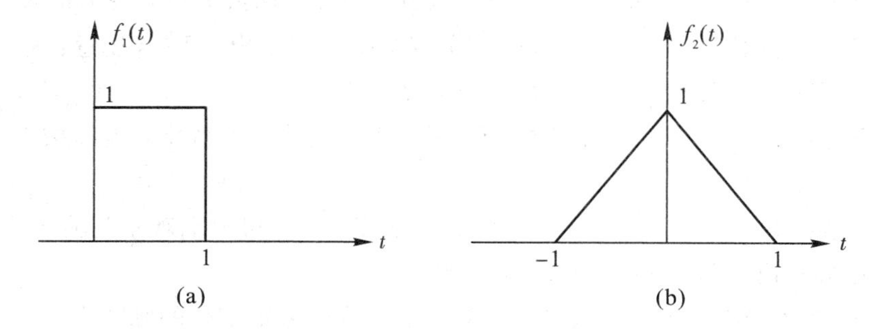

图 5-14-4 矩形脉冲信号与三角波信号

实验十五　信号频谱的测量

一、实验目的

学习信号频谱的测量方法，加深信号频谱的概念。

二、实验仪器

(1) TFG1010 DDS 函数信号发生器。

(2) GDS1072B 数字示波器。

(3) JH5014 选频电平表。

三、实验原理

周期信号的频谱是以基频 ω_1 为间隔的离散谱线。图 5－15－1 是方波的振幅频谱图，其特点是随着谐波次数的增加幅度是下降的。基波幅度 $A_1=4E/\pi$，n 次谐波幅度为 $A_n=A_1/n$ ($n=1, 3, 5, \cdots$)。方波只有奇次谐波。

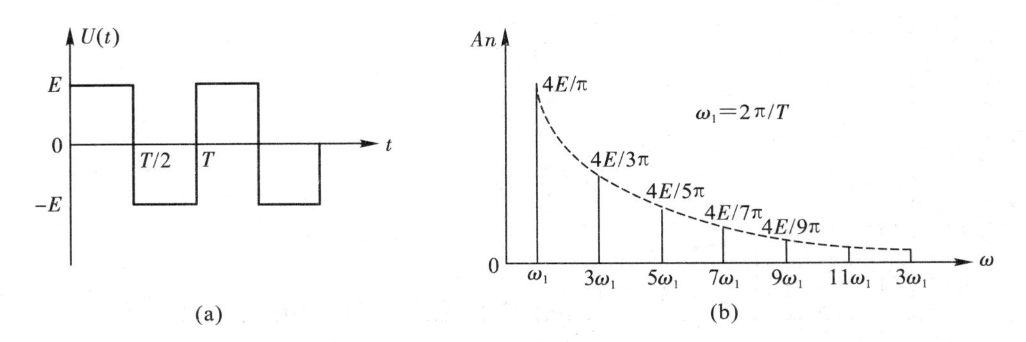

图 5－15－1　方波的振幅频谱

对于图 5－15－2 所示的幅度为 E、周期为 T、宽度为 ω_τ 的矩形脉冲，其 n 次谐波的幅度 A_n 为

$$A_n=\frac{2E\tau}{T}\left|\frac{\sin\left(\frac{n\pi\tau}{T}\right)}{\frac{n\pi\tau}{T}}\right| \qquad (5-15-1)$$

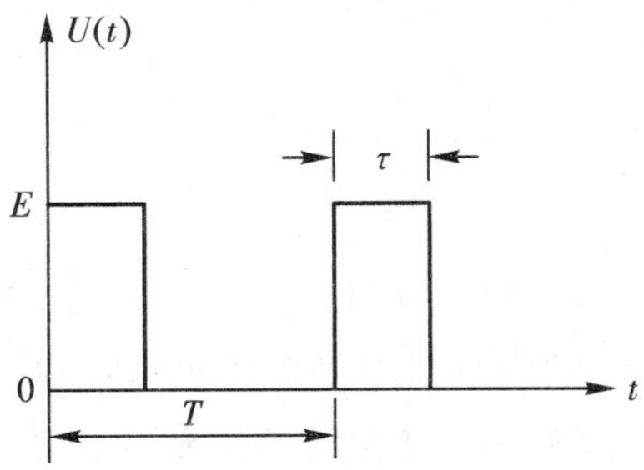

图 5－15－2　脉冲波

图 5-15-3 画出了 $\tau/T=1/4$ 和 $\tau/T=1/10$ 时的振幅频谱图，由图可见：

(1) 谱包络线的零点为 $2n\pi/\tau(n=1, 2, 3, \cdots)$。零点取决于脉冲宽度 τ，τ 愈小，零点频率愈高，当 $\tau=T/2$ 时即为图 5-15-1 所示的方波(由于图 5-15-1 中的方波直流平均值为零，所以无 $\omega=0$ 的谱线)。

(2) 谱线间隔 $2\pi/T$，仅取决于 T。

(3) 基波的幅度取决于 E 和 τ/T。τ/T 愈小，幅度愈小。

(4) $\tau\neq T/2$ 时，频谱不仅有奇次谐波，也有偶次谐波。

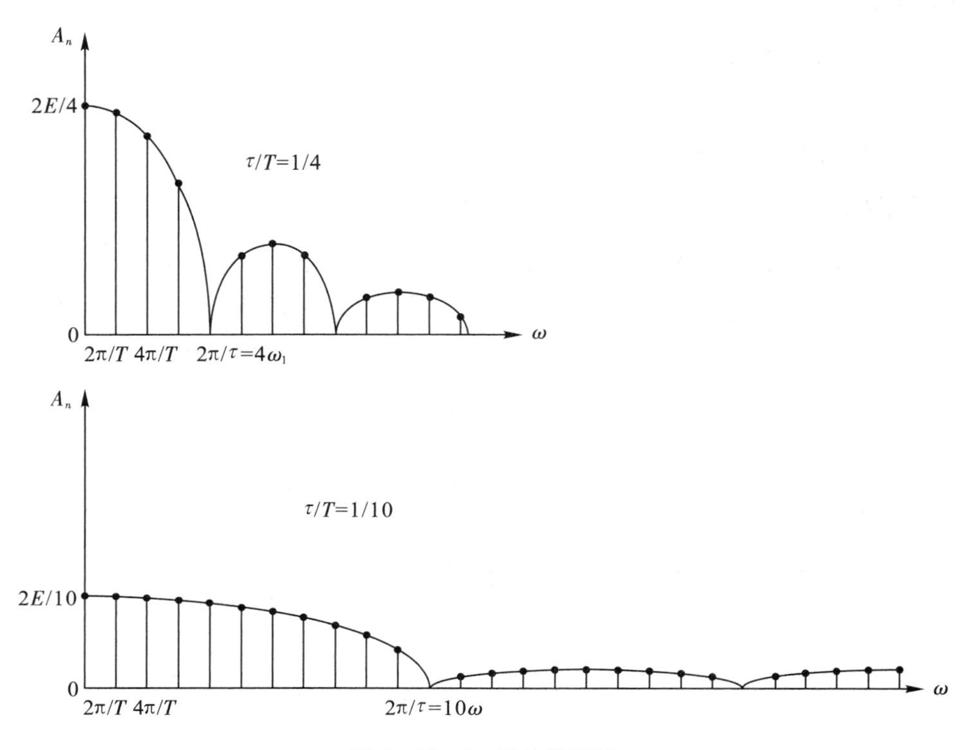

图 5-15-3 脉冲波频谱

只要分别测量出信号各次谐波的幅度和频率，就可画出信号的频谱图。显然，用一般电压表或用示波器是无法测量的，原因是它们无法把各次谐波区分开来。用选频电压表或波形分析仪对各谐波幅度进行测量，就可以获得信号频谱，也可用频谱仪直接在荧光屏上显示出信号频谱。

本实验使用 JH5014 型选频电平表测量信号的频谱。

四、实验内容

1. 测量方波的频谱

(1) 调节信号源输出方波，$f=10.0$ kHz，$U_{P-P}=4.00$ V。选调节信号源的“占空比”旋钮，使示波器上显示 $\tau=T/2$ 的方波(只有准确做到这一步，才能保证只有奇次谐波而无偶次谐波)；然后调节信号源幅度旋钮，使示波器显示的方波幅度 $U_{P-P}=4.00$ V。

(2) 用选频电平表测方波的谐波幅度，要求从基波开始测起，一直测至 15 次谐波。

2. 方波通过 2 号低通滤波器后的频谱

(1) 信号幅度 $U_{P-P}=4.00$ V，频率分别为 3.00 kHz、10.0 kHz、30.0 kHz。

(2) 方波输入 2 号低通滤波器，用选频电平表测滤波器输出波形的频谱。要求 $f=3.00$ kHz 时测至 15 次谐波，$f=10.0$ kHz 时测至 7 次谐波，$f=30.0$ kHz 时测至 5 次谐波。注意，方波幅度 $U_{P-P}=4.00$ V，由于输入为方波，所以输出波形的频谱只有奇次谐波(请思考为什么)。在写实验报告时，应将实验十四获得的波形图与本实验获得的频谱图对应起来，与方波的波形和频谱进行对比分析，从而得出应有的结论。分析时还要考虑到 2 号低通滤波器的 $H-f$ 特性。

3. 测矩形脉冲波的频谱

(1) 调节信号源使脉冲波 $f=10.0$ kHz，$U_{P-P}=4.00$ V，$\tau=0.40\ T$(即 $\tau/T=40\%$)。实验数据正确与否，关键在于脉冲宽度 τ 是否符合要求。方法是先调节信号源的“占空比”旋钮，使示波器上显示的脉冲宽度 τ 是周期 T 的 40%。由于目测是不太准确的，所以还得将信号输入选频电平表，先测 5 次谐波值。如果分贝值大于－35 dB，那么说明 τ 值不符合要求，可微调信号源的“占空比”，使选频电平表指针下降到最低值，此时 τ 就符合要求了。记录下 5 次谐波的分贝读数值。

(2) 测脉冲波的频谱。用选频电平表依次测 1～15 次谐波。注意，奇次谐波、偶次谐波都要测。

五、思考题

(1) 将选频电平表上测得的分贝数用公式换算出谐波的电压幅度，在与理论计算值比较时，发现测量值为理论计算值的 $1/\sqrt{2}$，这是为什么?

(2) 在调节脉冲波宽度 $\tau=0.40\ T$ 时，为什么先用示波器调节，然后再用选频电平表测其 5 次谐波的方法进行细调? 不用示波器而直接利用选频电平表测 5 次谐波的方法调节行不行?

(3) 你测到的方波各次谐波值与基波幅度之比是否符合 $1/n$ 的规律? 方波通过 2 号低通滤波器后，其频谱是否还符合此规律?

实验十六　信号通过线性电路

一、实验目的

(1) 观察、研究脉冲信号、正弦调幅信号通过线性电路引起的变化。

(2) 了解线性电路的频率特性对信号传输的影响。

二、实验仪器

(1) TFG1010 DDS 函数信号发生器。

(2) GDS1072B 数字示波器。

(3) JH5014 选频电平表。

三、实验原理

振幅按照调制信号的规律变化的高频振荡（载波），称为调幅波。当正弦调制信号 $u_\Omega = E_\Omega\cos(\Omega t + \psi_\Omega)$ 的角频率 Ω 小于高频振荡 $u(t) = A_0\cos(\omega_c t + \psi_c)$ 的角频率 ω_c 时，调制后的调幅波波形如图 5－16－1(c)所示。正弦调幅波的数学表达式为

$$
\begin{aligned}
e(t) &= A_0[1 + E_n\cos(\Omega t + \psi_\Omega)]\cos(\omega_c t + \psi_c) = A_0\cos(\omega_c t + \psi_c) \\
&\quad + \frac{A_0}{2}E_n\cos[(\omega_c + \Omega)t + (\psi_c + \psi_n)] + \frac{A_0}{2}E_n\cos[(\omega_c - \Omega)t + (\psi_c - \psi_\Omega)]
\end{aligned}
\tag{5-16-1}
$$

由式(5－16－1)可见，正弦调制的调幅波是由三个不同频率的正弦波组合而成的：频率为 ω_c 的称为载频分量；频率为 $\omega_c + \Omega$ 的称为上边频分量；频率为 $\omega_c - \Omega$ 的称为下边频分量。其尖逞宽度 $B = 2\Omega$。

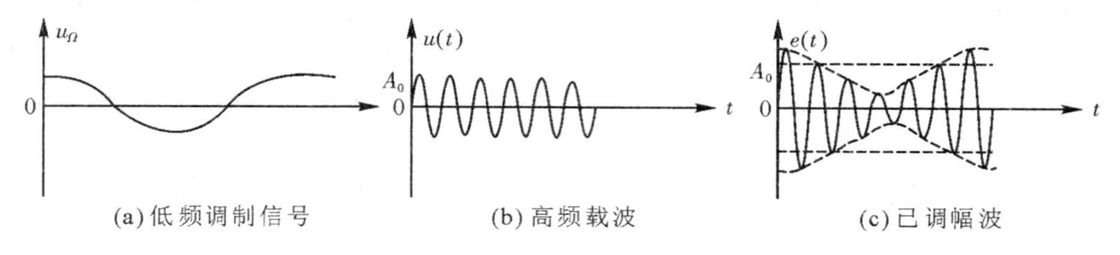

(a) 低频调制信号　　(b) 高频载波　　(c) 已调幅波

图 5－16－1　正弦调幅波波形

调幅波振幅被调制的程度，常用调幅度来表示，它是调幅波中振幅最大的增量的绝对值与载波振幅之比。

在信号传输技术中，除了在某些需要用电路进行波形变换的场合外，总是希望在传输过程中信号尽可能保持原样。电信号是由频率、幅度和相位各不相同的各次谐波分量所组成的，在电路中包含有电容和电感元件时，由于它们对不同频率的正弦分量呈现的电抗和产生的相移不同，因而当信号通过线性电路后，将会因各频率分量的相对幅度和相位关系发生变化而引起失真。因各频率分量的相对幅度发生变化而引起的失真称为“幅度失真”；因各频率分量的相对位置变化而引起的失真称为“相位失真”。信号通过线性电路不失真的条件：一是电路的幅频特性在整个频率范围内为一常数，即电路应具有无限宽的响应均匀的通带；二是电路的相频特性应是经过原点的直线。

要使电路满足上述两个不失真条件是很难的。由于信号的有效带宽是有限的，实际上只要电路的通带与信号的有效频带相适应，就能使信号在传输过程中产生的失真限制在允许范围内。对于频谱集中在载频附近较窄频带范围内的已调高频信号，可用具有相应通带的谐振电路进行传输，而对于宽度很窄的矩形脉冲，因其有效频带很宽，则应采用通频带足够宽的低通滤波器来传输信号。

四、实验内容

1. 观察调幅波的波形并测量其幅度频谱

使 TFG1010 DDS 函数信号发生器输出调幅波，载波频率为 200 kHz，调制信号频率为 1 kHz，调幅度为 40%。用示波器观察波形，用选频电平表测量调幅波的频谱，画频谱图。

2. 观察调幅波通过谐振电路

(1) 按图 5-16-2 连接电路，图中 LC 谐振电路的谐振频率约为 300 kHz。高频信号发生器输出等幅波，$U=1$ V，在并联谐振电路谐振频率附近调节信号源频率，用示波器观察通过谐振电路后信号的幅度，测出谐振电路的谐振频率和通频带宽度。

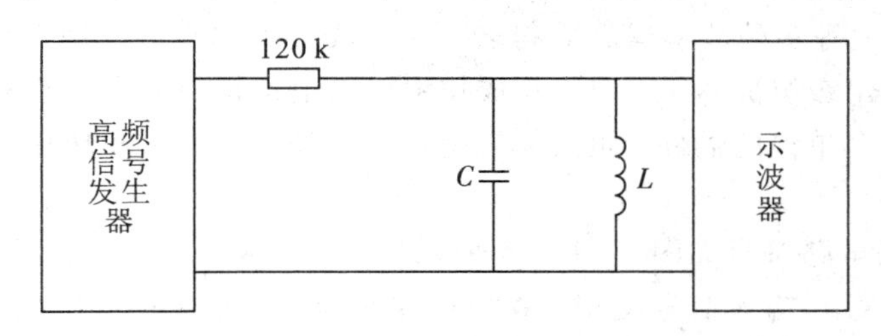

图 5-16-2　调幅波通过谐振电路

将图 5-16-2 中 120 kΩ 电阻换为 30 kΩ，再测谐振电路通频带。

(2) 用音频信号发生器的输出(频率分别为 1 kHz、5 kHz、10 kHz 和 15 kHz)对高频信号($U=1$ V)进行外调幅，始终保持调幅度为 40%，用示波器观察通过谐振电路前后调幅波所调幅度的变化。

(3) 用 5 kHz 进行外调幅，调幅度为 40%，观察在谐振回路两端并联 30 kΩ 电阻后调幅度的变化。

(4) 用 5 kHz 和 10 kHz 作外调幅，保持调幅度为 40%，在谐振频率附近 ±20 kHz 范围内改变载波频率，观察通过谐振电路前后调幅波形的变化。

整理通过各种电路前后所观察到的调幅波波形，计算其调幅度，分别说明调幅度减小和造成波形失真的原因。

3. 观察矩形脉冲通过低通滤波器

将周期为 200 μs、脉宽为 20 μs 的矩形脉冲信号通过截止频率分别为 30 kHz 和 100 kHz 的两个低通滤波器，观察通过滤波器前后信号波形的失真情况。

4. 观察矩形脉冲通过全通网络

全通网络采用实验七中的电路。将上述矩形脉冲通过全通网络，观察信号通过电路前后的波形。

画出矩形脉冲通过不同电路后所观察到的波形变化，说明电路频率特性对传输信号的影响。

实验十七　基本运算单元

一、实验目的

了解基本运算单元的特性及其测试方法。

二、实验仪器

(1) GDS1072B 数字示波器。

(2) TFG1010 DDS 函数信号发生器。

三、实验原理

1. 运算放大器

运算放大器实际就是高增益直流放大器，因配以反馈网络后可实现对信号的求和、积分、微分、比例放大等多种数学运算而得名。运算放大器本身的线路一般比较复杂，由输入级、放大级和输出级组成。利用现代集成技术可以把这样一个多级线路“集成”到一小块硅片上，封装成一个单独的器件，叫做集成运算放大器，其体积和功耗与一个普通晶体管相当。

运算放大器的电路符号如图 5-17-1 所示。它具有两个输入端和一个输出端：从“－”端输入时，输出信号与输入信号反相，故“－”端称为反相输入端；从“＋”端输入时，输出信号与输入信号同相，故称“＋”端称为同相输入端。

实际的运算放大器另有许多辅助引出线，可用它们连接电源、偏置、调零、相位补偿等。

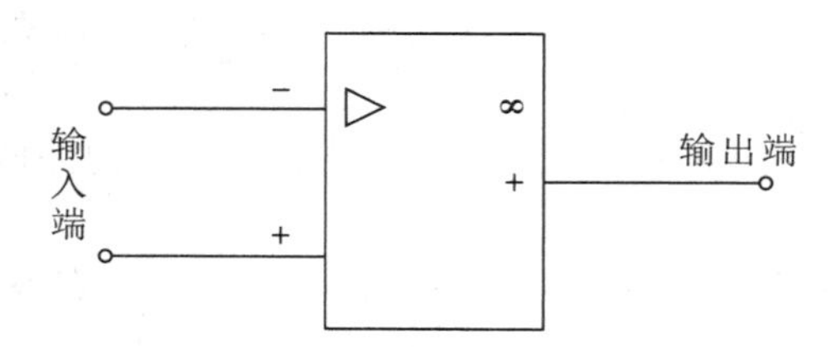

图 5-17-1 运算放大器的电路符号

2. 运算放大器的特性

运算放大器的主要特性是：

1）开环增益高

运算放大器的差动电压放大倍数为

$$A=\frac{u_0}{u_+-u_-} \tag{5-17-1}$$

式中，u_0为运算放大器的输出电压；u_+为“＋”输入端对地电压；u_-为“－”输入端对地电压。不加反馈(开环)时，直流电压放大倍数高达 $10^4\sim10^6$。

2）输入阻抗高

运算放大器的输入阻抗一般在 $10^6\ \Omega\sim10^{11}\ \Omega$ 范围内。

3）输出阻抗小

运算放大器的输出阻抗一般为几十到二百欧姆。由于运算放大器通常工作于深度负反馈状态，其闭环输出阻抗将更小。

为使电路分析工作简化，在误差允许条件下常把上述特性理想化，即认为理想运算放大器的开环电压增益及其输入阻抗均为无穷大，而其输出阻抗为零。

当运算放大器工作在线性区域时，可由上述理想特性引出两点重要结论：

(1) 因为输入阻抗无穷大，故运算放大器的输入电流为零。

(2) 因为电压增益无穷大以及输出电压是有限值，据式(5-17-1)可知，差动输入电压(u_+-u_-)基本为零，即“＋”端和“－”端电位相等。

3. 基本运算单元

这里仅介绍在系统模拟中所必需的三种基本运算器，即加法器、标量乘法器和积分器。

1）加法器

加法器原理电路示于图 5－17－2。由于输入"－"端的电流为零，故有

$$i_F = \frac{-u_-}{\frac{R}{3}} = \frac{-3u_-}{R}$$

$$u_o = u_- - i_F R = 4u_-$$

同时

$$u_+ = \frac{u_1 + u_2 + u_3}{4}$$

由于

$$u_+ = u_-$$

所以

$$u_o = u_1 + u_2 + u_3 \qquad (5-17-2)$$

即输出电压是输入电压之和。

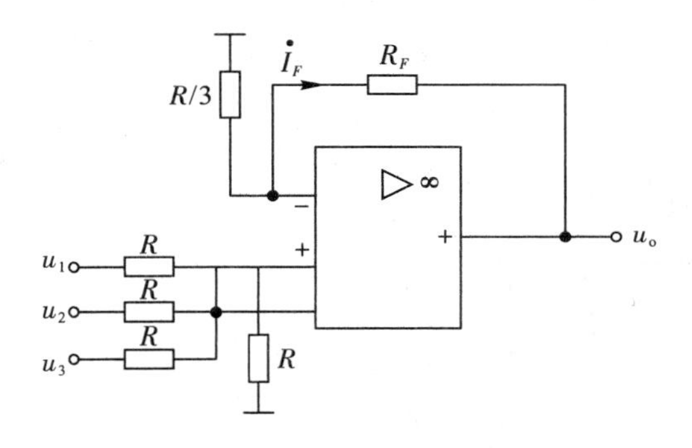

图 5－17－2 加法器原理电路

2）标量乘法器

(1) 反相标量乘法器线路如图 5－17－3 所示。因"＋"端和"－"端均无输入电流，所以：

$$u_+ = 0$$

$$i_f = i_F$$

由于"＋"、"－"两端电位相等，即 $u_- = u_+ = 0$，"－"端为"虚地"，故有：

$$i_F = \frac{u_i}{R_f}$$

$$i_F = -\frac{u_o}{R_F}$$

由上述关系可以导出：

$$u_o = -\frac{R_F}{R_f}u_i = -Ku_i \qquad (5-17-3)$$

式中，$K = R_F/R_f$为标量，仅取决于R_F和R_f两电阻之比值。式(5-17-3)中负号表示输出与输入反相，故称反相标量乘法器(亦名反相比例运算放大器)。

图5-17-3中的电阻R_P用来保证外部电路平衡对称，以补偿运算放大器本身偏置电流及其漂移的影响，取值为$R_P=R_f /\!/ R_F$。

当$R_f /\!/ R_F$时，$K=1$，式(5-17-3)变为$u_o=-u_i$，这就是最简单的反相器。

(2) 同相标量乘法器线路如图5-17-4所示。由于"+"端和"-"端电位相等，且"+"端无输入电流，可得

$$u_- = u_+ = u_i$$

$$i_f = -\frac{u_i}{R_f}$$

$$i_F = -\frac{u_o - u_i}{R_F}$$

又因"-"端也无输入电流，即$i_f=i_F$，所以有：

$$-\frac{u_o}{R_f} = -\frac{u_o - u_i}{R_F}$$

最后得

$$u_o = \left(1+\frac{R_F}{R_f}\right)u_i = +Ku_i \tag{5-17-4}$$

式中，$K=1+R_F/R_f$为标量，其值不会小于1。R_P取值与图5-17-3相同，即$R_P=R_f /\!/ R_F$。

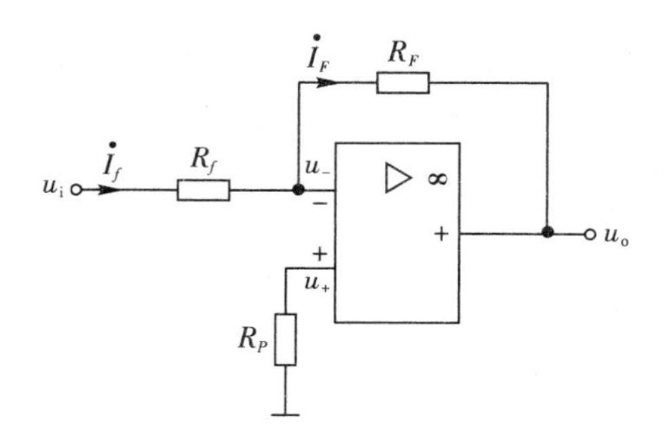

图5-17-3 反相标量乘法器

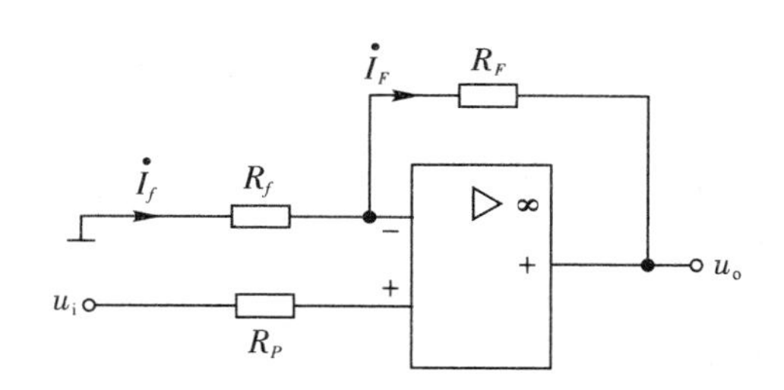

图5-17-4 同相标量乘法器

3) 积分器

(1) 基本积分器。基本积分运算放大器具有反相结构，其原理电路如图5-17-5所示。根据理想运算放大器的特性不难看出

$$i_F = \frac{u_i}{R_f}$$

所以

$$u_o = -u_c = -\frac{1}{C}\int i_F\,dt = -\frac{1}{R_f C_F}\int u_i\,dt$$

可见输出电压u_o是输入电压u_i的积分，习惯上常令

$$\tau = R_f C_F$$

式中，τ称为积分器的积分时间常数，于是输出、输入关系可最后改写为

$$u_o = -\frac{1}{\tau}\int u_i \mathrm{d}t \tag{5-17-5}$$

（2）求和积分器。扩大基本积分器的输入回路数目，即得求和积分器，其原理电路如图 5-17-6 所示。不难证明电路的输入、输出关系为

$$u_o = -\int\left(\frac{u_1}{R_1 C} + \frac{u_2}{R_2 C} + \frac{u_3}{R_3 C}\right)\mathrm{d}t \tag{5-17-6}$$

如果 $R_1 = R_2 = R_3 = R$，则

$$u_o = -\frac{1}{RC}\int(u_1 + u_2 + u_3)\mathrm{d}t \tag{5-17-7}$$

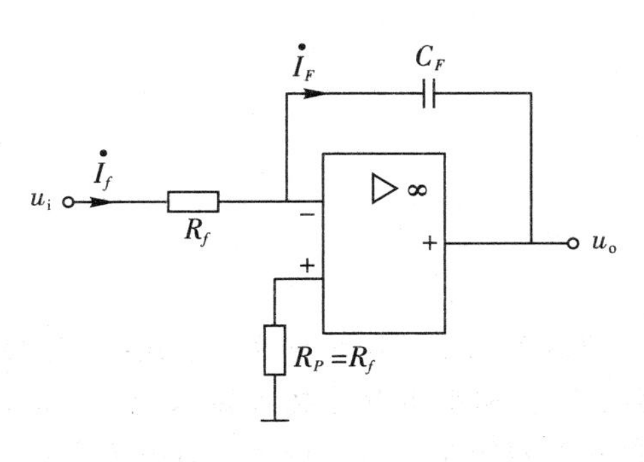

图 5-17-5 积分器

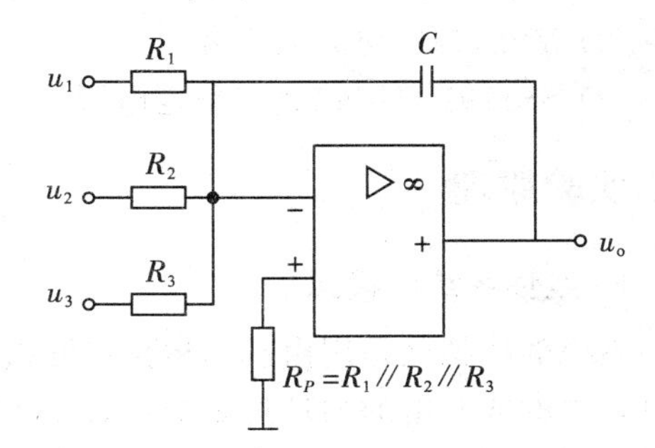

图 5-17-6 求和积分器

四、实验内容

检验基本运算单元特性。

1. 加法器

加法器线路如图 5-17-2 所示。令 u_1 为 $f=2$ kHz、幅度（U_{P-P}值）为 2 V 的正弦波，u_2 为幅度（U_{P-P}值）为 4 V、频率为 1 kHz 的方波，$u_3=0$（用导线与地短路）。用示波器观察 u_1、u_2 和 u_o，分析 u_o 和 u_1、u_2、u_3 间的关系。注意，实验时运算放大器要加±15 V 电源，不要搞错极性，同时要防止运放输出端与地线短路，否则会损坏运算放大器。

2. 标量乘法器

标量乘法器线路如图 5-17-4 所示。$R_f=10$ kΩ，$R_F=20$ kΩ，输入信号采用 $U_{P-P}=$ 1 kHz方波，用示波器观察和测量输入、输出信号波形，并由测量结果计算标量 K 值。

3. 积分器

积分器线路如图 5-17-5 所示。$C_F=0.0047$ μF，$R_f=5.1$ kΩ。当 u_i 为方波（$f=$ 1 kHz，$U_{P-P}=4$ V）时，u_o 为三角波。三角波的斜率与方波的幅度成正比，与积分时常数 τ 成反比。根据此关系，用示波器测量积分时常数 τ，并与理论值比较。

五、思考题

（1）如果积分器输入信号是正弦波，如何测量积分时常数？

（2）在实验中，为保证不损坏运算放大器，操作上应注意哪些问题？

实验十八　连续系统的模拟

一、实验目的

学习根据给定的连续系统的传输函数，用基本运算单元组成模拟装置。

二、实验仪器

(1) TFG1010 DDS 函数信号发生器。
(2) YB2174C 交流毫伏表。
(3) SS1791 可跟踪直流稳定电源。

三、实验原理

1. 线性系统的模拟

系统的模拟就是用由基本运算单元组成的模拟装置来模拟实际的系统。这些实际系统可以是电的或非电的物理量系统，也可以是社会、经济和军事等非物理量系统。模拟装置可以与实际系统的内容完全不同，但是两者的微分方程完全相同，输入、输出关系即传输函数也完全相同。模拟装置的激励和响应是电物理量，而实际系统的激励和响应不一定是电物理量，但它们之间的关系是一一对应的。所以，可以通过对模拟装置的研究来分析实际系统，最终达到一定条件下确定最佳参数的目的。对于那些用数学手段较难处理的高阶系统来说，系统模拟就更为有效。

2. 传输函数的模拟

若已知实际系统的传输函数为

$$H(s)=\frac{Y(s)}{F(s)}=\frac{a_0s^n+a_1s^{n-1}+\cdots+a_n}{s^n+b_1s^{n-1}+\cdots+b_n}$$

分子、分母同乘以 s^{-n} 得

$$H(s)=\frac{Y(s)}{F(s)}=\frac{a_0+a_1s^{-1}+\cdots+a_ns^{-n}}{1+b_1s^{-1}+\cdots+b_ns^{-n}}=\frac{P(s^{-1})}{Q(s^{-1})}$$

式中，$P(s^{-1})$和 $Q(s^{-1})$分别代表分子、分母的 s 负幂次方多项式。因而

$$Y(s)=P(s^{-1})\cdot\frac{1}{Q(s^{-1})}\cdot F(s)$$

令

$$X=\frac{1}{Q(s^{-1})}F(s)$$

则

$$F(s)=Q(s^{-1})X=X+b_1s^{-1}X+\cdots+b_ns^{-n}X$$

$$X=F(s)-b_1s^{-1}X-\cdots-b_ns^{-n}X \tag{5-18-1}$$

$$Y(s)=P(s^{-1})X=a_0X+a_1s^{-1}X+\cdots+a_ns^{-n}X \tag{5-18-2}$$

根据式(5－18－1)可以画出图 5－18－1 所示的模拟框图。在图 5－18－1 的基础上考

虑式(5-18-2)就可以画出如图5-18-2所示的系统模拟框图。在装配模拟电路时，s^{-1}用积分器，$-b_1$、$-b_2$、$-b_3$及a_0、a_1、a_2均用标量乘法器，负号可用倒相器，求和用加法器。值得注意的问题是，积分运算单元有积分时常数τ，即积分运算单元的实际传递函数为s^{-1}/τ，所以标量乘法器的标量$-b_1$、$-b_2$、…、$-b_n$应分别乘以τ^1、τ^2、…、τ^n。同样，a_0、a_1、a_2、…、a_n还应分别乘以$(1)^0$、$(-1)^1$、$(-1)^2$、…、$(-1)^n$，b_1、b_2、b_n还应分别乘以$(-1)^1$、$(-1)^2$、…、$(-1)^n$。例如，对于图5-18-3(a)所示电路，其电压传输函数为

$$H(s)=\frac{u_2(s)}{u_1(s)}=\frac{1}{1+\frac{1}{RC}s^{-1}} \tag{5-18-3}$$

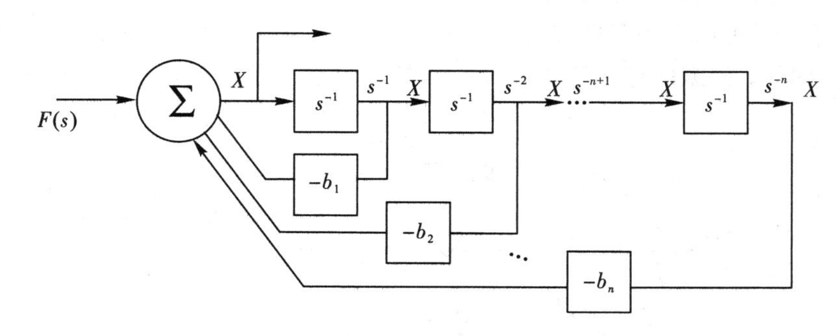

图5-18-1　模拟框图

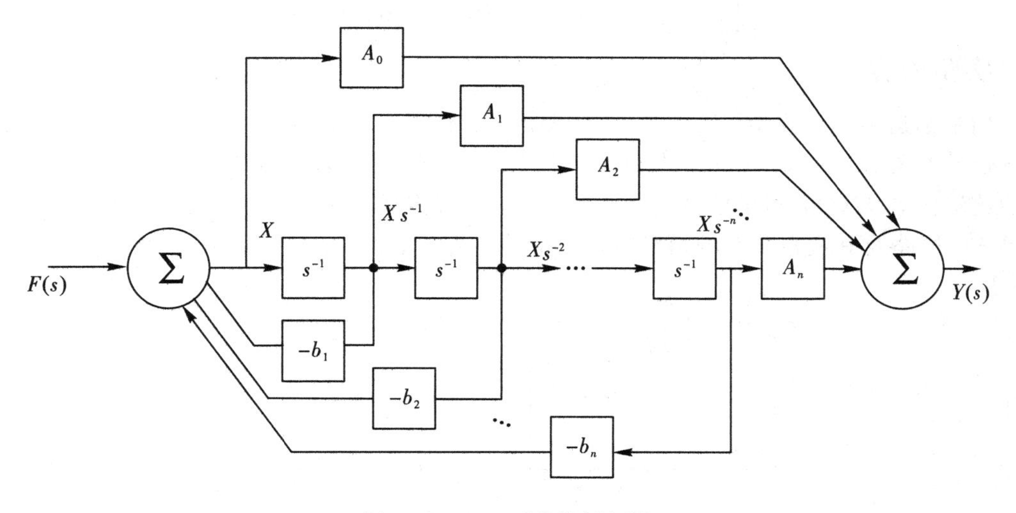

图5-18-2　系统模拟框图

如果RC值等于积分器的时常数τ，则可以用图5-18-3(b)所示的模拟装置来模拟，该装置只用了一个加法器和一个积分时常数为τ的反相积分器。

用信号流图法，有

$$H(s)=\frac{Y(s)}{F(s)}=\frac{a_0s^n+a_1s^{n-1}+\cdots+a_n}{s^n+b_1s^{n-1}+\cdots+b_n}$$

整理成Mason公式形式，得

$$H(s)=\frac{Y(s)}{F(s)}=\frac{a_0+a_1s^{-1}+\cdots+a_ns^{-n}}{1-(-b_1s^{-1}-\cdots-b_ns^{-n})} \tag{5-18-4}$$

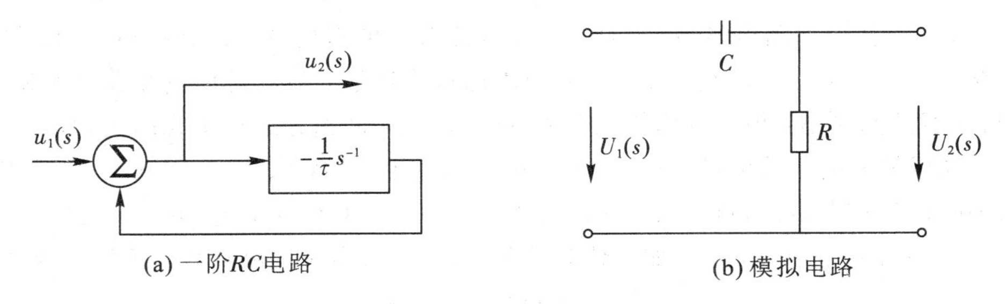

图 5-18-3　一阶 RC 电路模拟

由 Mason 公式的含义，可画出此系统的信号流图如图 5-18-4 所示，其中和点可以用加法器实现，s^{-1}可以用积分器实现，常数 a_0、a_1、a_2、…、a_n及b_1、b_2、…、b_n可以用标量乘法器实现。因此，根据此信号流图便可画出图 5-18-2 所示的模拟系统的方框图。

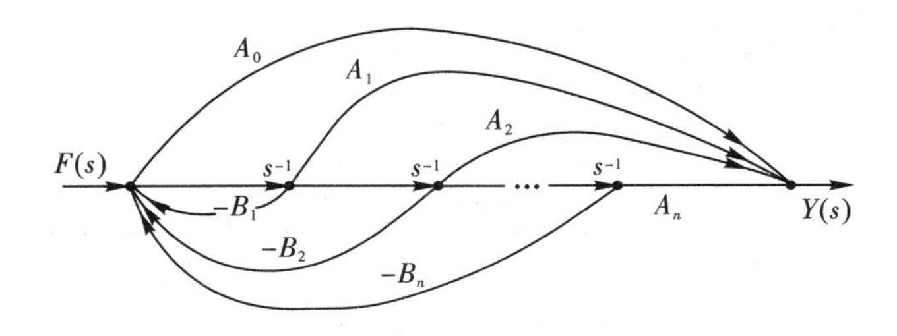

图 5-18-4　系统信号流图

四、实验内容

用基本运算单元模拟图 5-18-5 所示的 RC 低通电路的传输特性。在实验板上，反相积分器的时常数 $\tau = 0.24$ ms，与图 5-18-5 中的 RC 值一样。实验前，先求出 RC 低通电路的传输函数 $H(s)$，画出信号流图及方框图，并确定运算单元的连接方式。实验时，分别测量 RC 电路及其模拟装置的幅频特性，并比较两者是否一致。

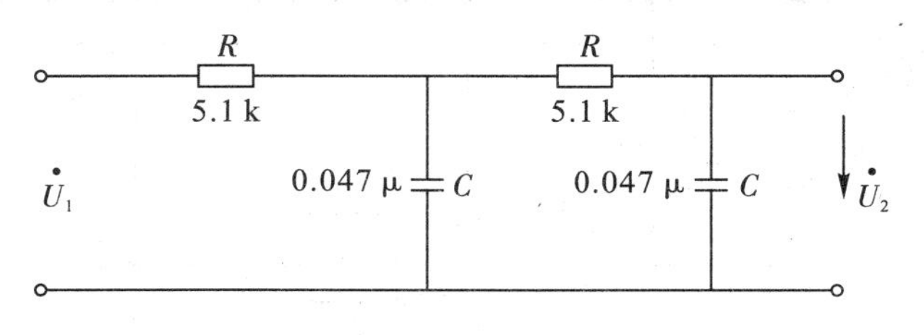

图 5-18-5　RC 低通电路

五、思考题

如果反相积分器的积分时常数与 RC 电路的 RC 值不相等，应如何处理？

实验十九　取样定理

一、实验目的

验证取样定理，了解离散信号频谱的特点。

二、实验仪器

(1) GDS1072B 数字示波器。

(2) SS1791 可跟踪直流稳定电源。

(3) TFG1010 DDS 函数信号发生器。

三、实验原理

对连续时间信号进行取样可获得离散时间信号。取样器可看做一个乘法器，连续信号 $f(t)$和开关函数 $s(t)$在取样器中相乘后输出离散时间信号 $f_S(t)$，如图 5-19-1 所示。

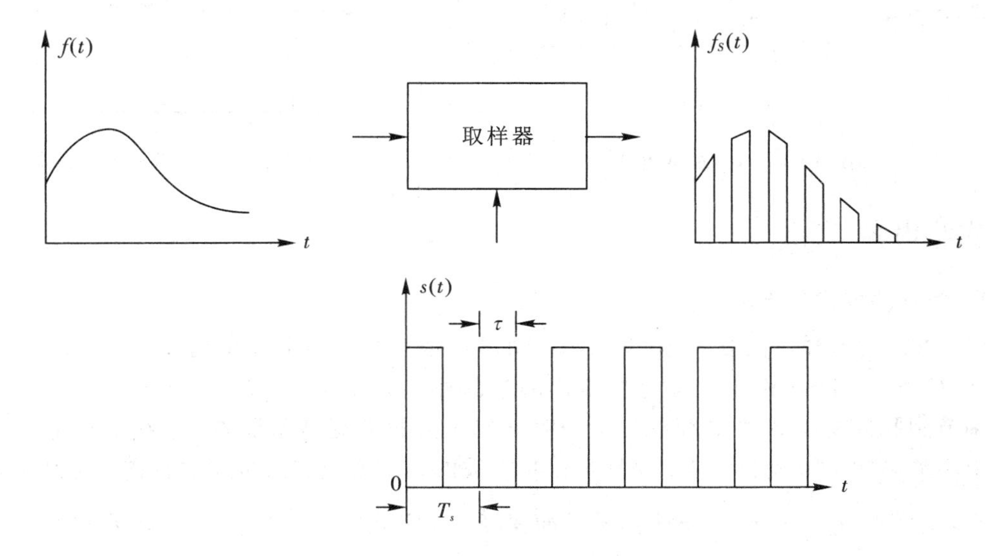

图 5-19-1　连续时间信号的取样原理

若连续信号 $f(t)$的频谱如图 5-19-2(a)所示，则对 $f(t)$取样获得的取样信号 $f_S(t)$的频谱包括了原连续信号 $f(t)$的频谱以及无限个经过平移的原信号频谱。平移的频率间隔等于取样频率 $\omega_s=2\pi/T_S$，如图 5-19-2(b)所示。如果开关函数是周期性矩形脉冲，且脉冲宽度 τ 不为零，则取样信号 $f_S(t)$的频谱 $F_S(\omega)$的包络线按$|\sin x/x|$的规律衰减($x=n\pi\tau/T_S$)。

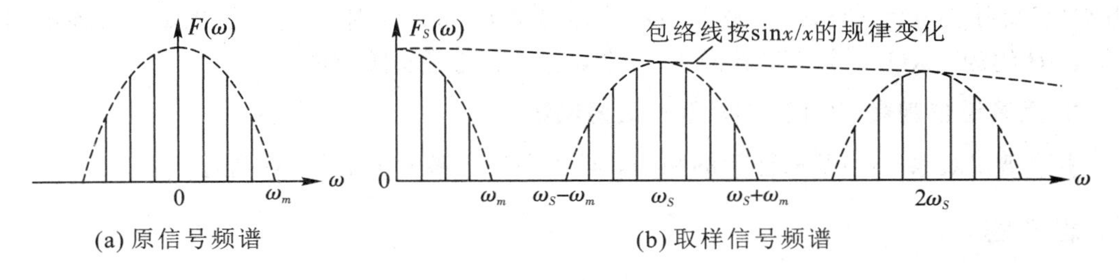

图 5-19-2　原信号和取样信号的频谱

如果令取样信号通过低通滤波器，该滤波器的截止频率等于原信号频谱的最高频率 ω_m，那么取样信号中大于 ω_m的频率成分被滤去，而仅存原信号频谱的频率成分，这样低通滤波器的输出为得到恢复的原信号。根据取样定理，取样时间间隔 T_S(即开关函数 $s(t)$的周期)必须满足 $T_S\leqslant\pi\omega_m$，也就是取样频率 $\omega_S=2\pi/T_S\geqslant2\omega_m$($\omega_m$等于原信号的有效带宽 B)

时取样信号的频谱才不会发生重叠，因而在通过截止频率为 ω_m 的低通滤波器后能不失真地恢复为原信号。

本实验采用的取样器如图 5－19－3 所示，低通滤波器如图 5－19－4 所示，其截止频率为 4 kHz。

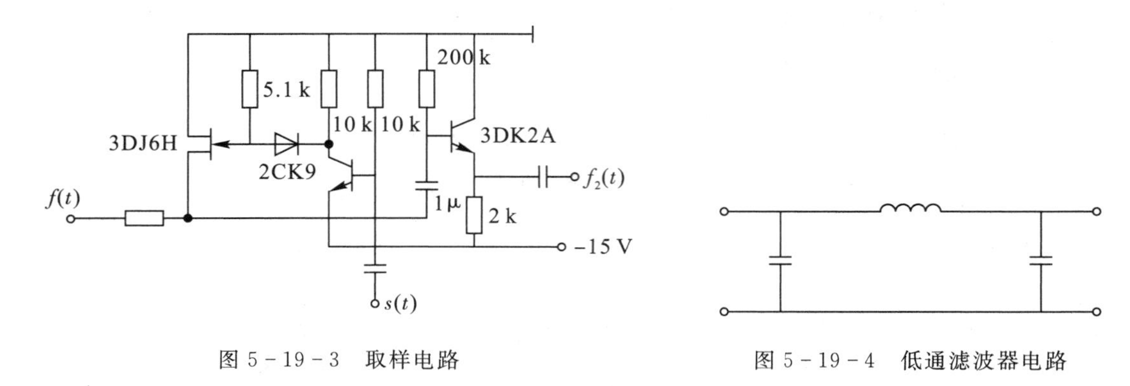

图 5－19－3　取样电路　　　图 5－19－4　低通滤波器电路

四、实验内容

1. 信号的取样与恢复

(1) 方波的取样与恢复。用 TFG1010 DDS 函数信号发生器输出的方波作 $f(t)$，用另一个 TFG1010 DDS 函数信号发生器输出的窄脉冲作取样开关函数 $s(t)$（发生器"占空比"旋钮调节到脉冲宽度最窄）。理论分析表明方波频谱的带宽是无限的，但在工程上可以把幅度很小的高次谐波成分忽略，这样可以将方波的频谱看成有限带宽的频谱。为保证信号失真小，通常取 $B=\frac{2.5\sim5}{\tau}$，τ 为信号脉冲宽度。本实验取 $B=f_m=5/\tau$。实验时取方波频率为 400 Hz，则有效带宽 B 约为 4 kHz，取样频率应大于或等于 $2B=8$ kHz。实验时可分别选取样频率为 4 kHz、8 kHz 和 16 kHz，用 CDS1072B 数字示波器观察 $f(t)$、$f_S(t)$ 及 $f_S(t)$ 通过低通滤波器恢复的信号波形，以验证取样定理。注意，只有当取样脉冲的频率 f_S 保持为原信号频率的整数倍时，才能观察到较稳定的波形，实验时要仔细调节 f_S。

(2) 脉冲波的取样与恢复。$f(t)$ 采用 TFG1010 型产生的 260 Hz 脉冲波（调 TFG1010 "占空比"旋钮使 $\tau=0.33T$，注意要用示波器监测）。根据上述工程上的规定，其频谱的有效带宽 B 约为 4 kHz。实验步骤同 1)。用实验结果说明取样定理。

2. 用频谱仪观察 $f(t)$ 及 $f(t)$ 取样后的频谱

用频谱仪观察 $f(t)$ 及取样后的频谱，具体方法可参考前面所述内容。

五、思考题

(1) 为什么只有当取样脉冲的频率保持为原信号频率整数倍时，示波器上才有较稳定的波形？

(2) 连续时间信号经取样后，其频谱有何特点？

第六章　电路、信号与系统选做性实验

实验一　基本元件的伏安特性

一、实验目的

(1) 了解线性电阻元件和非线性电阻元件的伏安特性。

(2) 掌握伏安特性的测试方法。

二、实验仪器

(1) SS1791 可跟踪直流稳压电源。

(2) MF47F 型万用表。

(3) 直流实验板。

(4) 1 kΩ 电阻、半导体二极管、稳压二极管。

三、实验原理

对于任何一个二端元件的特性，如果用元件两端的电压 U 和通过该元件的电流 I 之间的关系 $f(U, I)$来表示，即用 $I-U$ 平面上的一条曲线来表征，那么这种关系通常称为该元件的伏安特性。

1. 线性电阻元件的伏安特性

线性电阻元件的伏安特性满足欧姆定律，在关联参考方向下，可表示为

$$U = RI \tag{6-1-1}$$

此特性曲线可通过一定的测量电路得到，它是一条通过原点的直线，如图 6-1-1 所示。该直线的斜率等于线性电阻值的大小。

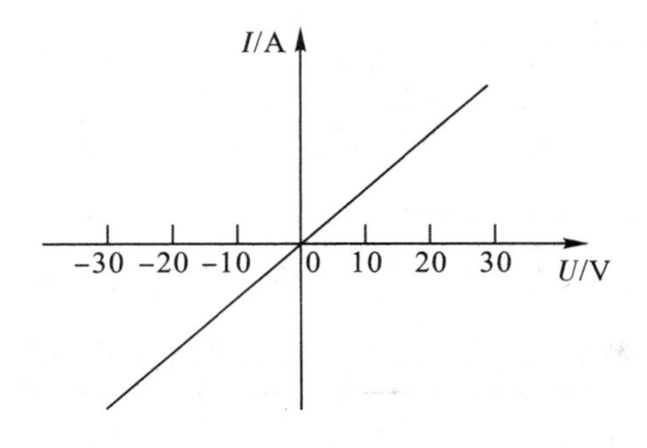

图 6-1-1　线性电阻的伏安特性

2. 非线性电阻元件的伏安特性

普通的半导体二极管是非线性电阻，其伏安特性曲线如图 6－1－2(a)所示，特点为正向压降很小(锗管为 0.2～0.3 V，硅管为 0.5～0.7 V)，正向电流随正向压降的升高而快速增加，而反向电压从 0 增加到十几伏甚至几十伏时，其反向电流却增加得很小。由此可见，二极管具有单向导电性。但需要注意的是，当反向电压加得过高，超过管子耐压的极限值时，会使其击穿损坏。

稳压二极管是一种特殊的半导体二极管，其正向特性与普通二极管类似，但它的反向特性比较特别：在反向电压开始增加时，其反向电流几乎为 0，但当电压增加到某一数值(称为管子的稳压值，管子的型号不同其稳压值是不同的)时，电流下降突然增加，随后它的端电压将维持在某一数值上，不再随外加的反向电压的升高而增大，特性曲线如图 6－1－2(b)所示。

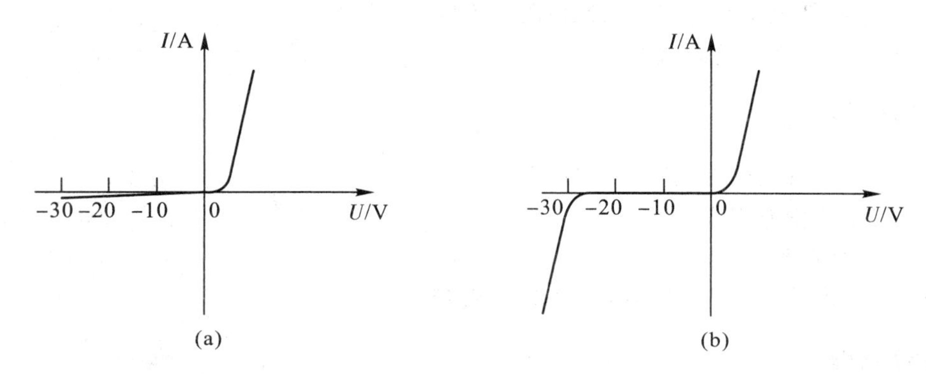

图 6－1－2　非线性电阻的伏安特性

四、实验内容

1. 线性电阻伏安特性的测量

操作步骤如下：

(1) 按图 6－1－3 所示电路在实验板上连接实验线路。

(2) 调节稳压电源的输出电压 U，从 0 开始缓慢地增加，一直增加到 10 V。

(3) 按表 6－1－1 规定的电压值 U，分别测量对应的电流值 I，将测量值记入表 6－1－1 中。

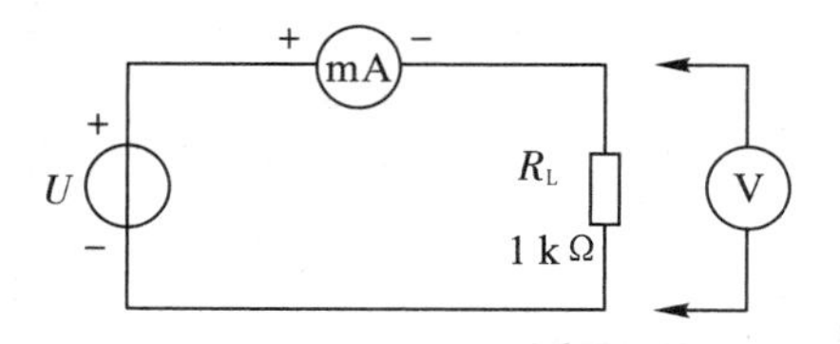

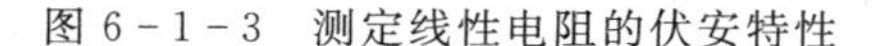

图 6－1－3　测定线性电阻的伏安特性

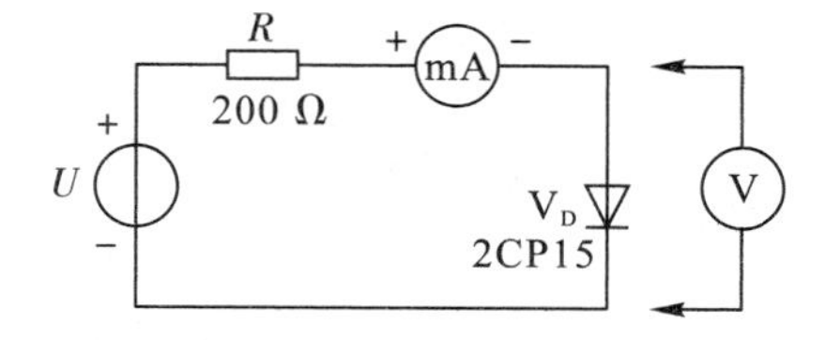

图 6－1－4　测定二极管的伏安特性

表 6－1－1　线性电阻伏安特性的测量

U/V	0	2.0	4.0	6.0	8.0	10
I/mA						

2. 非线性电阻伏安特性的测量

1）普通二极管伏安特性的测量

操作步骤如下：

(1) 按图 6-1-4 所示电路在实验板上连接实验线路(图中的 R 为限流电阻)。

(2) 调节稳压电源的输出电压 U，使其从 0 开始缓慢地增加。

(3) 按表 6-1-2 规定的电压值，分别测量对应的电流，将测量值记入表 6-1-2 中，根据测量数据可得到二极管的正向伏安特性。

(4) 在测量反向特性时，将图 6-1-4 中二极管两端反接，按表 6-1-3 规定的电压值，分别测量对应的电流，将测量值记入表 6-1-3 中。

(5) 在坐标纸上绘出二极管的伏安($U-I$)特性曲线。

表 6-1-2　普通二极管伏安特性的测量

U/V	0	0.20	0.40	0.50	0.55	0.60	0.65	0.70	0.75	0.80
I/mA										

表 6-1-3　反向特性测量

U/V	0	−5	−10	−15	−20	−25	−30
I/mA							

2）稳压二极管伏安特性的测量

操作步骤：将图 6-1-4 中的二极管换成稳压二极管，实验步骤与普通二极管伏安特性的测量相同。

五、思考题

(1) 电阻和二极管的伏安特性是什么？

(2) 普通二极管的伏安特性与稳压二极管的伏安特性有什么区别？

实验二　互感的测量

一、实验目的

学习互感测量方法及同名端的判断方法。

二、实验仪器

(1) TFG1010 DDS 函数信号发生器。

(2) SS1791 可跟踪直流稳压电源。

(3) YB2174C 交流毫伏表。

三、实验原理

在图 6-2-1 所示电路中，开关 S 闭合的瞬间在线圈 Ⅰ 中将有电流建立，方向由 a 流向 b，该电流形成的磁通会使线圈 Ⅱ 产生感应电压。若该电压是 c 端为正，d 端为负，则称

a 端和 c 端为同名端。

在图 6－2－2 所示电路中，设 L_1 和 L_2 之间的互感为 M，若 L_1 和 L_2 串联，则顺接时总电感量为 L'，反接时总电感量为 L''，且

$$L' = L_1 + L_2 + 2M$$

$$L'' = L_1 + L_2 - 2M$$

$$M = \frac{L' - L''}{4} \tag{6-2-1}$$

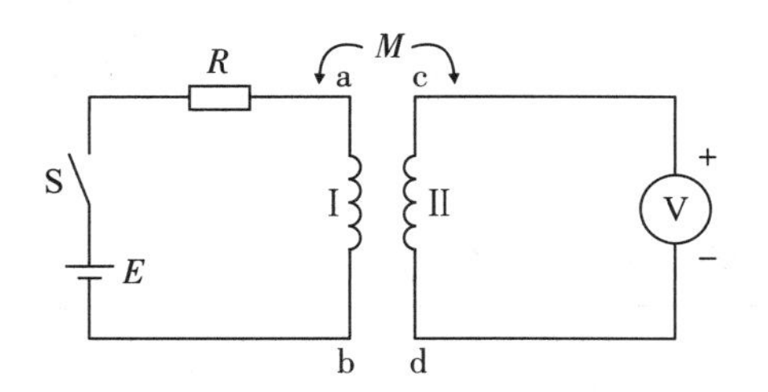

图 6－2－1　互感电路

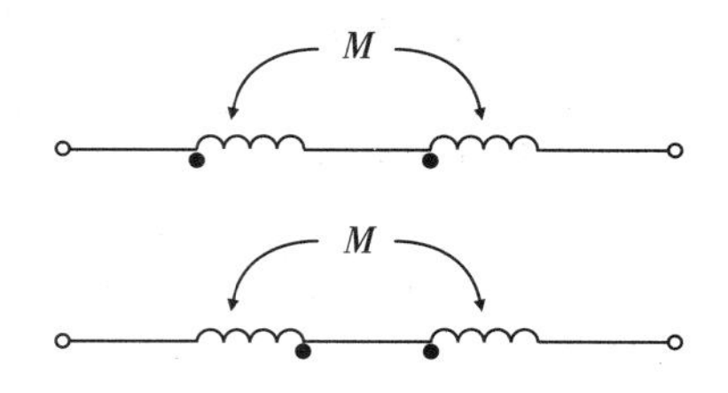

图 6－2－2　串联互感电路

所以，只要测出 L' 和 L'' 值就可计算出 M 值，同时还可判断出同名端。(请思考如何判断。)

L' 和 L'' 值可用交流电桥或 Q 表测量，也可用图 6－2－3 所示的电路测量。电路中电容 C 值已知，调节信号频率使电路谐振(U_{ab} 最小)，根据谐振时阻抗的特点，测出 L' 和 L'' 值。设 L_1 和 L_2 顺接时，谐振频率为 f_1，反接时为 f_2，则

$$L' = \frac{1}{4\pi^2 f_1^2 C} \tag{6-2-2}$$

$$L'' = \frac{1}{4\pi^2 f_2^2 C} \tag{6-2-3}$$

在图 6－2－4 所示电路中，$U_2 = 2\pi f M I_1$，而初级电流 $I_1 = 2\pi f C U_C$，因此

$$M = \frac{U_2}{4\pi^2 f^2 C U_C} \tag{6-2-4}$$

f 和 C 为已知，测得 U_C 和 U_2 就可计算出 M 值，此法称为互感电压法。

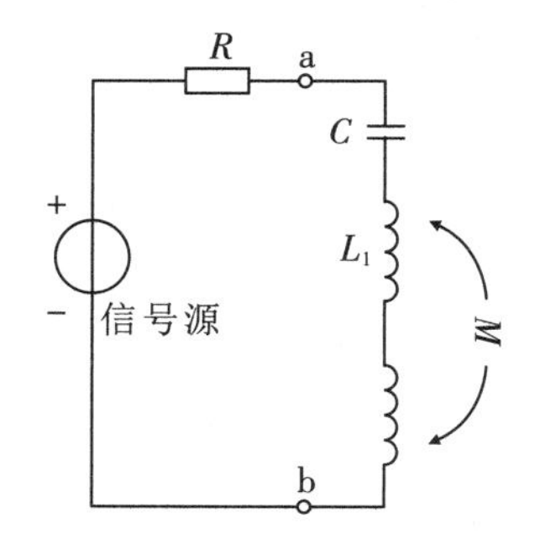

6－2－3　互感测量电路

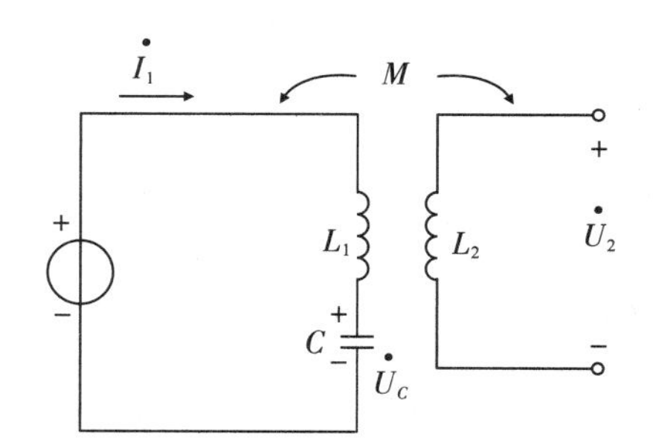

图 6－2－4　互感电压法测量电路

四、实验内容

1. 同名端的判断

按图 6－2－1 所示电路接线，E=5 V，R=10 Ω，电压表用 200 μA 表头。在互感线圈

中间放一根磁棒，以增加线圈电感量及互感值。将两个互感线圈套在一起，闭合开关 S，观察表头指针偏转方向，由此判断线圈同名端。注意，只有在 S 接通瞬间指针有轻微摆动，要仔细观察。

2. 谐振法测互感

(1) 按图 6-2-3 所示电路接线(线圈位置与上述实验同，磁棒不要取出)，R 取 5 kΩ，C 为 1000 pF。用毫伏表测 ab 间电压，信号源输出为 5 V，改变信号频率使电路谐振(U_{ab}最小)，记下谐振频率。将 L_2 的两个端点互换位置，再测谐振频率。根据式(6-2-1)～式(6-2-3)换算出 M 值。将测量数据和计算结果列表表示。

(2) 取出磁棒，测量此时的互感值。方法同上。

3. 互感电压法测互感

(1) 按图 6-2-4 所示电路接线，$C=1000$ pF，线圈互相套在一起，信号频率用 200 kHz，幅度为 4 V。用毫伏表测量 U_C和 U_2，并由式(6-2-4)换算 M 值。

(2) 将两互感线圈拉开一定距离，再用上法测 M 值。根据测量结果，说明 M 值与介质及线圈位置的关系。

五、思考题

用谐振法测互感时，如何根据测量结果判断同名端？

实验三　Q　表

一、实验目的

学习用 Q 表测量元件参数。

二、实验仪器

(1) Q 表。

(2) 电容器、电感器和 0.8 mm 漆包线。

三、实验原理

在电路理论中，把电路元件抽象为电阻、电容、电感等理想元件模型。实际电路元件的模型应是若干种理想元件的组合，而且实际元件的性质和数值一般都随所加的电流、电压、频率及环境温度、机械冲击等条件而变化。特别是频率较高时，各种分布参数的影响变得十分严重，这时电容器可能呈现感抗，而电感线圈也可能呈现容性。下面分析电感线圈、电容器、电阻器随频率而变化的情况。

电感线圈除了电感量 L 外，还包含有绕线的损耗电阻 r_L和每匝之间存在的分布电容 C_0，在一般情况下，r_L和 C_0的影响较小。将电感线圈接于直流电源并达到稳态时，则可视为理想电感 L 和损耗电阻 r_L的串联；当频率继续增高时，仍可将其视为电感和电阻的串联，但因 C_0的作用，等效的电感量和电阻值将随频率而变；当频率很高时，C_0的作用显著，可视为电感和电容的并联。由此可见，在某一频率范围内，电感线圈可由若干理想元件组成的等效电路来近似表示，如图 6－3－1(a)、(b)所示。

(a) 低频等效电路　　(b) 高频等效电路

图 6－3－1　电感线圈的等效电路

电容器的等效电路如图 6－3－2(a)所示。其中，除理想电容 C 外，还包含介质损耗电阻 R_j，由引线、接头、高频趋肤效应等产生的损耗电阻 R，以及电流作用下因磁通引起的电感 L_C。当频率较低时，R 和 L_C 的影响可以忽略，电容器的等效电路可以简化为如图 6－3－2(b)所示电路；当频率很高时，R_j 的影响比 R 的影响小很多，L_C 的影响不可忽略，这时的等效电路如图 6－3－2(c)所示，它相当于一个 LC 谐振电路。

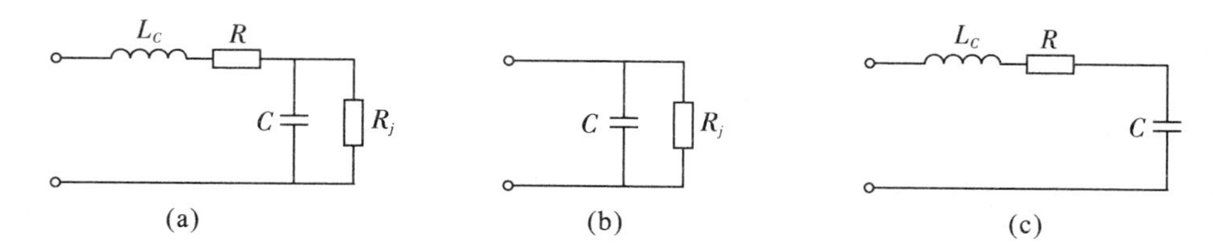

图 6－3－2　电容器的等效电路

电阻器除了理想电阻 R 外，还有串联剩余电感 L_R 及并联电容 C_0。一般情况下，L_R 和 C_0 均很小，其影响可以忽略，即用理想电阻来表示电阻器。随着频率增大，在高频时等效电路如图 6－3－3 所示。

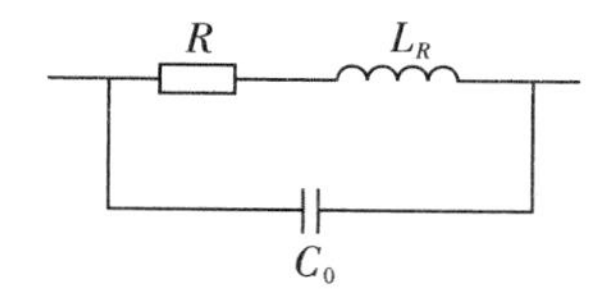

图 6－3－3　电阻元件的高频等效电路图

实际 L、C 元件具有的损耗大小，常用品质因数 Q 来估计。Q 定义为元件的无功功率与损耗功率之比，即

$$\left.\begin{aligned} Q_L &= \frac{I^2\omega L}{I^2 r} = \frac{\omega L}{r} \\ Q_C &= \frac{\omega C U^2}{G U^2} = \frac{\omega C}{G} \end{aligned}\right\} \tag{6-3-1}$$

鉴于电感线圈、电容器、电阻器的实际电路元件值大小随各种因素而变化，在测量时必须保证测量条件与工作条件尽量一致，即测量时所加的电流、电压、频率及环境条件等必须尽可能接近被测元件的实际工作条件，否则测量结果很可能无多大价值。

直流电阻常用万用表电阻挡测量；低频范围使用的元件参数常用交流电桥测量；高频范围使用的元件参数常用 Q 表测量。

四、实验内容

1. 电感的测量

(1) 用两倍频率法测量标称值为 4.7 mH 电感的分布电容 C_0 值。将微调电容器置“0”，调节主调电容器使回路谐振在某一频率 f_1 上，记下此时主调电容器读数，设为 C_1；然后把仪器的频率改变到 $2f_1$，减小主调电容器电容，使回路对 $2f_1$ 频率谐振，设此时电容器读数为 C_2，则

$$C_0 = \frac{C_1 - 4C_2}{3} \tag{6-3-2}$$

(2) 在指定频率上测量该电感的等效电感量和等效 Q 值。根据被测线圈电感量的标称值 4.7 mH，将 Q 表的频率度盘旋至仪器面板上对照表中所标的指定频率上，调节主调电容器使之谐振，由电容器度盘上直接读出电感量 L 数值，并记下在指定频率上的电感 Q 值。

(3) 测量 4.7 mH 电感的实际电感量 L_X。以上测得的电感量 L 值是包括了分布电容影响在内的等效电感量，为了得到实际电感量 L_X，可以在步骤(2)的基础上，当电路谐振后，再调节主调电容器使其增加 $\Delta C = C_0$，此时度盘上对应的电感值即为 L_X。

(4) 用直读法测量频率为 200 kHz 时该电感的 Q 值。

(5) 计算损耗电阻 r_X 和 Q_X。

$$\left.\begin{aligned} r_X &= r\left(\frac{C}{C+C_0}\right)^2 \\ Q_X &= Q\,\frac{C}{C+C_0} \end{aligned}\right\} \tag{6-3-3}$$

式中，

$$r = \frac{\omega L}{Q} \tag{6-3-4}$$

2. 自绕电感的测量

(1) 用 0.8 mm 直径的漆包线在钢笔杆(或圆珠笔杆)上绕 8 圈，将电感线圈两端引线用砂纸磨去漆皮。

(2) 测量该线圈的等效电感值。

(3) 用直读法测量该线圈在频率 10 MHz 时的 Q 值。

3. 电容的测量

(1) 测量标称值为 200 pF 的高频瓷介电容的电容量。

(2) 测量该电容在频率 f 为 800 kHz 时的损耗因数 $\tan\delta$ 及等效并联电阻 R_P。

选择 100 μH 标准电感为辅助线圈，接在 Q 表的 L_X 端，仪器频率度盘调到 800 kHz，调节主调电容 C 使之谐振，记下此时的电容 C_1 及 Q_1，然后在同一频率下将被测电容接于 Q 表 C_X 端上，重新调到谐振，记下此时的电容 C_2 及 Q_2 值，则

$$\tan\delta_X = \frac{(Q_1 - Q_2)C_1}{Q_1 Q_2 (C_1 - C_2)} \tag{6-3-5}$$

$$R = \frac{Q_1 Q_2}{Q_1 - Q_2} \cdot \frac{1}{2\pi f C_1} \tag{6-3-6}$$

(3) 测量标称值为 560 pF 的高频瓷介电容的电容量。

五、思考题

(1) 为什么测量 Q 值和 $\tan\delta$ 时要指定频率？

(2) 试推导两倍频率法测电感分布电容 C_0 的计算公式。

实验四　三相电路电压、电流的测量

一、实验目的

(1) 学习三相负载星形(又称为"Y"形)和三角形(又称为"△"形)连接的方法，掌握这两种接法的线电压和相电压以及线电流和相电流的测量方法。

(2) 充分理解三相四线制中负载不对称时中性线的作用。

(3) 学习相序的测量方法。

二、实验仪器

(1) 交流电压表。

(2) 交流电流表。

(3) MF47F 万用表。

(4) 三相自耦调压器。

(5) 白炽灯(220 V，15 W)。

三、实验原理

1. 三相负载星形连接

将三相阻容负载各相的一端 X、Y、Z 连接在一起，A、B、C 分别接于三相电源的方法称为星形(Y 形)连接，如图 6-4-1 所示。此时相电流等于线电流，如果电源为对称三相电压，则因线电压是对应两相电压的相量差，在负载对称时，线电压 U_L 与相电压 U_P 的有效值相差$\sqrt{3}$倍，即

$$U_L = \sqrt{3}U_P \tag{6-4-1}$$

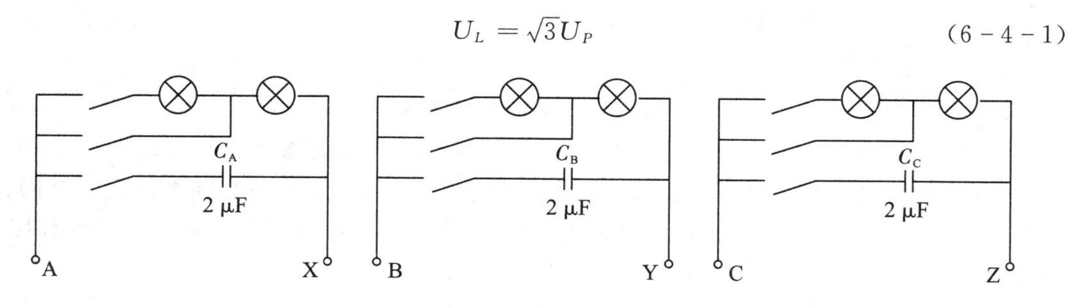

图 6-4-1　三相阻容负载原理图

这时，各相电流也对称，电源中性点与负载中性点之间的电压为零，如果用中性线将两中性点连接起来，则中性线电流也等于零；如果负载不对称，则中性线就会有电流流过。

若此时将中性线隔开，使得三相负载的各相相电压不再对称，则会导致各相连接的电灯出现亮、暗不同的现象。

2. 三角形连接

如果将图 6-4-1 中三相负载的 X 与 B、Y 与 C、Z 与 A 分别相连，再在这些连接点上引出三根线至三相电源，这种连接方法称为三角形(△形)连接。在这种连接方式下，线电压等于相电压，但线电流为对应的两相电流的相量差，在负载对称时，它们也有$\sqrt{3}$倍的关系，即

$$I_L=\sqrt{3}I_P \tag{6-4-2}$$

若负载不对称，它们之间不再有$\sqrt{3}$倍的关系，但是线电流仍为相应的相电流相量差，这时只有通过相量图才能计算出它们的大小和相位。

对于不对称三相负载星形连接，必须采用三相四线制接法，也称为 Y_0 连接。而且中性线必须牢固连接，以保证三相不对称负载的每相电压维持对称不变。

倘若中性线断开，会导致三相负载电压的不对称，致使负载轻的那一相的相电压过高，使负载遭受损坏；而负载重的一相的相电压又过低，使负载不能正常工作。对于三相照明负载，一律采用 Y_0 连接。

在三相电源供电系统中，电源线相序的确定是极为重要的，因为只有同相序的系统才能并联工作。三相电动机转子的旋转方向也完全取决于电源线的相序，除此之外，许多电力系统的测量仪表及继电器的保护装置也与相序有密切关系。

相序指示器可以用于确定三相电源的相序，它是一个星形连接的不对称电路，其中一相接一个电容器 C，另外两相分别接入相等的电阻 R(或两个相同的白炽灯)，如图 6-4-2 所示。

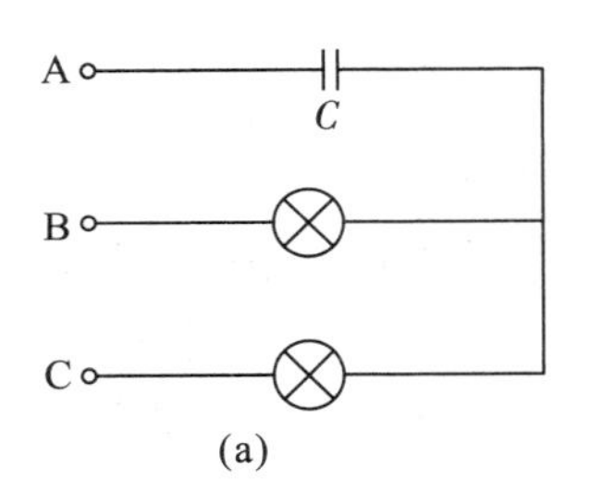

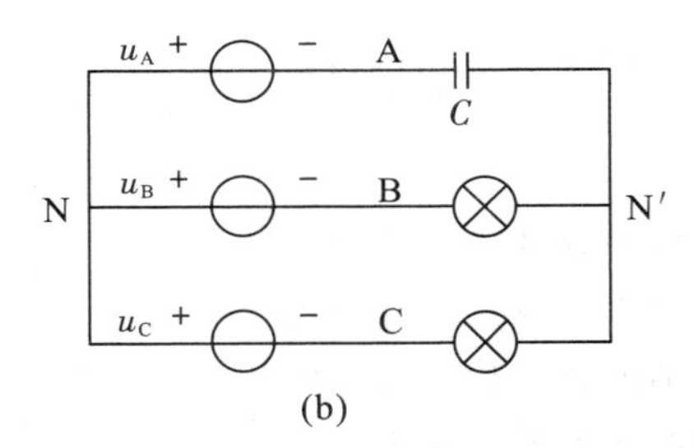

图 6-4-2 三相电源相序图

如果将图 6-4-2(a)中的电路接到对称三相电源上，其等效电路如图 6-4-2(b)所示。如果认定接电容 C 的一相为 A 相，则另外两相中相电压较高的一相必定是 B 相，相电压较低的一相是 C 相。B、C 两相电压的相差大小取决于电容量的大小(可根据需要取值)，在下面两种极限情况下，B、C 两相电压相等：

(1) 如果电容 $C=0$，A 相断开，此时 B、C 两相的电阻串接在线电压上，若两电阻相等，则两相电压是相等的。

(2) 如果电容 $C=\infty$，A 相短路，此时 B、C 两相都接在线电压上，若电源对称，则两相电压是相等的。

当电容为其他值时，B 相电压高于 C 相电压，一般为便于观测，B、C 两相用相同的白炽灯代替电阻，实验中可观察到两个灯一亮一暗的现象。

四、实验内容

1. 三相负载星形连接(三相四线制供电)

操作步骤如下：

(1) 按图 6-4-3 所示电路连接实验电路，即三相灯组负载经三相自耦调压器接通三相对称电源，并将三相调压器的旋柄调至使三相电压输出为 0 的位置(逆时针旋到底的位置)；图中 U、V、W 表示三相负载 A、B、C 的输入端，N 表示三相负载的中性线端。

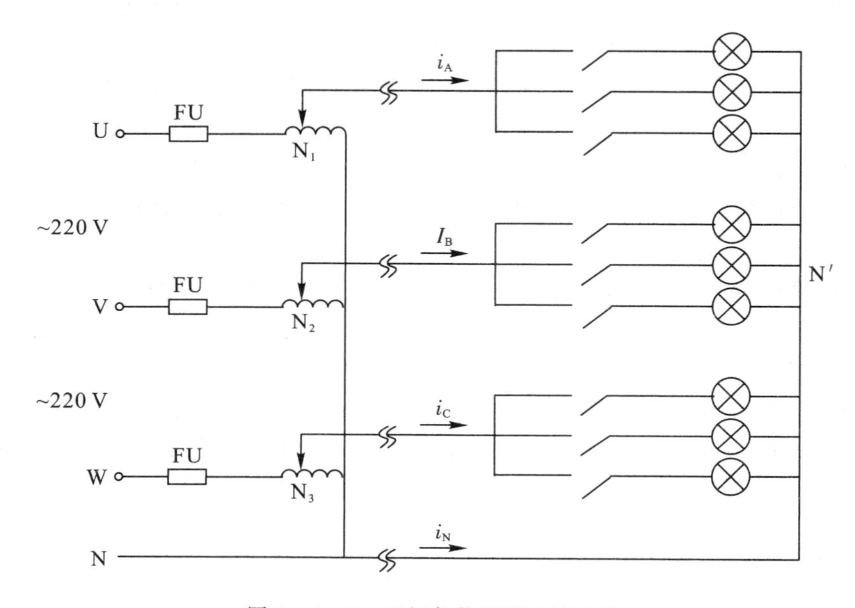

图 6-4-3　三相负载星形连接电路

(2) 经指导教师检查合格后，才可合上三相电源开关，然后调节调压器，使其输出的三相线电压为 220 V。

(3) 分别测量三相负载线电压、相电压、相电流、中性线电流以及电源和负载上的电压，将所测得的数据记入表 6-4-1 中。

(4) 观察各相灯组亮暗的变化过程，特别要注意观察中性线的作用。

表 6-4-1　三相负载星形连接

负载状态					测量值										
					U_L/V			U_P/V			I_P/A			$I_{NN'}$/A	$U_{NN'}$/V
项目		A	B	C	U_{AB}	U_{BC}	U_{CA}	U_A	U_B	U_C	I_A	I_B	I_C		
对称	Y_0	3	3	3											
	Y	3	3	3											
不对称	Y_0	1	2	3											
	Y	1	2	3											

续表

负载状态					测 量 值											
					U_L/V			U_P/V			I_P/A			$I_{NN'}$/A	$U_{NN'}$/V	
B 相断路	Y_0	1	0	3												
	Y	1	0	3												
B 相短路	Y_0	1	0	3												
	Y	1	0	3												

2. 三相负载三角形连接(三相三线制供电)

操作步骤如下：

(1) 将图 6-4-3 所示三相电路改接成三角形连接，如图 6-4-4 所示。

(2) 经指导教师检查合格后接通三相电源，并调节调压器，使其输出线电压为 220 V。

(3) 分别测量线电压(与相电压相等)、相电流和线电流，并计算出相电流与线电流之比，将测量和计算值记入表 6-4-2 中。

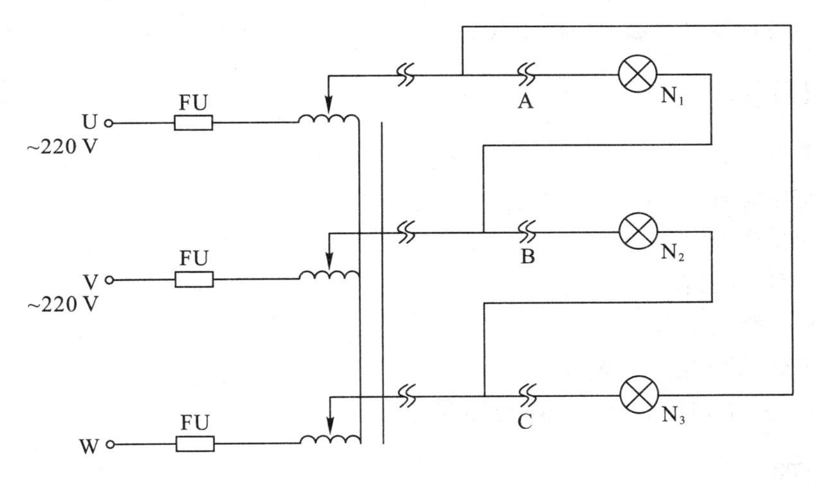

图 6-4-4　三角形连接电路原理图

表 6-4-2　三相负载三角形连接

负载	测量值											
	U_L/V			I_P/A			I_L/A			I_P/I_L		
对称负载												
不对称负载												

注意事项：

(1) 本实验采用三相交流市电，线电压为 380 V，应穿绝缘鞋进入实验室。实验时要注意人身安全，不可随意触及导电部件，以防意外事故发生。

(2) 每次实验电路连接完成后，同组的同学先自检一遍，再由指导教师检查合格后，方可接通三相电源。必须严格遵守“先接线，后通电；先断电，后拆线”的实验操作原则。

(3) 用星形连接负载做短路实验时，必须首先断开中性线，以免发生短路事故。

五、思考题

(1) 试分析三相星形连接不对称负载在无中性线的情况下，当某相负载开路后短路时会出现什么情况。

(2) 三相负载是根据什么条件来做星形或三角形连接的?

实验五　三相电路功率的测量

一、实验目的

(1) 掌握用一表法和二表法测量三相电路有功功率与无功功率的方法。

(2) 熟悉并掌握功率表的接线和使用方法。

(3) 学习各种测量方法的应用条件。

二、实验仪器

(1) 交流电压表。

(2) 交流电流表。

(3) 单相功率表。

(4) MF47F 万用表。

(5) 三相自耦调压器。

(6) 白炽灯(220 V，15 W)。

(7) 电容(0.47 μF，1 μF，2 μF/450 V)。

三、实验原理

在三相四线制供电系统中，对于三相星形连接的负载，可采用一表法测量功率：用一只功率表测量各相的有功功率 P_A、P_B、P_C，三相负载的总有功功率 $P_{总}$ 为各相有功功率之和，即

$$P_{总} = P_A + P_B + P_C \tag{6-5-1}$$

原理电路如图 6-5-1 所示。若三相负载是对称的，则只需测量其中一相的功率即可，该相功率值乘以 3 即可得到三相总的有功功率。

在三相三线制供电系统中，不管三相负载是否对称，也不管负载是星形连接还是三角形连接，均可用二表法测量三相负载总的有功功率，即

$$P_{总} = P_1 + P_2 \tag{6-5-2}$$

式中，P_1 和 P_2 分别为两个功率表的测量值。原理电路如图 6-5-2 所示。

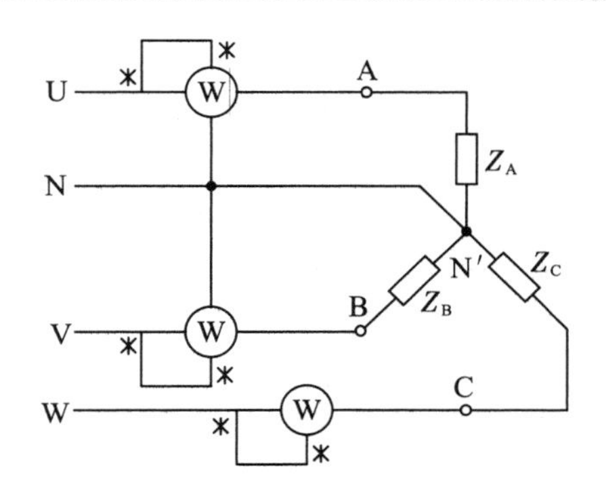

图 6-5-1　一表法测有功功率原理电路

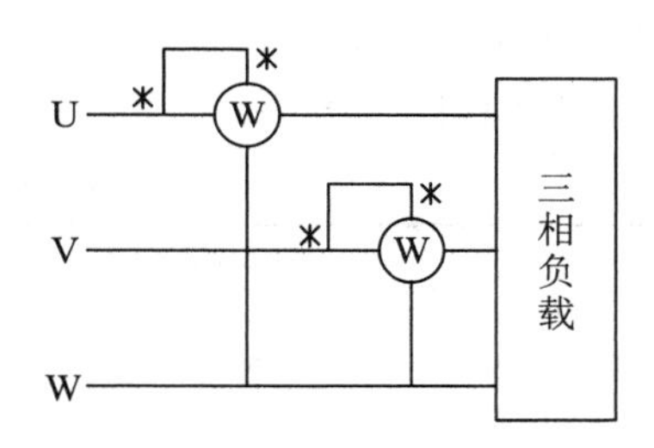

图 6-5-2　二表法测有功功率原理电路

另外，在三相负载对称时，可用一表法测量三相负载总的无功功率 Q，测量原理电路如图 6-5-3 所示。图中功率表的测量值再乘以 3 即为总的无功功率 Q。除了图 6-5-3 中给出的连接方法（I_U，U_{VW}）外，还有另外两种连接方法，即接成（I_V，U_{UW}）或（I_W，U_{UV}）。

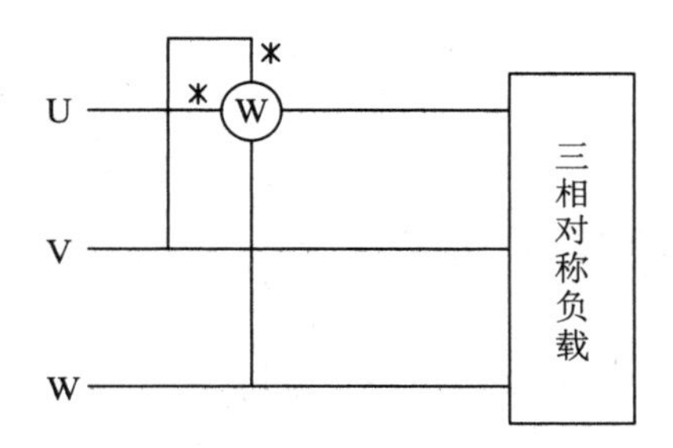

图 6-5-3　一表法测无功功率原理电路

四、实验内容

1. 用一表法测三相负载 Y_0 连接的总功率

操作步骤如下：

（1）按图 6-5-4 所示连接实验电路。电路中的电流表和电压表用于监视三相电流和电压，使它们不超过功率表电压和电流的量程。

（2）经指导教师检查合格后，接通三相交流电源，并调节调压器使其输出线电压为 220 V。

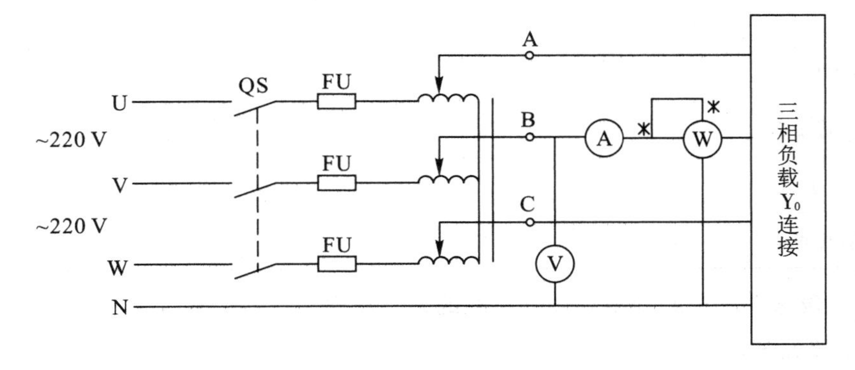

图 6-5-4　用一表法测量三相负载总功率的实验电路

(3) 按表 6-5-1 中的要求，进行下面的实验。

(4) 将电压表、电流表和功率表按图 6-5-4 所示接入 B 相进行测量，测量数据记入表 6-5-1 中，并计算总功率 $P_{总}$。

(5) 分别将三只表接入 A 相和 C 相，完成相应的测量和计算，填入表 6-5-1 中。

表 6-5-1　一表法测功率

负载状态				测量值			计算值
项　目	A 相	B 相	C 相	P_A/W	P_B/W	P_C/W	$P_{总}$/W
Y_0连接对称负载	3	3	3				
Y_0连接不对称负载	1	2	3				

2. 用二表法测三相负载的总功率

操作步骤如下：

(1) 按图 6-5-5 所示连接实验电路，将三相负载(白炽灯)接成星形。

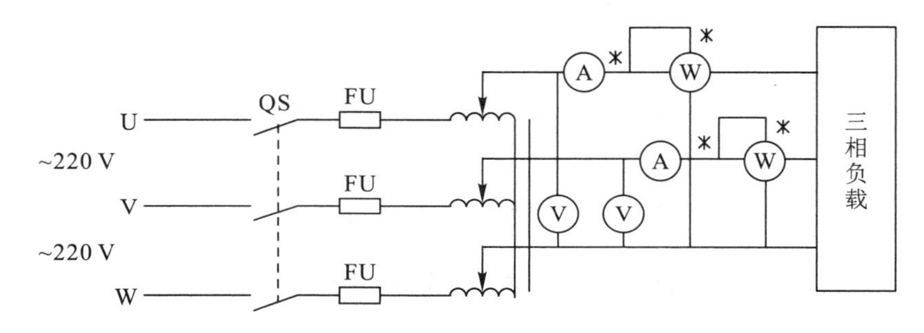

图 6-5-5　用二表法测三相负载总功率实验电路图

(2) 经指导教师检查合格后，接通三相交流电源，并调节调压器使其输出线电压为 220 V。

(3) 按表 6-5-2 中要求的内容进行实验，并完成相应的测量和计算。

(4) 将三相负载接成三角形，重复步骤(2)、(3)。

表 6-5-2　二表法测三相负载功率

负载状况				测量值		计算值
项　目	A 相	B 相	C 相	P_1/W	P_2/W	P_3/W
Y 连接对称负载	3	3	3			
Y 连接不对称负载	1	2	3			
△连接对称负载	3	3	3			
△连接不对称负载	1	2	3			

3. 用一表法测三相对称星形连接负载的无功功率

操作步骤如下：

(1) 按图 6-5-6 连接实验电路，将三相负载接成星形。

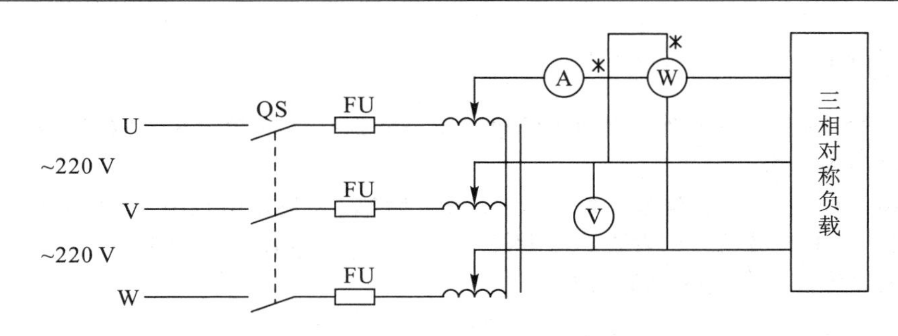

图 6-5-6　用一表法测三相对称负载的无功功率实验电路图

(2) 经指导教师检查合格后，接通三相交流电源，并调节调压器使其输出线电压为 220 V。

(3) 按表 6-5-3 中要求的内容进行实验，并完成相应的测量和计算。

表 6-5-3　一表法测三相对称负载的无功功率

负载状况	测量值			计算值
	U/V	I/A	Q/var	$Q_{总}=\sqrt{3}Q$
对称灯组(每相开 3 盏)				
对称电容(每相 4 μF)				
灯组和电容的并联负载				

注意事项：

(1) 每次实验完毕，均需将三相调压器的旋柄调回到 0 位置。

(2) 在每一次改变接线时，均需断开三相交流电源，以确保人身安全。

五、思考题

(1) 在负载对称的情况下，星形连接、三角形连接时的功率有什么固定关系？

(2) 在什么情况下可以用二表法测三相四线制星形连接的三相功率？

实验六　有源滤波器

一、实验目的

(1) 比较无源 RC 和有源 RC 滤波器的幅频特性。

(2) 研究二阶有源 RC 低通滤波器的幅频特性。

二、实验仪器

(1) TFG1010 DDS 函数信号发生器。

(2) YB2174C 交流毫伏表。

(3) SS1791 可跟踪直流稳压电源。

三、实验原理

RC 滤波器不用电感元件，因而不需磁屏蔽。特别是在低频频段，RC 滤波器比含电感的滤波器体积小得多。

有源 RC 滤波器与无源滤波器比较，前者输入阻抗大，输出阻抗小，能在负载和信号源间起隔离作用，同时滤波特性前者要比后者好。有源 RC 滤波器的另一个特点是容易集成化。

二阶低通滤波器的传递函数可写成

$$H(S)=\frac{U_o(S)}{U_i(S)}=\frac{H_0\omega_0^2}{S^2+\frac{\omega_0}{Q}S+\omega_0^2} \tag{6-6-1}$$

式中，$U_o(S)$为输出；$U_i(S)$为输入；ω_0称为固有振荡角频率；Q称为滤波器的品质因数；H_0是$\omega=0$时的幅度响应系数。

由式(6-6-1)可知，二阶低通函数有两个极点(共轭极点)S_{P_1}、S_{P_2}，且

$$S_{P_1}=-\sigma_1+\mathrm{j}\omega_1$$
$$S_{P_2}=-\sigma_1-\mathrm{j}\omega_1$$

式中，

$$\left.\begin{aligned}\sigma_1&=\frac{\omega_0}{2Q}\\ \omega_1&=\omega_0\sqrt{1-\frac{1}{4Q^2}}\end{aligned}\right\} \tag{6-6-2}$$

因此，式(6-6-1)可写成

$$H(S)=\frac{H_0\omega_0^2}{(S-S_{P_1})(S-S_{P_2})} \tag{6-6-3}$$

为了分析幅频特性和相频特性，将式(6-6-3)中S换成$\mathrm{j}\omega$，得

$$H(\mathrm{j}\omega)=\frac{H_0\omega_0^2}{(\mathrm{j}\omega-S_{P_1})(\mathrm{j}\omega-S_{P_2})} \tag{6-6-4}$$

在S平面上，$\mathrm{j}\omega-S_{P1}$和$\mathrm{j}\omega-S_{P2}$可以看成长度分别为A_1、A_2，辐角分别为θ_1、θ_2的矢量。幅角是自实轴转至该矢量的夹角(逆时针为正，顺时针为负)，如图6-6-1所示。这样，式(6-6-4)可写成

$$H(\mathrm{j}\omega)=\frac{H_0\omega_0^2}{A_1A_2}\mathrm{e}^{-\mathrm{j}(\theta_1+\theta_2)}$$

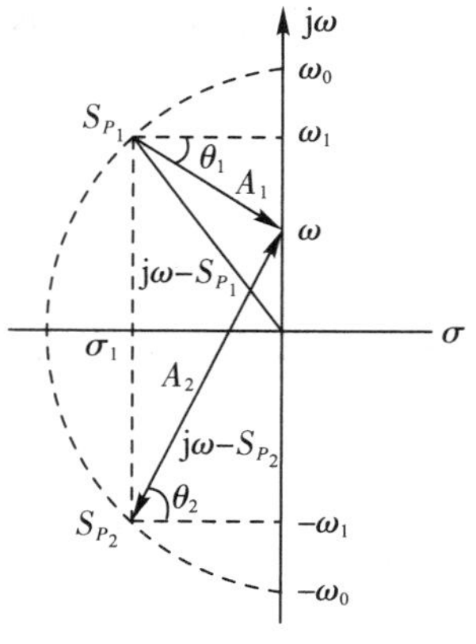

图6-6-1 二阶低通S平面上的矢量图

幅频特性为

$$H(\omega)=\frac{H_0\omega_0^2}{A_1A_2}=\frac{H_0\omega_0^2}{\sqrt{\omega_0^4+2(\sigma_1^2-\omega_1^2)\omega^2+\omega^4}} \tag{6-6-5}$$

相频特性为

$$\varphi(\omega)=-(\theta_1+\theta_2) \tag{6-6-6}$$

从图 6-6-1 可知，$H(\omega)$、$\varphi(\omega)$与 ω 的关系如下：

(1) $\omega=0$，$A_1=A_2=\omega_0$，$\theta_2=\theta_1$，所以 $H(0)=H_0$，$\varphi(0)=0$。

(2) $\omega\to\infty$，A_1、$A_2\to\infty$，θ_1、$\theta_2\to\pi/2$，所以 $H(\infty)=0$，$\varphi(\infty)=-\pi$。

(3) ω 从 $0\to\omega_1$时，可以证明：

① $\sigma_1>\omega_1$，即 $Q<1/\sqrt{2}$时，A_1与 A_2的乘积是单调增加的，所以 $H(\omega)$是单调下降的。这种情况在工程上是不采用的。

② $\sigma_1=\omega_1$，即 $Q=1/\sqrt{2}$时，A_1与 A_2的乘积也是单调增加的，但变化率很小，所以 $H(\omega)$在此频率范围内变化很小，比较平坦。此时有

$$H(\omega)=\frac{H_0\omega_0^2}{\sqrt{\omega_0^4+\omega^4}} \tag{6-6-7}$$

$$\varphi(\omega)=\arctan\frac{\omega_1-\omega}{\omega_1}-\arctan\frac{\omega_1+\omega}{\omega_1} \tag{6-6-8}$$

③ $\sigma_1<\omega_1$，即 $Q>1/\sqrt{2}$时，A_1与 A_2的乘积先下降，然后增加，所以 $H(\omega)$在此频率范围内出现峰值，出现峰值的频率 ω_p为

$$\omega_p=\sqrt{\omega_1^2-\sigma_1^2}=\omega_0\sqrt{1-\frac{1}{2Q^2}} \tag{6-6-9}$$

可见 Q 值越高，ω_p越接近固有振荡角频率 ω_0。峰值的大小为

$$H(\omega_p)=\frac{H_0\omega_0^2}{2\sigma_1\omega_1}=\frac{H_0}{\sqrt{\frac{4Q^2-1}{4Q^4}}} \tag{6-6-10}$$

峰值处的相位为

$$\varphi(\omega_p)=-\arctan\frac{2\omega_1}{\omega_p} \tag{6-6-11}$$

从式(6-6-10)可知，Q 值越高，峰值也越高。

二阶低通滤波器的幅频特性如图 6-6-2 所示。图中频率轴用对数刻度，而纵坐标代表的幅度用 $A=20\lg(H(\omega)/H_0)$(单位为 dB)表示。从图 6-6-2 中曲线可知，在低频段，$A\approx0$，信号几乎没有衰减；在高频段，A 以 -40 dB/10ω 的斜率下降，信号被衰减。

$Q=1/\sqrt{2}$时，特性在低频段比较平坦，称为最平幅度特性，又称白脱沃兹特性，其截止频率 ω_c通常被定义为 $H(\omega)$从起始值 $H(0)=H_0$下降到 $H_0/\sqrt{2}$(A 下降 3 dB)时的频率。由式(6-6-7)可得 $\omega_0=\omega_c$，可见 $Q=1/\sqrt{2}$时的截止频率就是固有振荡角频率。

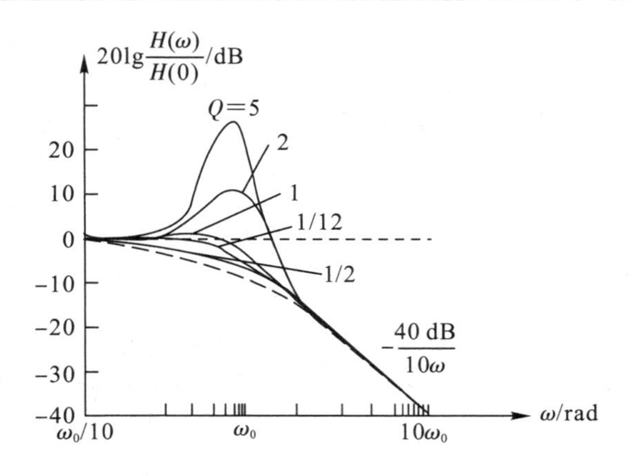

图 6-6-2　二阶低通幅频特性

$Q>1/\sqrt{2}$时，特性出现峰值，称为等波纹特性，又称切比雪夫特性，此时定义截止频率ω_c为特性从峰点下降到起始值 H_0(A 从正值下降到零分贝)时的频率。由式(6-6-5)和式(6-6-2)可得

$$\omega_c=\omega_0\sqrt{2-\frac{1}{Q^2}} \tag{6-6-12}$$

图 6-6-3 为二阶无源 RC 低通滤波器，其电压传输函数为

$$H(S)=\frac{U_o(S)}{U_i(S)}=\frac{\dfrac{1}{R^2C_1C_2}}{S^2+\dfrac{C_1+C_2}{RC_1C_2}S+\dfrac{1}{R^2C_1C_2}} \tag{6-6-13}$$

与式(6-6-1)比较，得

$$\left.\begin{aligned}H_0&=1\\ \omega_0&=\frac{1}{R\sqrt{C_1C_2}}\\ Q&=\frac{M}{M^2+2}\end{aligned}\right\} \tag{6-6-14}$$

式中，$M=\sqrt{C_1/C_2}$，即 $C_1=M^2C_2$。令 $dQ/dM=0$，得 $M^2=2$，即 $C_1=2C_2$时 Q 值最大，此时的 Q 值等于 $1/2\sqrt{2}$。可见二阶无源 RC 低通滤波器的 Q 值是很低的，它的特性曲线在低频段下降得很快，如图 6-6-2 中的虚线所示。

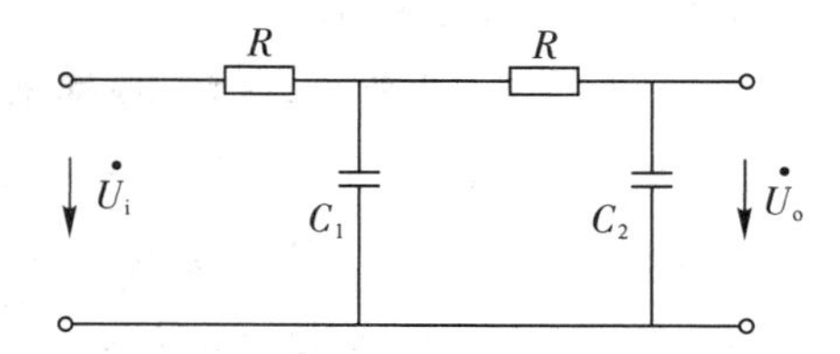

图 6-6-3　二阶无源 RC 低通滤波器

图 6-6-4(a)所示电路为二阶有源 RC 低通滤波器，其等效电路如图 6-6-4(b)所示。该电路的电压传输函数为

$$H(S)=\frac{U_o(S)}{U_i(S)}=\frac{\dfrac{1}{R^2C_1C_2}}{S^2+\dfrac{2S}{RC_1}+\dfrac{1}{R^2C_1C_2}} \tag{6-6-15}$$

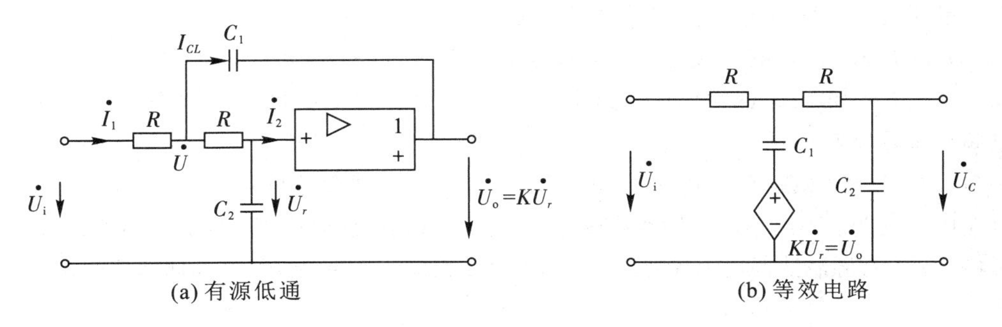

图 6-6-4　二阶有源低通滤波器

与式(6-6-1)比较，得

$$\left.\begin{aligned}H_0&=1\\ \omega_0&=\frac{1}{R\sqrt{C_1C_2}}\\ Q&=\frac{\sqrt{\dfrac{C_1}{C_2}}}{2}\end{aligned}\right\} \tag{6-6-16}$$

可见通过改变 C_1/C_2 值可调节 Q 值，反之在保持 Q 值不变(C_1、C_2 值不变)的情况下，通过调节 R 值可调节 ω_0 和 ω_c 的值。

四、实验内容

1. 无源 *RC* 低通滤波器幅频特性测试

测试电路同图 6-6-3，其中 $R=20\ \text{k}\Omega$，$C_1=2C_2=2\times0.01\ \mu\text{F}$。测试幅频特性时注意保持 $U_i=1$ V 不变。要求测出截止频率 f_c，自行列表记录数据，在单对数纸上画出幅频特性。

2. 有源 *RC* 低通滤波器幅频特性测试

测试电路见图 6-6-5，接线时注意电源电压极性不要接反。

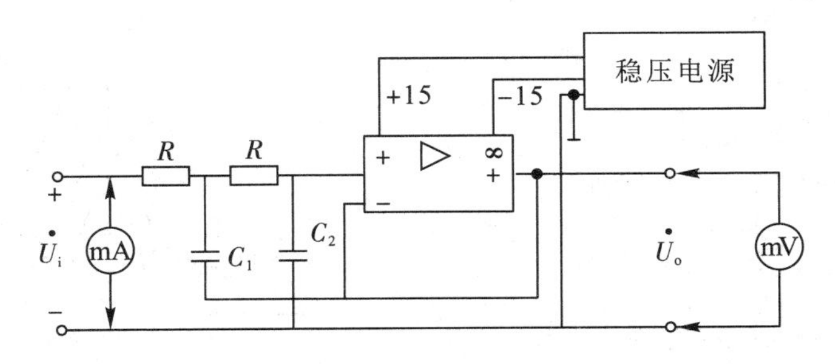

图 6-6-5　二阶有源 *RC* 低通实验电路

测试步骤如下：

(1) 取 $R=20\ \text{k}\Omega$，$C_1=0.02\ \mu\text{F}$，$C_2=0.01\ \mu\text{F}$。测试幅频特性时注意保持 $U_i=1\ \text{V}$ 不变。运算放大器的输出端严禁与地线短路，否则会损坏组件，因此用电压表测试时要特别小心。测试结果自行列表记录(注意测出 f_c 值)。

(2) 将 R 改为 15 kΩ，其他不变，重复上述测试。

(3) 取 $R=15\ \text{k}\Omega$，$C_1=0.047\ \mu\text{F}$，$C_2=0.01\ \mu\text{F}$，重复步骤(1)，并注意测出峰点值、峰点频率及截止频率 f_c。

(4) 取 $R=20\ \text{k}\Omega$，$C_1=0.047\ \mu\text{F}$，$C_2=0.001\ \mu\text{F}$，重复步骤(3)。

在单对数纸上画出不同的特性曲线(画在同一坐标上)加以比较。分析不同参数对滤波器的影响；指出有源滤波器比无源滤波器有何优点；总结二阶有源 RC 低通滤波器的调试方法。

实验七　耦合谐振电路

一、实验目的

研究耦合程度对谐振曲线的影响。

二、实验仪器

(1) YB2174C 交流毫伏表。

(2) XFG－7 型高频信号发生器。

三、实验原理

在无线电技术中经常使用耦合谐振电路。根据耦合方式的不同，耦合谐振电路可以分为互感耦合电路、电容耦合电路和电感耦合电路。对于图 6－7－1 所示的互感耦合电路，谐振可能有全谐振、初级部分谐振和次级部分谐振三种情况，其谐振曲线与初、次级电路耦合松紧程度有关。通过对电路分析可知，在初、次级回路谐振频率和 Q 值均相等的条件下，当 $kQ<1$ 时，曲线为单峰，在谐振频率 f_0 处有最大值；当 $kQ>1$ 时，谐振曲线出现双峰，两个峰对称于 f_0，高度相同，kQ 值越大，双峰相距越远，$f=f_0$ 处下降越低；当 $kQ=1$ 时，称为临界耦合，谐振曲线也是单峰，与串联谐振电路相比，曲线的顶部比较平坦，两边比较陡峭，这种特性有利于选择出需要的信号而抑制频带以外的信号。互感耦合电路谐振曲线如图 6－7－2 所示。

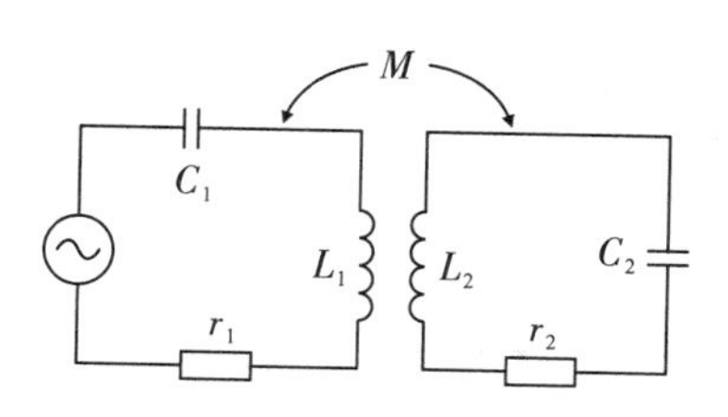

图 6－7－1　互感耦合谐振电路

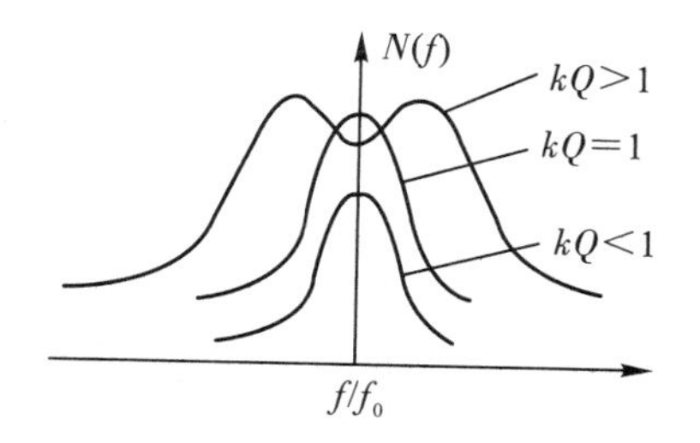

图 6－7－2　互感耦合电路谐振曲线

图 6-7-1 所示电路的实验线路如图 6-7-3 所示，通过改变 L_1 和 L_2 两线圈间的距离来调节耦合松紧程度，L_0 是为了减少信号源内阻对回路 Q 值的影响而外加的小电感线圈。连接线路时注意电容器 C_1 的动片要与信号源、电压表共地。

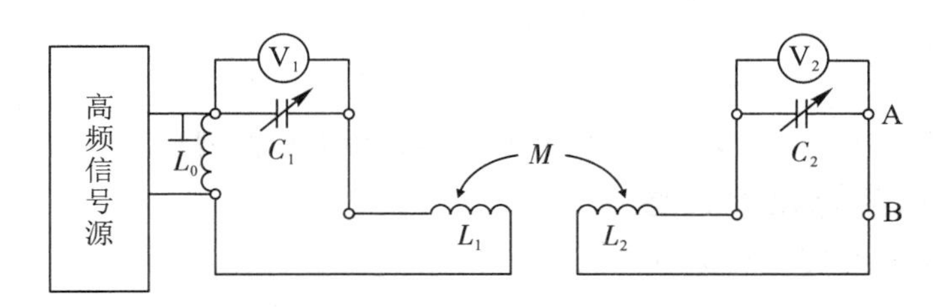

图 6-7-3 互感耦合谐振电路实验线路

四、实验内容

1. 调全谐振

全谐振的条件是 $X_1=0$，$X_2=0$。按照图 6-7-3 所示线路接好初级回路，次级 A、B 断开(或将次级拉开，远离初级)。将信号源频率固定在 1 MHz，调 C_1 使电压表(V_1)指示最大，则初级回路单独谐振，$X_1=0$；然后接通次级回路，使 L_1、L_2 间松耦合，$kQ<1$(相距大于 8 cm)，调 C_2 使(V_2)指示最大，这时 $X_2=0$，电路呈全谐振。

2. 调最佳全谐振

最佳全谐振的特点是 $X_1=0$，$X_2=0$ 以及 $r_1=r_{f1}$，此时 $kQ=1$。电路调到全谐振后，使线圈 L_1 与 L_2 逐渐靠近，加强耦合，电压表(V_2)指示增大，当 C_2 上电压达到最大时，电路达到最佳谐振状态。

3. 测谐振曲线

(1) 测临界耦合($kQ=1$)时的谐振曲线：电路调到最佳全谐振后，信号频率在 950～1050 kHz 范围内变化(每隔 5 kHz 测一个点)，保持信号源输出电压不变(信号源上电表指示不变)，将相应的 u_{C2} 列表记录下来。

(2) 测 $kQ<1$ 时的谐振曲线：使 L_1 和 L_2 的距离大于临界耦合的距离，然后重复步骤(1)。

(3) 测 $kQ>1$ 时的谐振曲线：使 L_1 和 L_2 的距离小于临界耦合的距离，先按步骤(1)规定的频率范围从低到高改变信号频率，观察双峰出现的位置是否对称于 f_0，峰顶高低是否相差不多。若位置很不对称，高低相差太大，则应按步骤(1)重新调一下谐振，再适当调整 L_1 与 L_2 的距离，直到双峰符合要求，然后立即记录双峰的幅度和对应的频率。随后再在 950～1050 kHz 之间按每间隔 5 kHz 测一个点的方法测量谐振曲线。最后列出测量数据表，在同一坐标上画出三种情况的 $u_{C2}-f/f_0$ 曲线。

五、思考题

在实验中是以 u_C 达到最大值时来判断初、次级是否谐振的，即认为 $X=0$。严格地说，u_C 达到最大值时，$X=0$ 吗？为什么？

实验八　冲激响应与阶跃响应

一、实验目的

（1）观察和测量 RLC 串联电路的阶跃响应与冲激响应的波形和有关参数，并研究其电路元件参数变化对响应状态的影响。

（2）掌握有关信号时域的测量方法。

二、实验仪器

（1）YB4340 双踪示波器。

（2）TFG1010 DDS 函数信号发生器。

三、实验原理

RLC 串联电路的阶跃响应与冲激响应电路原理图如图 6－8－1 所示，其响应有以下三种状态：

（1）当电阻 $R>2\sqrt{L/C}$ 时，为过阻尼状态；

（2）当电阻 $R=2\sqrt{L/C}$ 时，为临界阻尼状态；

（3）当电阻 $R<2\sqrt{L/C}$ 时，为欠阻尼状态。

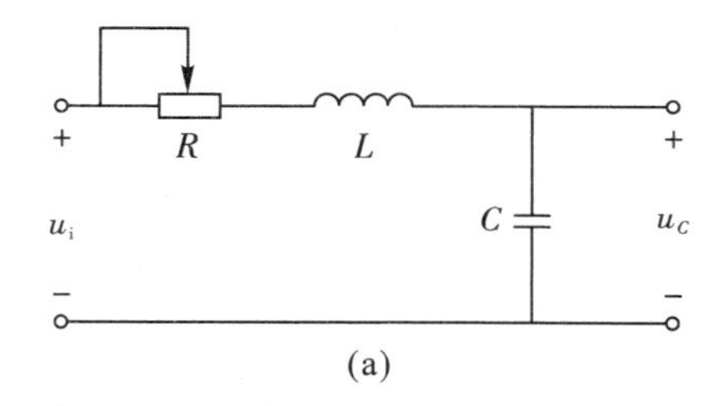

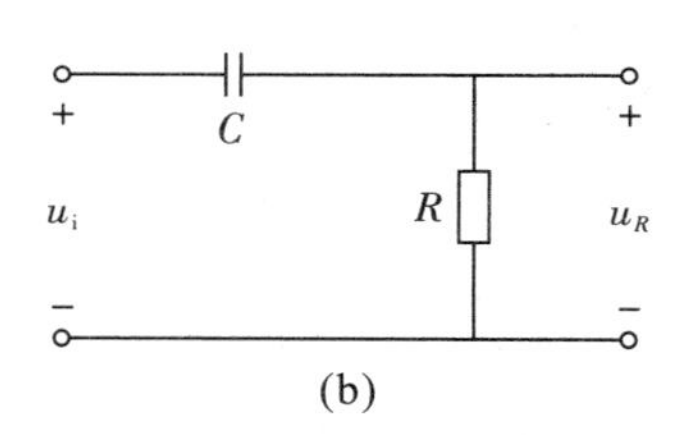

图 6－8－1　阶跃响应与冲激响应原理图

为了便于用示波器观察响应波形，实验中用周期方波代替阶跃信号，作为图 6－8－1(a)的输入信号，观察 u_C 波形，通过调节电位器 R，可得到三种状态下的阶跃响应波形。

为了用示波器观察 RLC 串联电路的冲激响应波形，可采用方案一，冲激信号是阶跃信号的导数，所以对线性时不变系统来说冲激响应也是阶跃响应的导数。将上述三种状态下的 u_C 信号加载至图 6－8－1(b)微分电路的输入端，即可用示波器观察 RLC 串联电路的冲激响应。也可采用方案二，首先调节信号源使之输出一个占空比较小的脉冲信号作为冲激信号，然后将该信号输入到图 6－8－1(a)即可。

四、实验内容

（1）观测 $U_P=3.0$ V，$f=1.00$ kHz 方波作用下 RLC 串联电路的阶跃响应（观测 u_C 波

形)。图 6-8-1(a)电路 $L=10$ mH，$C=100$ nF，改变 R 值，使电路出现欠阻尼、临界阻尼和过阻尼三种情况，要求描绘波形，测量振荡状态时的 f_d 及 α。

(2) 将上述欠阻尼、临界阻尼和过阻尼(不振荡)三种情况输入到图 6-8-1(b)所示电路，$R=1$ kΩ，$C=47$ nF，观测 RLC 串联电路的冲激响应(观测 u_R 波形)，并按要求描绘波形。

五、思考题

(1) 观察阶跃响应与冲激响应时，为什么要用周期方波作为激励信号?

(2) 选用方案一分析观察冲激响应时，如果将信号源输出的周期方波先通过图 6-8-1(b)所示的微分电路，观察得到的冲激响应和原来的波形会有何不同? 试分析原因。

实验九　离散系统的模拟

一、实验目的

学习离散时间系统的模拟方法，了解离散时间系统幅频特性的特点。

二、实验仪器

(1) YB4340 双踪示波器。

(2) TFG1010 DDS 函数信号发生器。

(3) YB2174C 交流毫伏表。

三、实验原理

图 6-9-1 所示一阶低通滤波器的传输函数为

$$H_a(S)=\frac{1}{1+RCS} \tag{6-9-1}$$

其幅频特性为

$$H_a(\omega)=\frac{1}{\sqrt{1+(RC\omega)^2}} \tag{6-9-2}$$

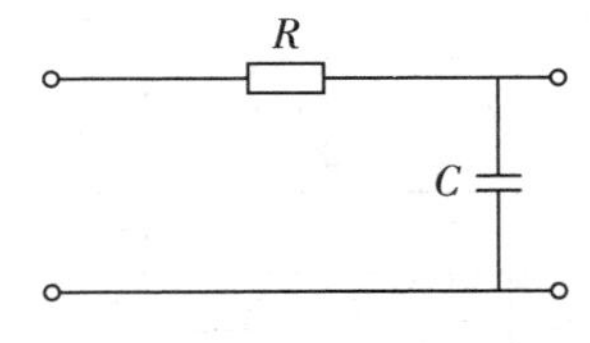

6-9-1　RC 低通电路

与这一低通滤波器相应的数字滤波器的传输特性 $H(z)$，可用冲激响应不变法导出。图 6-9-1 所示电路的冲激响应为

$$h_a(t)=\frac{1}{RC}\mathrm{e}^{-\frac{t}{RC}}$$

对应数字滤波器的单位采样响应为式中冲激响应的等间隔采样序列，即

$$h_{\mathrm{d}}(n)=h_{\mathrm{a}}(nT)=\frac{1}{RC}\mathrm{e}^{-\frac{nT}{RC}}$$

式中，T 为采样周期。$H_{\mathrm{d}}(n)$的 z 变换式为

$$H'_{\mathrm{d}}(z)=\frac{1}{RC}\cdot\frac{1}{1-\mathrm{e}^{-\frac{T}{RC}}z^{-1}}$$

令

$$K=\mathrm{e}^{-\frac{T}{RC}}$$

则

$$H'_{\mathrm{d}}(z)=\frac{1}{RC}\cdot\frac{1}{1-Kz^{-1}}$$

设输入信号为 $u_1(z)$，输出信号为 $u_2(z)$，对应数字滤波器的 z 传输函数为

$$H_{\mathrm{d}}(z)=\frac{u_2(z)}{u_1(z)}=TH'_{\mathrm{d}}(z)=\frac{T}{RC}\cdot\frac{1}{1-Kz^{-1}} \qquad (6-9-3)$$

则

$$u_1(z)\frac{T}{RC}+u_2(z)Kz^{-1}=u_2(z)$$

根据上式可画出数字滤波器的方框图如图 6－9－2 所示，图中求和用加法器，乘 K 用标量乘法器，z^{-1}用图 6－9－3 所示开关电容式延迟电路。

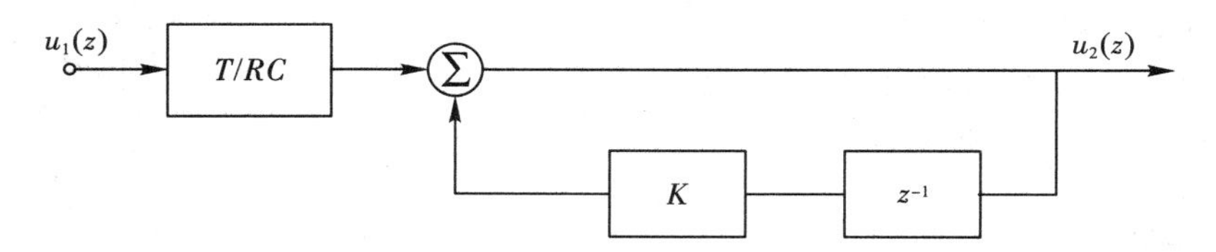

图 6－9－2　数字滤波器方框图

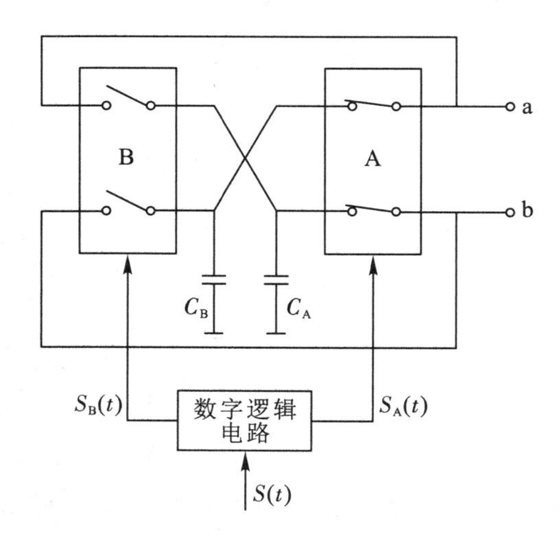

图 6－9－3　延迟电路

开关电容式延迟电路由数字逻辑电路、四个电子开关以及作为记忆元件的两个电容器

组成。$S(t)$就是控制取样器的开关函数，经数字逻辑电路加工成$S_A(t)$和$S_B(t)$，输出至控制开关A和开关B。控制信号为高电平时开关接通，为低电平时开关断开。a、b两端点是延迟电路的输入、输出端点，a入b出或b入a出均可。延迟器工作时各点电压波形如图6－9－4所示。在t_0时刻，$S_A(t)$为高电平，开关A接通，此时到达a端的$u(nT)$经开关A对C_A充电，使$uC_A=u(nT)$，同时C_B上在$(nT-T)$时刻输入的$u(nT-T)$经开关A从b端输出。t_1时刻，$S_A(t)$和$S_B(t)$均为低电平，A、B两个开关均断开，C_A、C_B上的电压保持不变。t_2时刻，$S_B(t)$为高电平，开关B接通，此时$u(nT+T)$到达a端经开关B对C_B充电，使$uC_B=u(nT+T)$，同时C_A上保持的$u(nT)$经开关B从b端输出。t_3时刻，开关全断开，电容上电压不变。t_4时刻，重复t_0时刻的动作，但输入是$u(nT+2T)$，输出是$u(nT+T)$。可见，开关电容延迟电路能把输入信号延迟一个取样周期T。

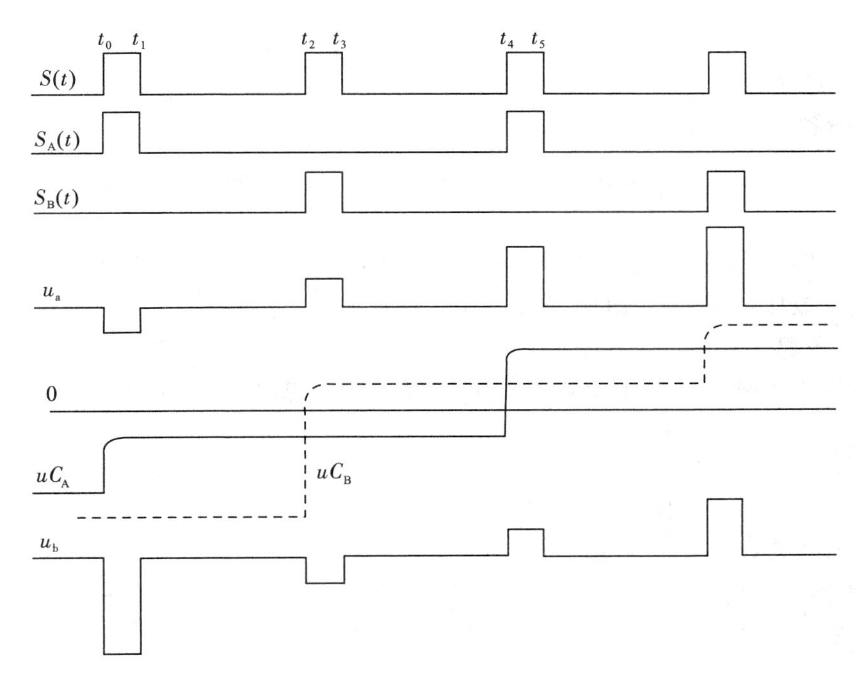

图6－9－4　延迟电路各点波形

由于是线性系统，在做实验时，图6－9－2中的T/RC标量乘法器可省略。

由图6－9－2所示的数字滤波器，其幅频特性可由式(6－9－3)导出：

$$H_d(j\omega)=\frac{T}{RC}\cdot\frac{1}{1-Ke^{-j\omega t}}=\frac{T}{RC}\cdot\frac{1}{1-K\cos\omega T+jK\sin\omega T} \tag{6-9-4}$$

$$H_d(\omega)=\frac{T}{RC}\cdot\frac{1}{\sqrt{1+K^2-2K\cos\omega T}} \tag{6-9-5}$$

对比式(6－9－2)和式(6－9－5)可以发现，一阶RC低通滤波器的幅频特性是单调下降的；而数字滤波器的幅频特性是周期性变化的，变化周期为$2\pi/T$，如图6－9－5所示。在图6－9－5中，纵轴是以$20\lg H(\omega)$刻度的，而且以$\omega=0$时的传输系数值为0 dB。从幅频特性曲线可看出，在低于截止频率$\omega_c=1/RC$处，两种滤波器的特性基本上是一致的。

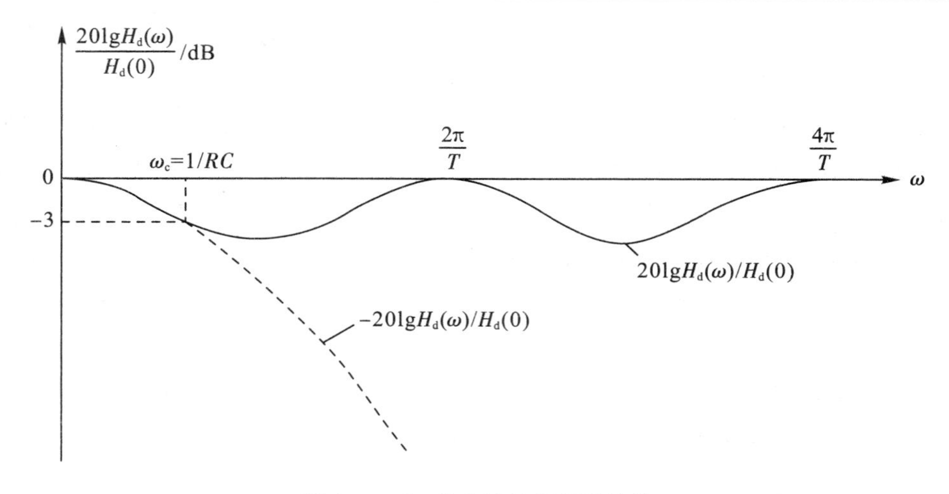

图 6-9-5 数字滤波器幅频特性

四、实验内容

（1）图 6-9-1 所示电路中，$R=5.1\ \mathrm{k\Omega}$，$C=0.1\ \mu\mathrm{F}$，测量其幅频特性，幅度用毫伏表测量。

（2）测量图 6-9-2 所示电路的幅频特性。注意，输入信号是正弦信号经取样后的离散序列信号，取样频率 $f=8\ \mathrm{kHz}$，输入、输出幅度用示波器测量，加法器和标量乘法器要加上±15 V 电源。

（3）设取样频率 $f=4.8\ \mathrm{kHz}$，再测图 6-9-2 所示电路的幅频特性。

五、思考题

（1）通过实验可得出什么结论？

（2）为什么可以不考虑 T/RC 的标量乘法器？

（3）理想的取样信号，取样周期为 T，取样时间 $\tau\to0$，而实际的取样信号，取样时间 $\tau\neq0$。试问实际测得的幅频特性与理论分析的幅频特性有何差别。

实验十 微分方程的模拟求解

一、实验目的

学习模拟求解系统响应的方法。

二、实验仪器

（1）YB4340 双踪示波器。

（2）TFG1010 DDS 函数信号发生器。

（3）SS1791 可跟踪直流稳压电源。

（4）MF47F 型万用表。

三、实验原理

求解系统响应的问题，实际上就是求解微分方程的问题。一些实际系统的微分方程可能是一高阶方程或是一微分方程组，难以迅速求解，而采用模拟的方法，用基本运算单元组成的电系统来模拟各种非电系统，能较快地求解系统的微分方程，且结果便于记录和观察。

本实验以二阶微分方程为例。设二阶微分方程为

$$y'' + a_1 y' + a_0 y = x$$

或写成

$$y'' = x - a_1 y' - a_0 y \qquad (6-10-1)$$

根据式(6-10-1)，再考虑到用积分时常数为 τ 的反相积分器及加法器和标量乘法器，可以画出如图 6-10-1 所示的框图。如果适当选择基本运算单元的元件参数及单位时间，使积分时常数 $\tau=1$，则图中 τ^2 的标量乘法器可以省略，系统中仅含 a_1 和 a_0 两个标量乘法器。图 6-10-2 是模拟装置的实际线路图，积分器的积分时常数 $\tau=R_2C_2=R_3C_3=1$ s。令 $C_2=C_3=4\ \mu$F，则 $R_{21}=R_{31}=250$ kΩ。A_4 为同相标量乘法器，标量为 $R_{42}/R_{41}=a_1$。A_5 为反相标量乘法器，标量为 $-R_{52}/R_{51}=-a_0$。A_1 为同相加法器。

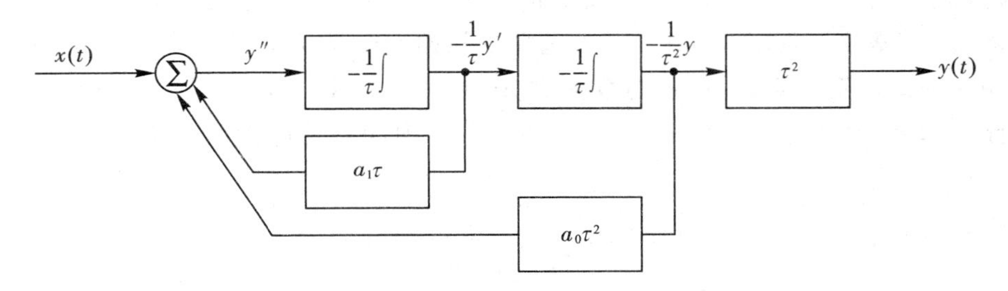

图 6-10-1　二阶微分方程模拟求解框图

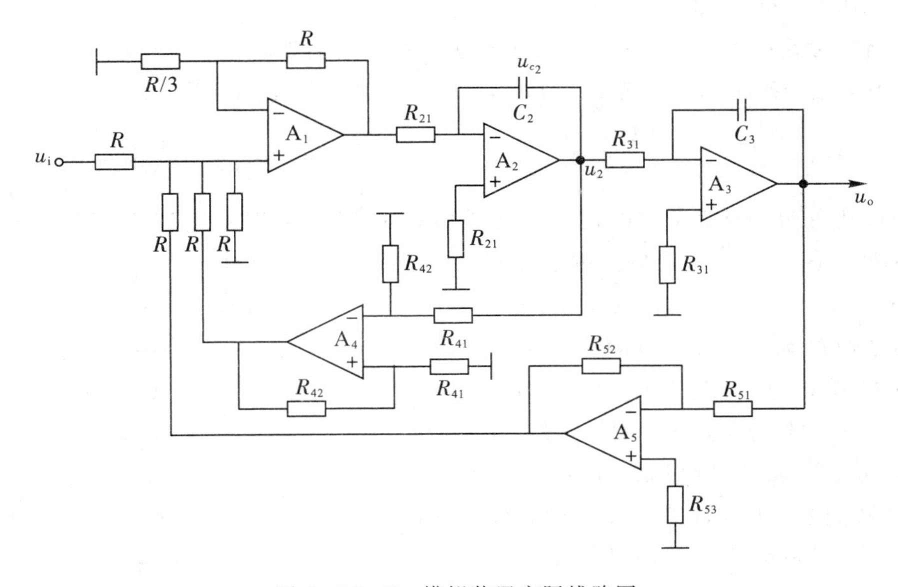

图 6-10-2　模拟装置实际线路图

图 6-10-2 中 u_i相当于微分方程中的激励 $x(t)$，u_1相当于 y''，u_2相当于 y'，而 u_o相当于 $y(t)$。对于式(6-10-1)所示的常系数线性微分方程，当常数 a_1、a_0确定后，有关系式：

$$\left.\begin{aligned} R_{42} &= a_1 R_{41} \\ R_{52} &= a_0 R_{51} \end{aligned}\right\} \qquad (6-10-2)$$

由于运算放大器的输出电压有一定的限制，且有一定的工作频率范围，为了使模拟装置能正常地工作，需要合理选择变量的比例尺度 M_y和时间比例尺度 M_t，使得

$$\left.\begin{aligned} u_0 &= M_y y \\ t_m &= M_t t \end{aligned}\right\} \qquad (6-10-3)$$

式中，y 和 t 分别为实际系统方程中的变量和时间；u_0和 t_m分别为模拟系统的解和时间。若实际方程中变量 y 代表位移，以 m 为单位，而模拟解 u_0每 2 V 代表位移 1 m，则 $M_y=2$ V/m。M_y的选择原则是 $M_x \leqslant u_{0m}/y_m$，u_{0m}是模拟装置在线性状态下允许的最大输出值，y_m是实际系统方程变量 y 可能出现的最大值。M_y也不能选得太小，否则模拟解 u_0太小，会影响观察和测量。当 $M_t=1$ 时，表示实际系统时间和模拟解时间相同；$M_t=60$ 时，表示模拟解的时间扩展了 60 倍，即模拟解的 1 min 代表实际时间 1 s。反之，$M_t=1/60$ 时，表示模拟解的 1 s 代表实际时间 1 min。M_t的选择要根据实际系统使用的单位时间和模拟装置使用的单位时间而定。例如，若根据实际系统建立的式(6-10-1)是以毫秒作为单位时间的，而在本实验中，图 6-10-1 和图 6-10-2 中的积分时常数 τ 是以秒为单位时间的，则

$$M_t = \frac{t_m}{t} = \frac{1\ \text{s}}{1\ \text{ms}} = 1000$$

即模拟解的 1 s 代表实际时间 1 ms。本实验的模拟装置也以 1 ms 作为时间单位(即取积分时常数 $\tau=RC=1$ ms)，即 $M_t=1$。

在求解实际系统的微分方程时，需了解实际系统的初始状态 $y(0)$和 $y'(0)$。在用模拟装置求解时，也需确定初始状态 $u_0(0)$和 $u'_0(0)$，当比例尺度选定后，有

$$\begin{aligned} u_0(0) &= M_y y(0) \\ u'_0(0) &= M_y y'(0) \end{aligned}$$

在模拟装置中，初始条件的建立是通过预先使积分器的电容充电来实现的。对于图6-10-2所示的装置，$u_0=u_{C3}$，因此可在 C_3上充上 $u_0(0)$值的电压来预置 $u_0(0)$，方法如图 6-10-3 所示。适当调节 R_2或 u_2值，使电容 C_3上电压充至 $u_0(0)$值。积分器 A_2的积分电容 C_2上的电压 $u_{C2}=u_2=-u'_0$，故 $u'=-u_{C2}$，所以对 C_2充电可以预置 $u'_0(0)$，方法同上。但应注意充电方向相反，如果 $u'_0(0)=0$，则只需将 C_2短路即可。

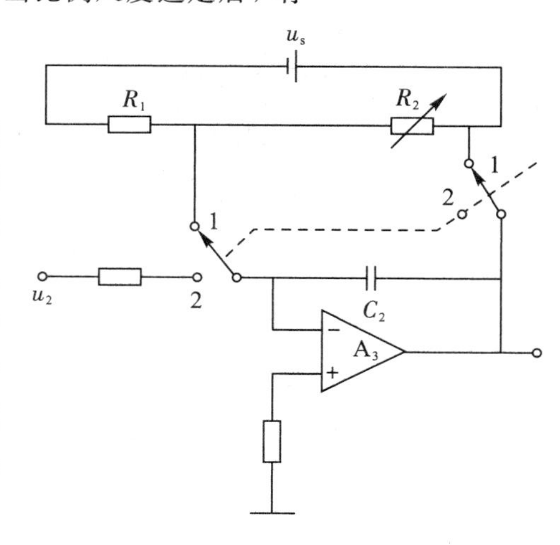

图 6-10-3　初始状态的预置方法

四、实验内容

用模拟装置求解下列实际系统的微分方程：

(1)

$$y'' = a_1 y' + y = 0$$

$$y(0) = 5/\mathrm{m}$$

$$y'(0) = 0/(\mathrm{m/s})$$

式中，a_1分别为 0、1、3。实验时 $x(t)=0$，即令 $u_1=0$(用导线对地短路即可)。实验前要合理选择 M_y和 M_t值。用示波器观察模拟解。

(2)

$$y'' + y' + y = x(t)$$

$$y(0) = 0(\mathrm{V})$$

$$y'(0) = 0(\mathrm{V/m})$$

式中，$x(t)$分别为 $5U(t)/\mathrm{V}$ 及 $5\sin 2\pi t U(t)/\mathrm{V}$。

注意，实验时运放单元加±15 V 电源，不要接错极性，用示波器观察求解结果。

五、思考题

(1) 实验中有何简便方法，不用标量乘法器也能改变系数 a_1值？

(2) 求解 M_y及 M_t各为多少。

实验十一　状态方程的模拟求解

一、实验目的

学习状态方程的模拟求解方法。

二、实验仪器

(1) YB4340 双踪示波器。

(2) TFG1010 DDS 函数信号发生器。

(3) SS1791 可跟踪直流稳压电源。

三、实验原理

图 6-11-1 所示电路，如选 C_1和 C_2电压作状态变量，分别用 x_1和 x_2表示，则状态变量方程为

$$\left.\begin{aligned} x_1 &= -\left(\frac{1}{R_2C_1}+\frac{1}{R_1C_1}\right)x_1+\frac{1}{R_2C_1}x_2+\frac{1}{R_1C_1}u_s \\ x_2 &= \frac{1}{R_2C_2}x_1-\frac{1}{R_2C_2}x_2 \end{aligned}\right\} \qquad (6-11-1)$$

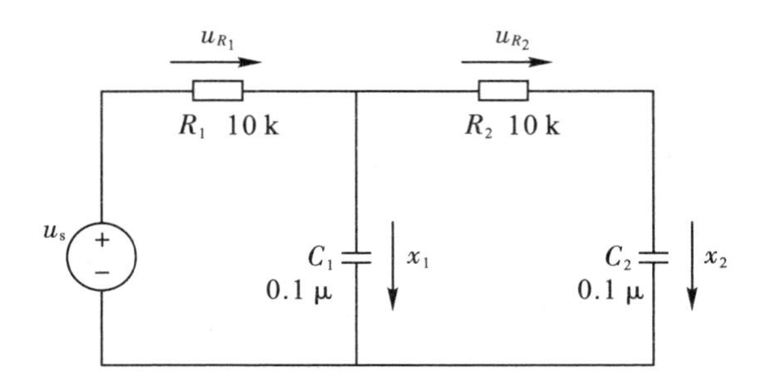

图 6-11-1 RC 电路

因为 $R_1=R_2=10\ \text{k}\Omega$，$C_1=C_2=0.1\ \mu\text{F}$，所以 $R_2C_1=R_1C_1=R_2C_2=1\ \text{ms}$。如令 1 ms 为时间单位，则

$$\left.\begin{aligned} x_1 &= -2x_1+x_2+u_s \\ x_2 &= x_1-x_2 \end{aligned}\right\} \tag{6-11-2}$$

若 u_{R_1} 和 u_{R_2} 为输出电压，则输出方程为

$$\left.\begin{aligned} u_{R_1} &= -x_1+u_s \\ u_{R_2} &= x_1-x_2 \end{aligned}\right\} \tag{6-11-3}$$

不难用微分方程的模拟求解方法，将状态变量方程组(6-11-2)和输出方程组(6-11-3)中各方程的模拟框图画出来，将各方程的框图按输出方程组和状态变量方程组的关系连接起来，就成为状态变量模拟求解的框图，如图 6-11-2 所示。由图可见，状态方程模拟求解与微分方程模拟求解是相类似的，差别只是微分方程模拟求解只能观察输出变量 y 解的结果，而状态方程模拟求解不仅可观察到输出变量的模拟解 u_{R_1}、u_{R_2}，还可观察到实际系统内部各状态的模拟解 x_1、x_2。需要指出的是，方程组(6-11-2)在建立时，时间是以毫秒作单位的。如果模拟求解电路的积分时常数以秒作时间单位，则时间比例尺度 $M_t=t_m/t=1\ \text{s}/1\ \text{ms}=1000$，即模拟解 1 s 代表实际时间 1 ms。若积分时常数也取毫秒作时间单位，则 $M_t=1$，模拟解与实际解的时间相同。

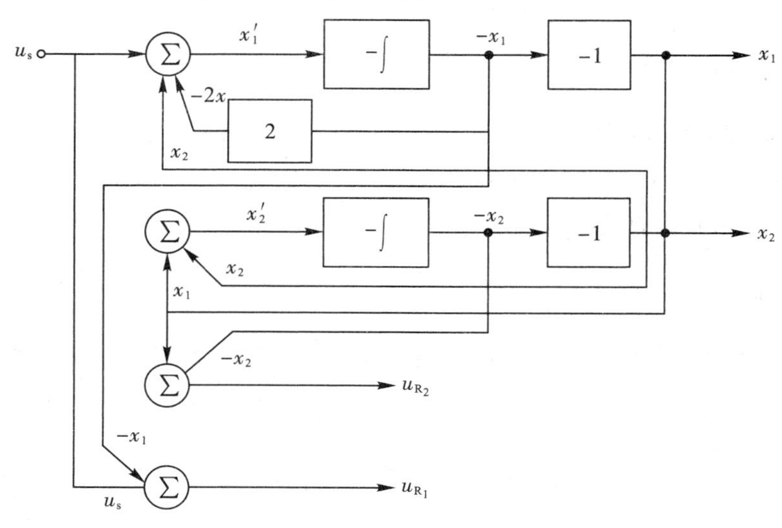

图 6-11-2 RC 电路状态变量方程模拟求解框图

设输入信号 $u_s=5U(t)/\mathrm{V}$，代入式(6-11-2)和式(6-11-3)，并用矩阵表示，则为

$$\begin{bmatrix} \dot{x}_1 \\ \dot{x}_2 \end{bmatrix}=\begin{bmatrix} -2 & 1 \\ 1 & -1 \end{bmatrix}\begin{bmatrix} x_1 \\ x_2 \end{bmatrix}+\begin{bmatrix} 1 \\ 0 \end{bmatrix}5U(t) \tag{6-11-4}$$

$$\begin{bmatrix} u_{R_1} \\ u_{R_2} \end{bmatrix}=\begin{bmatrix} -1 & 0 \\ 1 & -1 \end{bmatrix}\begin{bmatrix} x_1 \\ x_2 \end{bmatrix}+\begin{bmatrix} 1 \\ 0 \end{bmatrix}5U(t) \tag{6-11-5}$$

可解得

$$x_1 = 5.006-3.625\mathrm{e}^{-0.38t}-1.381\mathrm{e}^{-2.62t}$$

$$x_2 = 4.996-5.850\mathrm{e}^{-0.38t}+0.854\mathrm{e}^{-2.62t}$$

$$u_{R_1} = -0.006+3.625\mathrm{e}^{-0.38t}+1.381\mathrm{e}^{-2.62t}$$

$$u_{R_2} = 0.01+2.23\mathrm{e}^{-0.38t}-2.24\mathrm{e}^{-2.62t}$$

注意上面的结果，时间 t 是以毫秒作单位的，如恢复到以秒为单位，则

$$x_1 = 5.006-3.625\mathrm{e}^{-0.38\times10^{-3}t}-1.381\mathrm{e}^{-2.62\times10^{-3}t}$$

$$x_2 = 4.996-5.850\mathrm{e}^{-0.38\times10^{-3}t}+0.854\mathrm{e}^{-2.62\times10^{-3}t}$$

$$u_{R_1} = -0.006+3.625\mathrm{e}^{-0.38\times10^{-3}t}+1.381\mathrm{e}^{-2.62\times10^{-3}t}$$

$$u_{R_2} = 0.01+2.23\mathrm{e}^{-0.38\times10^{-3}t}-2.24\mathrm{e}^{-2.62\times10^{-3}t}$$

其波形如图 6-11-3 所示。

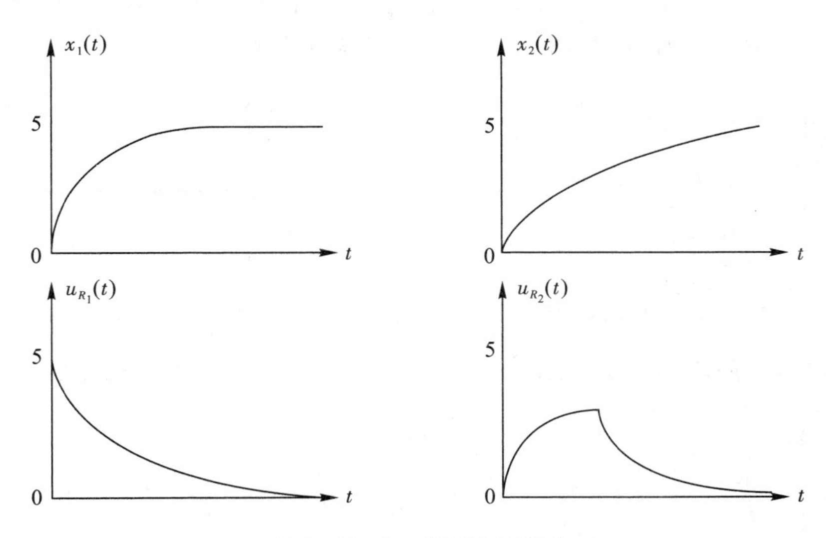

图 6-11-3 状态变量波形

四、实验内容

分别用示波器测量图 6-11-1 所示电路及其状态变量模拟装置的 $x_1(t)$、$x_2(t)$及 $u_{R_1}(t)$、$u_{R_2}(t)$波形，并加以比较。输入信号 u_s为幅度 5 V、频率 100 Hz 的方波。实验时注意运算放大器的电源为±15 V，极性不要弄错。

五、思考题

试根据图 6-11-2 所示方框图画出模拟装置的电路图。(提示：积分器和加法器可用

一求和积分器。）

实验十二　非线性电阻网络的伏安特性

一、实验目的

观察非线性电阻网络的伏安特性，学习电阻网络伏安特性的综合方法。

二、实验仪器

（1）SS1791 可跟踪直流稳压电源。

（2）MF47F 型万用表。

（3）实验板。

三、实验原理

图 6－12－1 所示单口网络，不管其内部组成如何，只要它的端口电压与电流之间关系可以用 $u-i$ 平面上的一条曲线来表示，就可看做一个二端电阻。$u-i$ 平面上的曲线称为伏安特性曲线(简称为伏安特性)。伏安特性是过原点的一条直线，其斜率为常数的二端电阻称为线性电阻，如图 6－12－2 所示。不符合上述条件的二端电阻称为非线性电阻，如图 6－12－3 所示。此外还有图 6－12－4 所示的三种特殊情况。

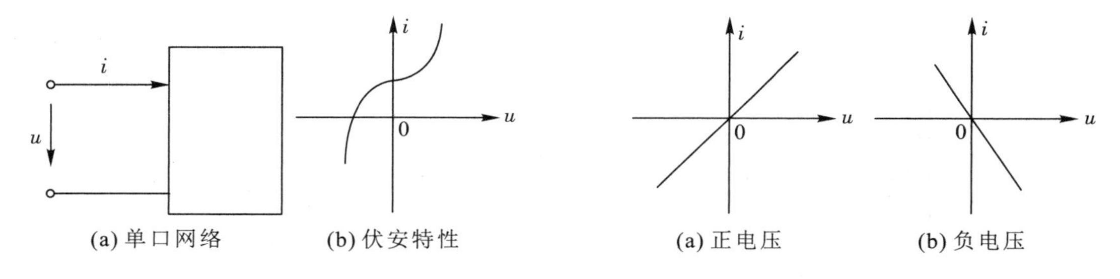

(a) 单口网络　(b) 伏安特性

图 6－12－1　单口网络及其伏安特性

(a) 正电压　(b) 负电压

图 6－12－2　线性电阻的伏安特性

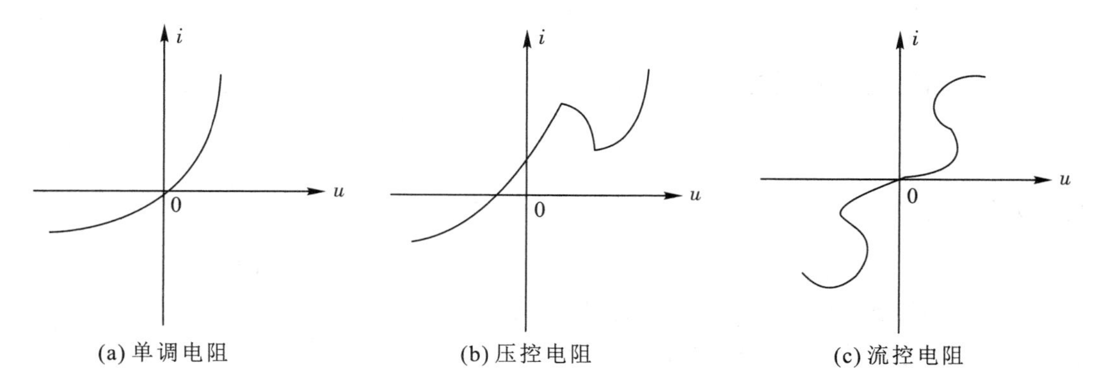

(a) 单调电阻　(b) 压控电阻　(c) 流控电阻

图 6－12－3　非线性电阻的伏安特性

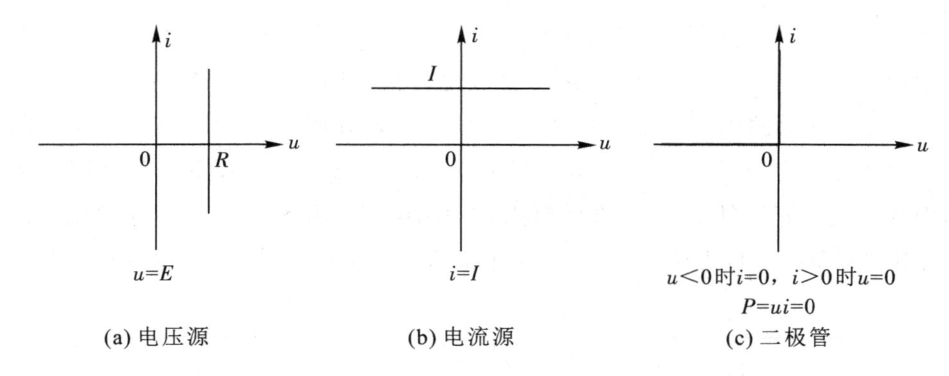

(a) 电压源　(b) 电流源　(c) 二极管

图 6-12-4　伏安特性的三种特殊情况

常用电阻元件的符号和 $u-i$ 特性如图 6-12-5 所示，用这些元件进行串联、并联和混联，就可以得到各种具有单调特性的 $u-i$ 曲线。两个以上电阻元件串联时，流过各元件的电流是相同的，而总电压就是各元件上电压之和，所以串联电阻网络的 $u-i$ 图的电压值是各元件的 $u-i$ 图在电流值相同的情况下各电压值之和。

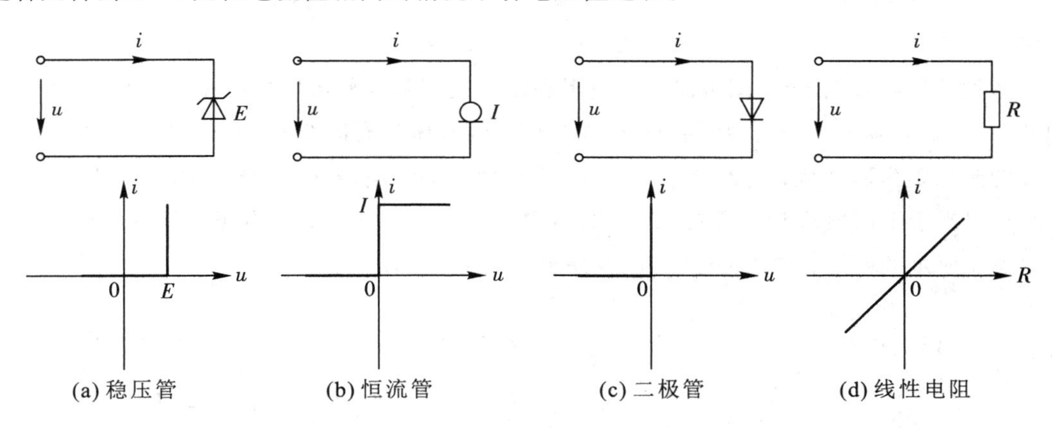

(a) 稳压管　(b) 恒流管　(c) 二极管　(d) 线性电阻

图 6-12-5　常用电阻元件的符号和伏安特性

例如，图 6-12-6(a)所示的由二极管、稳压管和线性电阻 R 串联组成的网络，其 $u-i$ 特性如图 6-12-6(b)所示，它就是图 6-12-5(a)、(c)、(d)三个 $u-i$ 图在 i 值相同情况下各 u 值相加而成的。具有这种 $u-i$ 特性的电阻称为凹电阻，用图 6-12-6(c)所示的符号表示。凹电阻的主要参数是 E 和 $G(G=1/R)$。$E=0$ 表示稳压管短路，$G=\infty$表示电阻器 R 短路。

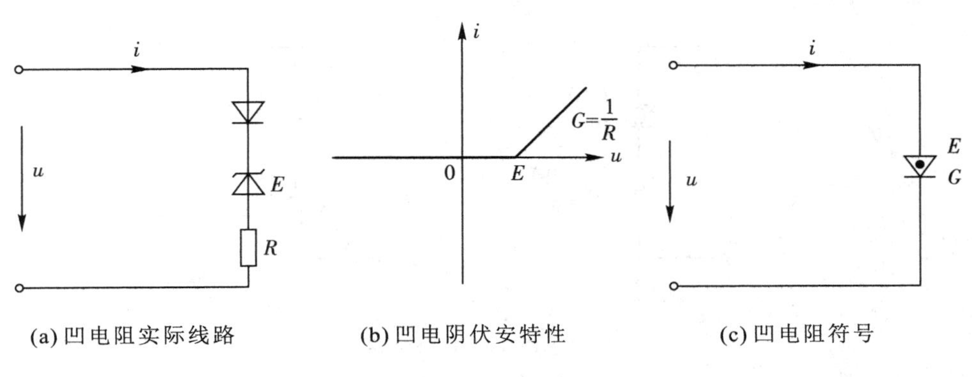

(a) 凹电阻实际线路　(b) 凹电阴伏安特性　(c) 凹电阻符号

图 6-12-6　凹电阻

两个以上电阻元件并联时，各元件上电压相同，而总电流为流过各元件电流之和，所以并联网络的 $u-i$ 图是各元件的 $u-i$ 图在电压值相同的情况下各电流值之和。例如，图 6-12-7(a)所示的由二极管、恒流管及线性电阻并联组成的网络，其 $u-i$ 图如图 6-12-7(b)所示，它就是图 6-12-5 中(b)、(c)、(d)三个 $u-i$ 图在 u 值相同情况下各 i 值相加而成的。具有这种 $u-i$ 特性的电阻称为凸电阻，用图 6-12-7(c)所示的符号表示。凸电阻的主要参数是 I 和 R。$I=0$ 表示恒流管开路，$R=\infty$表示并联电阻器 R 开路。

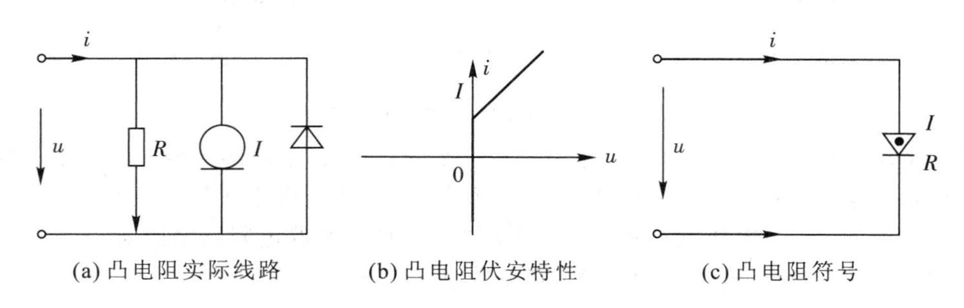

图 6-12-7　凸电阻

各种单调特性的 $u-i$ 图可以用凸电阻和凹电阻作基本积木块加以综合。例如，若要求图 6-12-8(a)所示的 $u-i$ 特性时，可以把该特性看做具有图 6-12-8(b)和(c)两个 $u-i$ 特性的凸电阻串联而成；再对照图 6-12-7(a)所示的凸电阻典型结构，图 6-12-8(b)中 $I=0$ 相当于不用恒流管，图 6-12-8(c)中 $R_2=\infty$相当于不用电阻，所以可以画出图 6-12-9 所示的网络，它的 $u-i$ 特性就是图 6-12-8(a)。

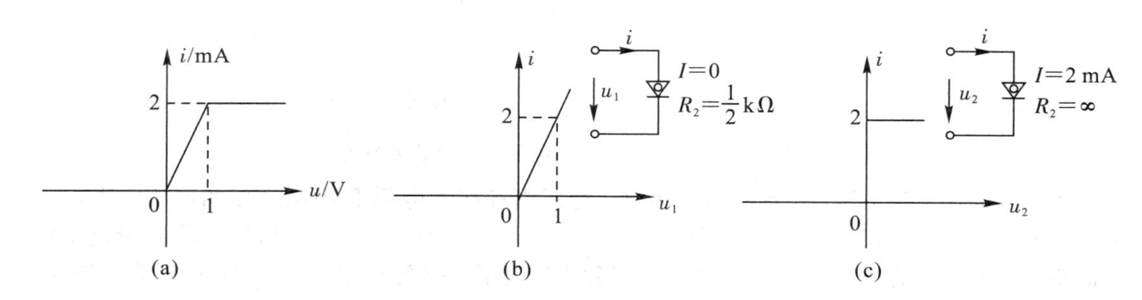

图 6-12-8　用凸电阻和凹电阻综合伏安特性

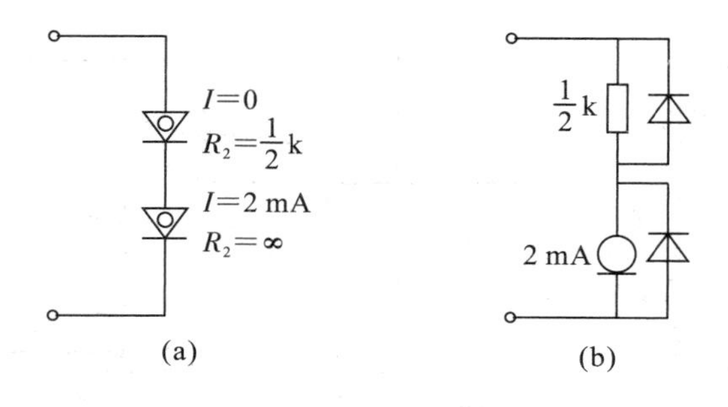

图 6-12-9　综合电路

如果要综合图 6-12-10(a)所示的 $u-i$ 特性，可以先将其分解成图 6-12-10(b)和(c)两种特性，然后把具有这两种特性的非线性电阻网络串联起来即可。图 6-12-10(b)特性就是图 6-12-9(b)所示网络的特性，上面已综合过。把图 6-12-10(b)特性旋转 180°就是图 6-12-10(c)特性，这相当于把图 6-12-9(b)所示网络反向运用。换句话说，如欲综合第三象限的特性，只要将其旋转 180°，变成第一象限的特性，综合出网络后反向运用即可。综上所述，最后得出具有图 6-12-10(a)特性的电路结构示于图 6-12-10(d)。上述的综合方法称为串联分解法。串联分解法总是以 i 轴为界来分解特性图。

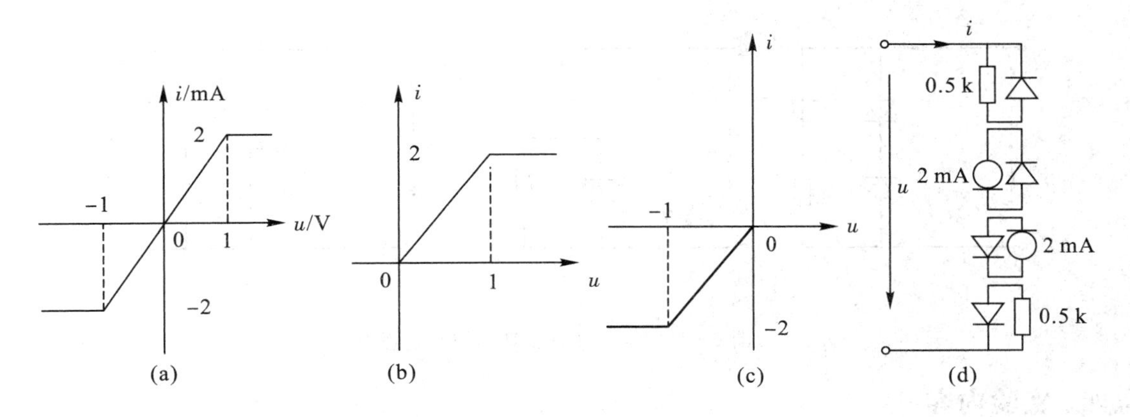

图 6-12-10　串联分解法

下面介绍一下并联分解法。图 6-12-11(a)所示特性可以看成同图 6-12-11(b)和(c)所示特性的关联，而图(c)特性是图(b)特性的反向运用，所以只要综合出图(b)特性即

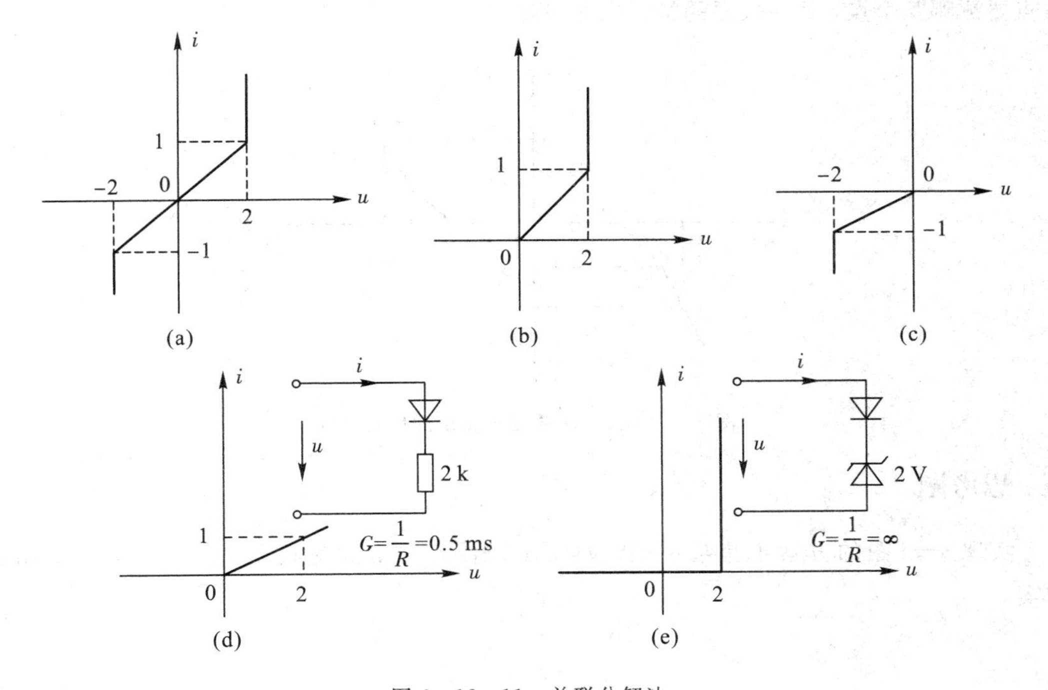

图 6-12-11　并联分解法

可，而图(b)特性又可看成是图(d)和图(c)两个特性的并联。据此可知，图 6-12-12(a)网络具有图 6-12-11(b)所示特性，而图 6-12-12(b)网络具有图 6-12-11(a)所示特性。从上面的分解过程可以看出，并联分解法是以 u 轴为界来分解特性图的。实际上，不少较为复杂的特性的综合是串联分解法和并联分解法混合运用的结果。也就是说，用串联分解法第一次分解出各分图后，各分图特性的综合可以用串联分解，也可以用并联分解。同样，用并联分解法第一次分解后，各分图特性的综合可用串联分解，也可以用并联分解。

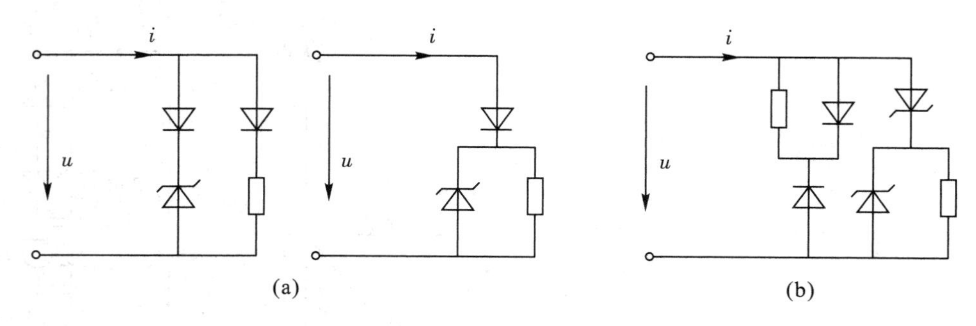

图 6-12-12　并联分解法综合电路

四、实验内容

综合图 6-12-13 所示的 $u—i$ 图。要求事先确定网络的具体结构和各元件参数，实验时将这些元件在实验板上连接，然后用电压、电流表测量其 $u—i$ 特性。注意，事先考虑好重点要测哪几个点，每一象限的特性应如何测。

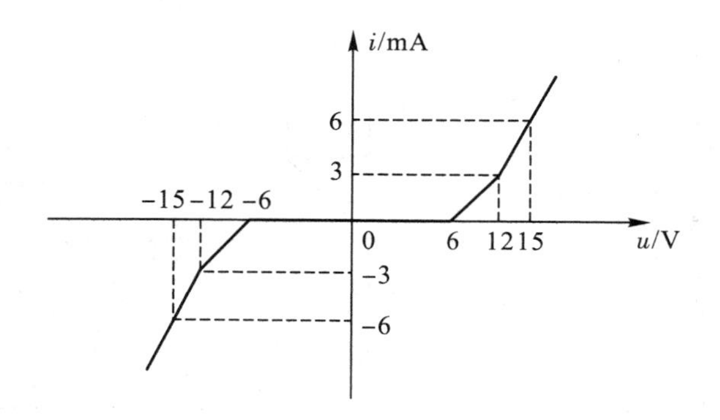

图 6-12-13　实验要求实现的伏安特性

五、思考题

实现 $u—i$ 图的方案不是唯一的，如何比较各种方案的优缺点？试评价你所采用的方案。

实验十三　非线性电阻网络转移特性的综合

一、实验目的

学习用非线性和线性电阻元件综合具有指定转移特性的网络。

二、实验仪器

(1) 直流稳压电源。
(2) 低频信号源。
(3) 示波器。
(4) 实验板。

三、实验原理

图 6-13-1 所示双口非线性网络，其转移特性有 $u_o=f(u_i)$、$u_o=f(i_1)$、$i_2=f(u_i)$和$i_2=f(i_1)$四种。

图 6-13-1　双口非线性电阻网络

本实验只研究图 6-13-2 所示分压网络的电压转移特性 $u_o=f(u_i)$。可以证明，只要 $du_o/du_i<1$，分压网络中非线性电阻的 $u-i$ 特性就是单调的。

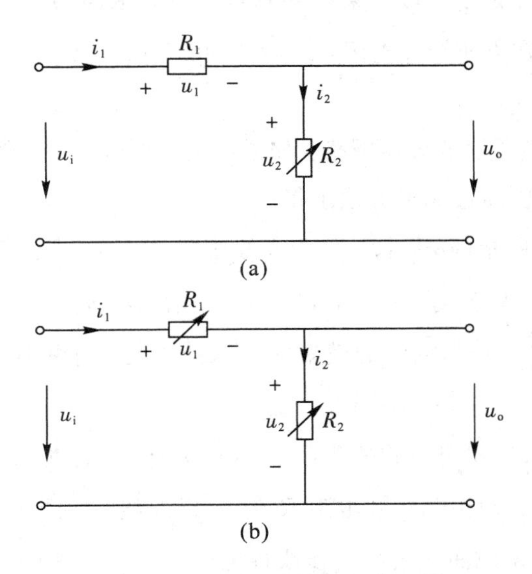

图 6-13-2　非线性电阻分压器

图 6-13-2 给出了非线性电阻分压器的两种形式，它们只包含一个线性电阻和一个非线性电阻。当线性电阻确定后，电压转移特性主要取决于非线性电阻的 $u-i$ 特性，所以电压转移特性的综合最后归结为 $u-i$ 图的综合。现在先来研究图 6-13-2(a)所示网络电压转移特性的综合方法。设转移特性如图 6-13-3 所示，采用图解法综合，步骤如下：

(1) 为了综合非线性电阻 R_2，取其 $u-i$ 特性的横轴 u_o为图 6-13-2(a)中的 u_2(即 u_o)，纵轴 i 取图中的 $i_2(=i_1)$，故需将图 6-13-3 所示 $u_o=f(u_i)$的曲线改画为 $u_i=f(u_0)$的曲线。为此，只需将图 6-13-3 之横轴与纵轴对调，如图 6-13-4(a)所示。

(2) 由图 6-13-2(a)得方程 $u_o=u_i-i_1R_1$。当 R_1值固定后，此方程在 u_o-i_1平面上为对应不同 u_i值的一组平行线，其斜率为负，如图 6-13-4(b)所示(R_i选 1 kΩ)。R_i值一般可选数千欧，过大、过小均不利作图。

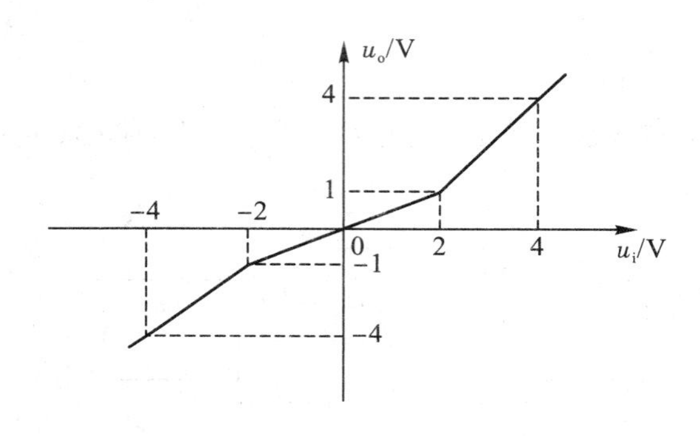

图 6-13-3 转移特性

(3) 由转移特性上各转折点向下作平行线，并在图 6-13-4(b)上与同转折点 u_i值对应的平行线相并，将这些交点连接起来就是非线性电阻 R_2的 $u-i$ 特性。有了 $u-i$ 特性，就可以用非线性元件综合出非线性电阻，最后按图 6-13-2(a)与线性电阻 R_1连接便得所求的非线性电阻网络。

对于图 6-13-2(b)所示的分压网络，如果已给定图 6-13-3 所示转移特性，则非线性电阻 R_1的 u_1-i 图可以通过如下方法求得：

(1) 将图 6-13-3 所示的 $u_o=f(u_i)$曲线改成图 6-13-5(a)所示的 $u_i=f(u_o)$曲线。

(2) $u=f(u_o)$曲线。由于 $u_1=u_i-u_o$，所以可以在 u_i-u_o平面内作一条 45°直线，如图 6-13-5(a)所示。将 $u_i=f(u_o)$曲线的横坐标 u_o保持不变，而纵坐标与 45°线纵坐标相减得 $u_1=f(u_o)$曲线，如图 6-13-5(b)所示。

(3) 由于 $i=u_o/R_2$，所以可以将所得的 $u_1=f(u_o)$曲线画成 $u_o=f(u_1)$曲线，然后将纵坐标用 $i_1=u_o/R_2$值刻度，即得非线性电阻 R_1的 $u-i$ 曲线，如图 6-13-5(c)所示。此图是以 $R_2=1$ kΩ 作出的，根据此曲线先综合非线性电阻 R_1，然后按图 6-13-2(b)连接即为所求非线性网络。

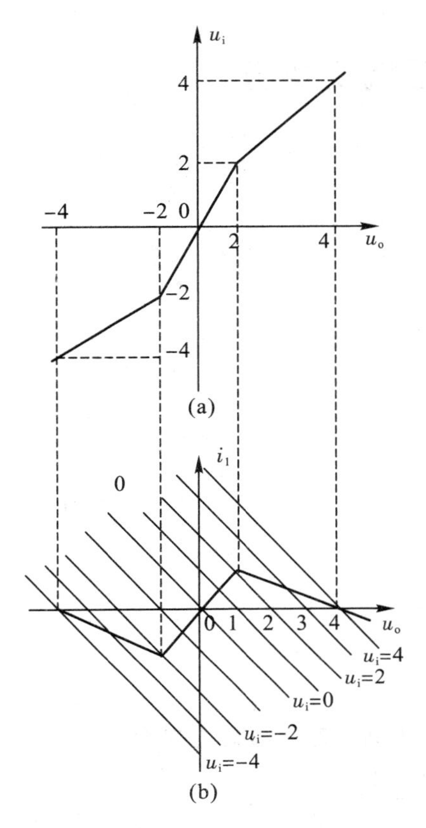

图 6-13-4　转移特性的图解综合

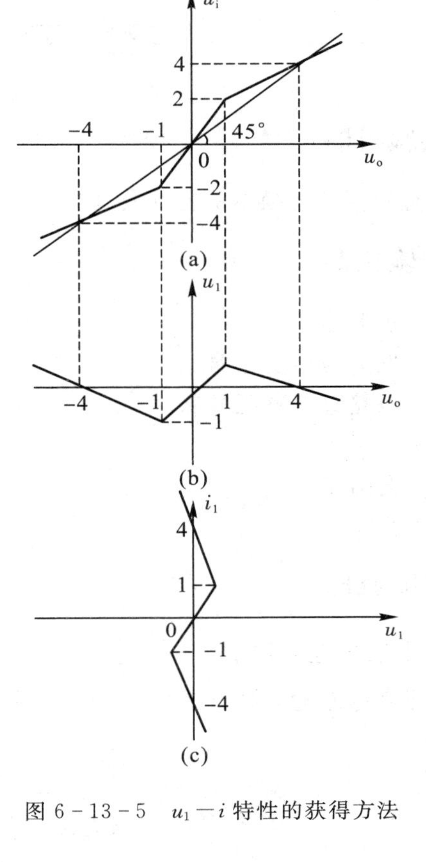

图 6-13-5　u_1-i 特性的获得方法

四、实验内容

分别用图 6-13-2 所示的两种分压网络综合图 6-13-6 所示的电压转移特性(规定选线性电阻值为 2 kΩ)。事先做好综合工作，画出网络结构图并标出元件参数。

(1) 用示波器观察两种网络的电压转移特性。

(2) 输入 u_i是幅度为 5 V 的三角波，用示波器观察 u_o波形，并与图解作业(方法见李瀚荪编《电路分析基础》上册，第 267～270 页)获得的 u_o波形相比较。

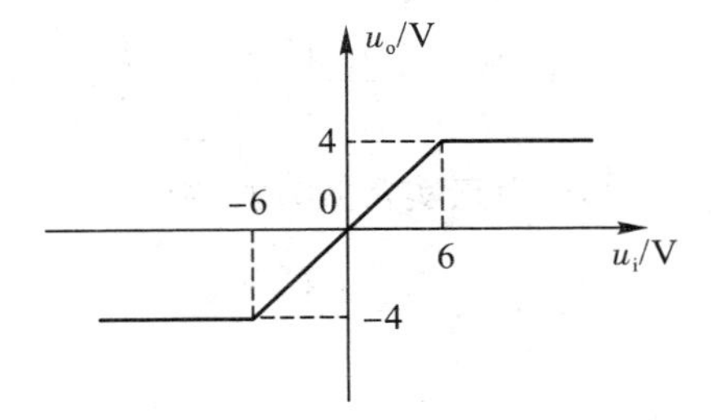

图 6-13-6　实验要求实现的电压转移特性

五、思考题

比较图 6-13-2 所示的两种分压网络的优缺点。

实验十四　负阻抗变换器

一、实验目的

研究负阻抗变换器的特性及其应用。

二、实验仪器

(1) 示波器。

(2) 低频信号发生器。

(3) 双路直流稳压电源。

(4) 万用表。

(5) 电阻箱。

(6) 实验板。

三、实验原理

1. 负阻抗变换器

依据网络理论，对于图 6-14-1 所示的双口网络，其 A 参数方程为

$$\begin{bmatrix} \dot{U}_1 \\ \dot{I}_1 \end{bmatrix} = \begin{bmatrix} a_{11} & a_{12} \\ a_{21} & a_{22} \end{bmatrix} \begin{bmatrix} \dot{U}_2 \\ -\dot{I}_2 \end{bmatrix} \tag{6-14-1}$$

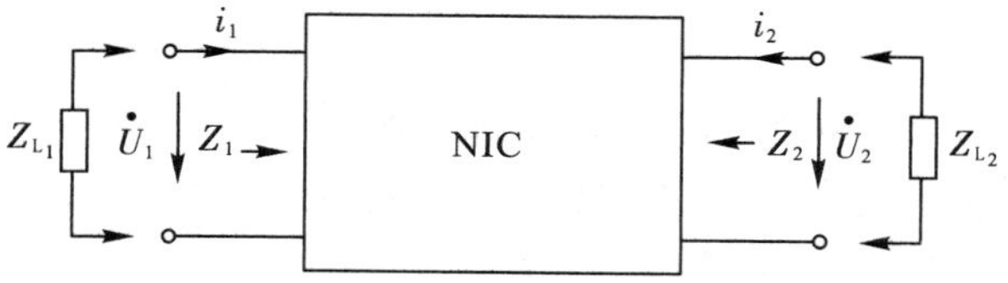

图 6-14-1　双口网络

输入阻抗 Z_1 为

$$Z_1 = \frac{\dot{U}_1}{\dot{I}_1} = \frac{a_{11}\dot{U}_2 - a_{12}\dot{I}_2}{a_{21}\dot{U}_2 - a_{22}\dot{I}_2} \tag{6-14-2}$$

当 $a_{12}=a_{21}=0$，$a_{11}/a_{22}=-k$（k 为正实常数）时，有

$$Z_1 = k\frac{\dot{U}_2}{\dot{I}_2}$$

当输出端口接上负载 Z_{L_2} 时，有

$$Z_{L_2} = \frac{\dot{U}_2}{-\dot{I}_2}$$

所以此时 Z_1 为

$$Z_1=-kZ_{L_2} \tag{6-14-3}$$

同样，如果在输入端口接负载 Z_{L_2}，则输出阻抗 Z_2 为

$$Z_2=\frac{\dot{U}_2}{\dot{I}_2}=\frac{\frac{a_{22}}{|A|}\dot{U}_2+\frac{a_{12}}{|A|}(-\dot{I}_1)}{\frac{a_{21}}{|A|}\dot{U}_1+\frac{a_{11}}{|A|}(-\dot{I}_1)}$$

式中，

$$|A|=\begin{vmatrix}a_{11} & a_{12}\\ a_{21} & a_{22}\end{vmatrix}$$

当 $a_{12}=a_{21}=0$，$a_{11}/a_{22}=-k$，且 $Z_{L_1}=\dot{U}_1/-\dot{I}_1$时，有

$$Z_2=-\frac{1}{k}Z_{L_1} \tag{6-14-4}$$

从式(6－14－3)和式(6－14－4)可见，只要图 6－14－1 网络满足式(6－14－3)，在一个端口接上负载阻抗 Z_L时，另一个端口的输入阻抗则为与 Z_L成正比的负阻抗，所以该网络被称做负阻抗变换器，简写符号为 NIC。这种网络可以用来实现各种负阻元件。

2. 负阻抗变换器的形式

负阻抗变换器的 A 参数为

$$a_{12}=a_{21}=0$$

$$\frac{a_{11}}{a_{22}}=-k$$

所以 **A** 矩阵可以有两种形式：

$$\mathbf{A}=\begin{bmatrix}1 & 0\\ 0 & -\frac{1}{k}\end{bmatrix}$$

$$\mathbf{A}=\begin{bmatrix}-k & 0\\ 0 & 1\end{bmatrix}$$

对应的方程为

$$\left.\begin{aligned}\dot{U}_1&=\dot{U}_2\\ \dot{I}_1&=\frac{\dot{I}_2}{k}\end{aligned}\right\} \tag{6-14-5}$$

$$\left.\begin{aligned}\dot{I}_1&=-\dot{I}_2\\ \dot{U}_1&=-k\dot{U}_2\end{aligned}\right\} \tag{6-14-6}$$

式(6－14－5)表示 NIC 两端口电压相等而电流方向相向，称为电流反相型负阻抗变换器，简写符号为 INIC；而式(6－14－6)表示 NIC 两端口电流同向且数值相等，但电压反相，称为电压反相型负阻抗变换器，简写符号为 VNIC。

现在来研究图 6－14－2 所示的电路。

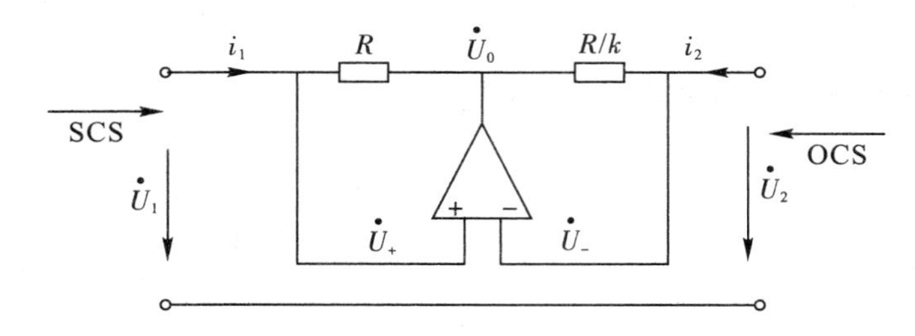

图 6-14-2　INIC 电路

由于

$$\dot{U}_+ = \dot{U}_-$$

因此

$$\dot{U}_1 = \dot{U}_2$$

且

$$\dot{I}_1 = \frac{\dot{U}_0 - \dot{U}_+}{R}$$

$$\dot{I}_2 = \frac{\dot{U}_0 - \dot{U}_-}{\frac{R}{k}} = k\,\frac{\dot{U}_0 - \dot{U}_+}{R} = k\,\dot{I}_1$$

$$\dot{I}_1 = \frac{\dot{I}_2}{k}$$

可见图 6-14-2 所示电路的 A 参数方程与式(6-14-5)相同，所以是 INIC 电路，其 Z_1和 Z_2的计算式就是式(6-14-3)和式(6-14-4)。

对于图 6-14-3 所示电路，运放正、负输入端为等电位点，所以有

$$\dot{U}_+ = \dot{U}_- = \dot{U}_1$$

$$\dot{I} = \frac{\dot{U}_-}{R} = \frac{\dot{U}_1}{R}$$

$$\dot{U}_2 = -\dot{U}_0 = -\dot{I}\,\frac{R}{k} = -\frac{\dot{U}_1}{R}\cdot\frac{R}{k} = -\frac{\dot{U}_1}{k}$$

$$\dot{U}_1 = -k\,\dot{U}_2$$

并有

$$\dot{I}_1 = -\dot{I}_2$$

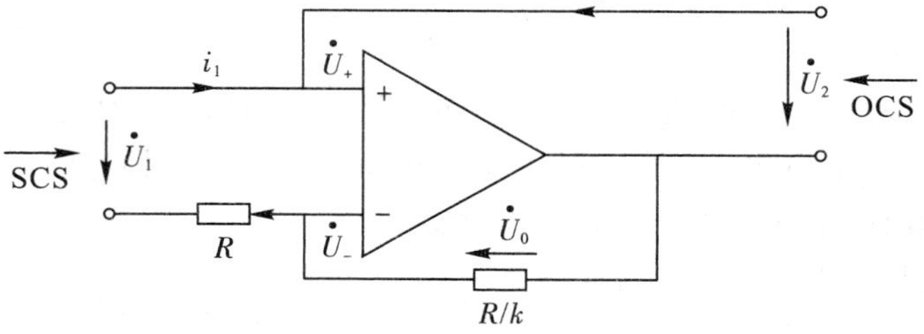

图 6-14-3　VNIC 电路

上面的方程与式(6－14－6)相同，因此图6－14－3所示电路是VNIC电路，Z_1和Z_2的计算式也是式(6－14－3)和式(6－14－4)。

用集成运放组成的NIC，为了稳定工作，必须保证运放的负反馈强于正反馈。因此，一个端口只容许接高阻抗负载，称开路稳定端，简写为OCS；而另一个端口只容许接低阻抗负载，称短路稳定端，简写为SCS。在NIC的一个端口接Z_L，另一个端口输入阻抗呈负阻抗特性，则该端口称为负阻端。在实际应用时，究竟用OCS还是SCS作负阻端，要根据具体情况而定。NIC本身虽为双口网络，但在运用时是单口元件。如果在运用时，接到负阻端的外接阻抗小，则用SCS作负阻端；反之用OCS作负阻端。如果外接阻抗是频变的(外接阻抗在不同频率处的大小差异很大)，则无论用OCS还是用SCS作负阻端，NIC工作均会不稳定。在测试负阻抗变换器的特性时，如果负阻端是OCS，那么测试电路的内阻要大；如果是SCS，则内阻要小。

当NIC的一个端口接上电阻负载时，另一端口的输入阻抗呈现负阻特性。但由于运算放大器有一定的线性工作区域，所以对输入电压和电流有一定的限制，此工作区域的范围称为动态范围。图6－14－4是NIC的负阻特性，其动态范围为$U_A \sim U_B$。

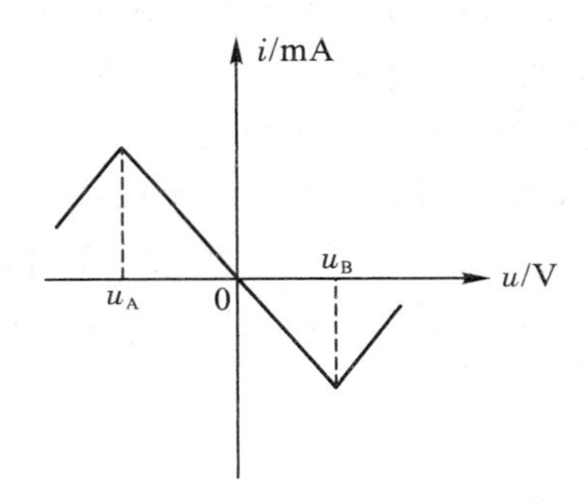

图6－14－4　NIC的负阻特性

3. 负电阻的用途

负电阻有很多用途。例如，我们在做实验八时研究过RLC串联二阶电路u_C的阶跃响应。由于R是消耗功率的，所以R为不同值时，有过阻尼、临界和振荡三种状态。当$t \to \infty$时，$u_C \to$稳定值，变化均属衰减型。如果在回路中加入负电阻，使回路的总电阻为零或为负，则u_C的波形将是等幅振荡或增幅振荡，如图6－14－5所示。

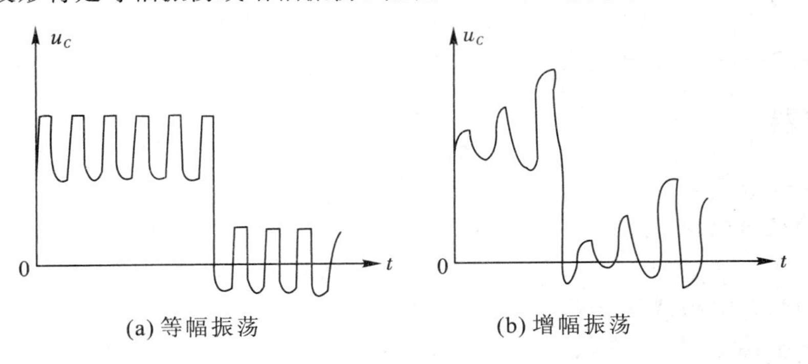

图6－14－5　等幅振荡和增幅振荡波形

四、实验内容

1. 负阻特性的观察与测试

(1) 在图 6－14－2 所示 INIC 电路(R=3 kΩ，k=1)的 SCS 端分别用多个 100 Ω～1 kΩ 的低电阻作负载，用示波器观察 OCS 端的伏安特性，并测出负阻值和动态范围。注意，在 OCS 端测伏安特性时，信号源应为高内阻。

(2) 在图 6－14－3 所示 VNIC 电路(R=1 kΩ，k=1)的 OCS 端分别用多个 1～30 kΩ 的高电阻作负载，用示波器观察 SCS 端的伏安特性，并测出负阻值和动态范围。注意，信号源应为低内阻。

(3) 将图 6－14－2 所示电路的 OCS 端接高阻，测 SCS 端的伏安特性。

(4) 将图 6－14－3 所示电路的 SCS 端接低阻，测 OCS 端的伏安特性。

2. 负电阻应用

在二阶 RLC 串联电路中加入一负电阻，改变负阻阻值，观察在方波输入时 u_C 的波形。在做此实验时，负电阻如何加入电路中是很重要的。如果 NIC 串入回路，它的端口外接阻抗就是 RLC 串联电路的阻抗，其最大值为∞，最小值为 R，所以无论以 OCS 还是以 SCS 作负阻端，工作都是不稳定的。为使 NIC 工作稳定，若用 OCS 作负阻端，串联电路内要串入大电阻；若用 SCS 作负阻端，负阻端应先并联一个较小电阻以保证工作稳定，然后再串入 RLC 回路中。不过，无论用哪一种方法接入，在做实验时输入信号都要小，否则负阻抗变换器的工作状态会超出允许的动态范围。在做实验时，可用示波器监视负阻变换器上的电压或电流。

五、思考题

(1) 负阻加入 RLC 串联电路后，电容和 NIC 上的方波响应是怎样的？

(2) 举例说明 NIC 的用途。

实验十五 回 转 器

一、实验目的

研究回转器的特性及其应用。

二、实验仪器

(1) 双踪示波器。

(2) 双路稳压电源。

(3) 万用表。

(4) 低频信号发生器。

(5) 交流毫伏表。

(6) 实验板。

三、实验原理

1. 回转器

回转器和负阻抗变换器一样，也是一种阻抗变换器，它是一种非互易二端口网络元件。图 6－15－1 是理想回转器的电路符号，Z_L为输出端口的负载阻抗。

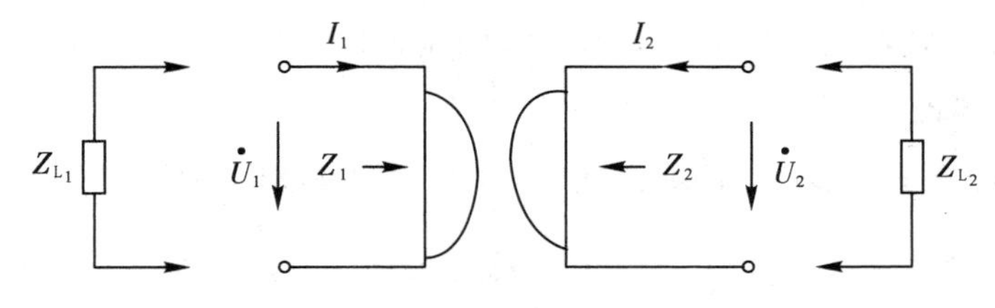

图 6－15－1　回转器符号

理想回转器的 A 参数方程为

$$\begin{bmatrix} \dot{U}_1 \\ \dot{I}_1 \end{bmatrix} = \begin{bmatrix} 0 & \frac{1}{G_0} \\ G_0 & 0 \end{bmatrix} \begin{bmatrix} \dot{U}_2 \\ -\dot{I}_2 \end{bmatrix} = \begin{bmatrix} 0-\frac{1}{G_0}\dot{I}_2 \\ G_0\dot{U}_2+0 \end{bmatrix} \tag{6－15－1}$$

式中，$G_0=\dot{I}_1/\dot{U}_2=-\dot{I}_2/\dot{U}_1$ 称为回转电导。由式(6－15－1)得理想回转器的输入阻抗为

$$Z_1=\frac{\dot{U}_1}{\dot{I}_1}=\frac{-\frac{1}{G_0}\dot{I}_2}{G_0\dot{U}_2}=\frac{1}{G_0^2}\left(-\frac{\dot{I}_2}{\dot{U}_2}\right)$$

当输出端口接 Z_{L_2} 时，有

$$Z_{L_2}=\frac{\dot{U}_2}{-\dot{I}_2}$$

所以

$$Z_1=\frac{1}{G_0^2 Z_{L_2}}=\frac{R^2}{Z_{L_2}} \tag{6－15－2}$$

式中，$R=1/G_0$称为回转电阻。

同样，如果输入端接负载阻抗 Z_{L_1}，则输出端口的输出阻抗为

$$Z_2=\frac{\dot{U}_2}{\dot{I}_2}$$

$$Z_{L_1}=\frac{\dot{U}_1}{-\dot{I}_1}$$

根据式(6－15－1)，得

$$Z_{L_1}=\frac{\frac{1}{G_0}(-\dot{I}_2)}{-G_0\dot{U}_2}=\frac{1}{G_0^2 Z_2}$$

所以

$$Z_2 = \frac{1}{G_0^2 Z_{L_1}} \tag{6-15-3}$$

式(6－15－2)和式(6－15－3)说明，在回转器的一个端口接一阻抗时，在另一端口就获得一个导纳。当负载阻抗 Z_L 为一纯电阻时，另一端口的阻抗也为电阻性，其值与 R_L 成反比；当 Z_L 为一纯容抗 $1/j\omega C$ 时，另一端口呈现的阻抗为 $j\omega CR^2 = j\omega L_e$，呈电感性，等效电感 $L_e = CR^2$；反之，负载为电感 L 时，另一端口等效为一电容 $C_e = L/R^2$。

2. 回转器的实现

回转器实现的方法有多种，例如由式(6－15－1)可写出下列两组关系：

$$\left.\begin{aligned} \dot{I}_1 &= G_0 \dot{U}_2 \\ \dot{I}_2 &= -G_0 \dot{U}_1 \end{aligned}\right\} \tag{6-15-4}$$

$$\left.\begin{aligned} \dot{U}_1 &= -\frac{1}{G_0} \dot{I}_2 \\ \dot{U}_2 &= \frac{1}{G_0} \dot{I}_1 \end{aligned}\right\} \tag{6-15-5}$$

式(6－15－4)说明回转器可利用两个 VCCS 来实现，如图 6－15－2(a)所示；式(6－15－5)说明回转器也可利用两个 CCVS 来实现，如图 6－15－2(b)所示。

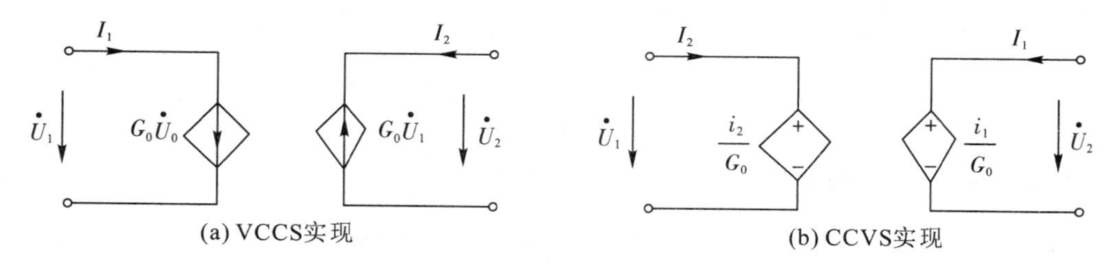

图 6－15－2　用 VCCS 和 CCVS 实现回转器

图 6－15－3 是由两个电流反相型负阻抗变换器 INIC 组成的回转器电路，根据 INIC 的特点，当 Z_{L_2} 接到右端口时有

$$Z' = Z_{L_2} // -R = \frac{-Z_{L_2} R}{Z_{L_2} - R}$$

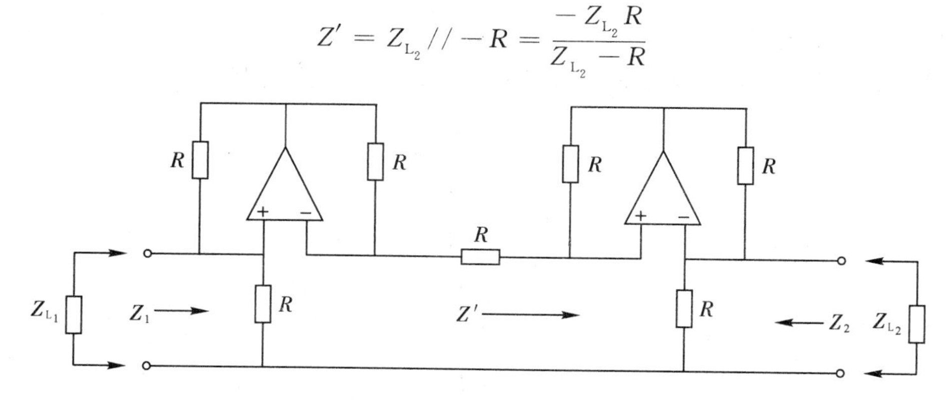

图 6－15－3　INIC 组成的回转器

则

$$Z_1 = R \mathbin{/\!/} -(R+Z') = R \mathbin{/\!/} -\left(R - \frac{Z_{L_2}R}{Z_{L_2}-R}\right) = \frac{R^2}{Z_{L_2}} = \frac{1}{G_0^2 Z_{L_2}} \qquad (6-15-6)$$

式中，

$$G_0 = \frac{1}{R}$$

式(6－15－6)与式(6－15－2)相同。

同样，如果左端口接上 Z_{L_1}，则

$$Z_2 = -R \mathbin{/\!/} [R - Z_{L_1} \mathbin{/\!/} R] = \frac{R^2}{Z_{L_1}} = \frac{1}{G_0 Z_{L_1}} \qquad (6-15-7)$$

式(6－15－7)又与式(6－15－3)相同，所以图6－15－3电路是个回转器。在实验时，由于运算放大器不是理想的，各元件值也有一定的误差，所以实际回转器的电压、电流关系为

$$\left.\begin{aligned} \dot{I}_1 &= G_1 \dot{U}_2 \\ \dot{I}_2 &= -G_2 \dot{U}_1 \end{aligned}\right\} \qquad (6-15-8)$$

式中，$G_1 \neq G_2$。理想回转器虽然使用了有源器件，但因 $G_1 = G_2 = G_0$，所以是个无源器件(无源器件的功耗 $P \geqslant 0$)。而实际的回转器，由于其回转电导 $G_1 \neq G_2$，因而是个有源器件，这从式(6－15－8)很容易看出来。

四、实验内容

1. 测量回转电导

回转器只能在一定频率范围内正常工作，这是由于组成回转器的运放频率特性的限制和回转器线路结构对频率特性的影响所致，所以实验时工作频率不能选得太高。图6－15－3电路中，取 $R=3\ \text{k}\Omega$，负载阻抗 Z_L 用纯电阻，$R_L=2\ \text{k}\Omega$。根据式(6－15－8)测量 G_1、G_2 值，并取它们的几何平均值作为 G_0 值，即

$$G_0 = \sqrt{G_1 G_2}$$

2. 用回转器模拟电感

(1) 用回转器把负载电容回转为一个模拟电感，并测量其阻抗频率特性。

(2) 用模拟电感与 R、C 组成串联谐振电路，并测量谐振电路的谐振频率和通频带。注意，实验时输入信号不能太大，Q 值也不能太高，以免模拟电感上的电压过大。

五、思考题

(1) 为什么说理想回转器是无源元件，而实际回转器是有源元件？

(2) 证明图6－15－3的电路属于图6－15－2(a)的形式。

(3) 比较实际电感与模拟电感的优缺点。

实验十六　旋　转　器

一、实验目的

研究旋转器对非线性元件伏安特性进行以原点为中心的旋转变换特性，了解负阻抗变换器的一种应用。

二、实验仪器

（1）双踪示波器。

（2）双路稳压电源。

（3）万用表。

（4）低频信号发生器。

（5）电阻箱。

（6）实验板。

三、实验原理

旋转器和变标器、反照器及变换器均属线性转换器。这类器件可以完成输入端和输出端间的特性变换，利用这种变换可以从目前常用的非线性电阻器等元件中产生出许多新的非线性元件。

旋转器的电路符号如图 6－16－1 所示。其输入端口的电压为 u_1，电流为 i_1；输出端口的电压为 u_2，电流为 i_2。非线性电阻元件上的电压为 u，电流为 i，它的 $u-i$ 特性如图 6－16－2 中曲线 A 所示。若将此非线性电阻元件接到旋转器的输出端口，则旋转器输入端口的 $u_1 \sim i_1$ 关系如曲线 B 所示，即将曲线 A 逆时针旋转了一个角度 θ。曲线 A 上任一点 P 的坐标为(u, i)，离原点的距离为 r，则

$$\left.\begin{aligned} u &= r\cos\theta_1 \\ i &= r\sin\theta_1 \end{aligned}\right\} \qquad (6-16-1)$$

P 点逆时针旋转 θ 角后到 P' 点，其坐标(u_1, i_1)为

$$u_1 = r\cos(\theta_1+\theta) = r\cos\theta_1\cos\theta - r\sin\theta_1\sin\theta$$

$$i_1 = r\sin(\theta_1+\theta) = r\cos\theta_1\sin\theta + r\sin\theta_1\cos\theta$$

将式(6－16－1)代入得

$$u_1 = u\cos\theta - i\sin\theta$$

$$i_1 = u\sin\theta + i\cos\theta$$

上面第一个方程等号右边第一项的 $\cos\theta$ 无量纲，而第二项的 $\sin\theta$ 是电阻的量纲，因而应乘以一个定标值 R。R 的大小取决于图 6－16－2 中 u 轴单位长度代表的电压值 x 和 i 轴单位长度代表的电流值 y，即 $R=x/y$。同样，第二个方程中 $\cos\theta$ 无量纲，而 $\sin\theta$ 为电导的量纲，应除以 R，于是得

$$u_1 = u\cos\theta - iR\sin\theta$$

$$i_1 = \frac{u}{R}\sin\theta + i\cos\theta$$

再考虑到图 6-16-1 中 $i=-i_2$，$u=u_2$，则

$$\begin{bmatrix} u_1 \\ i_1 \end{bmatrix} = \begin{bmatrix} \cos\theta & -R\sin\theta \\ \frac{1}{R}\sin\theta & \cos\theta \end{bmatrix} \begin{bmatrix} u_2 \\ -i_2 \end{bmatrix} \tag{6-16-2}$$

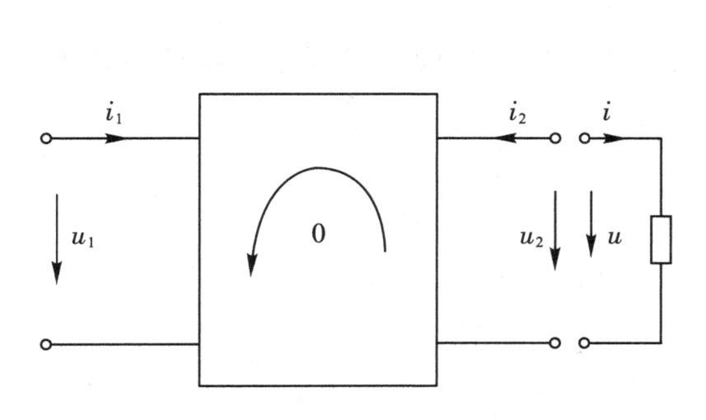

图 6-16-1　旋转器符号

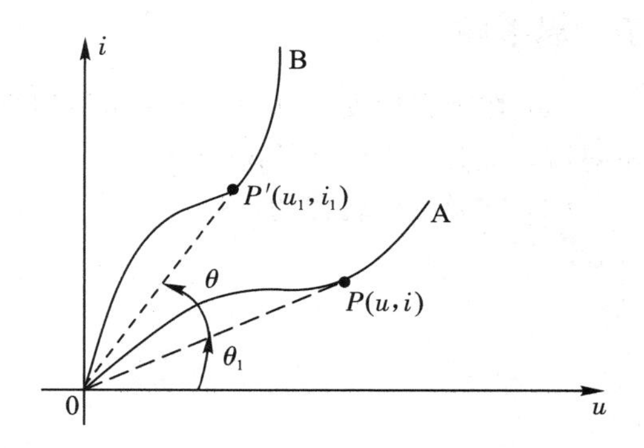

图 6-16-2　$u-i$ 特性的旋转

这是一个 A 参数方程。图 6-16-1 的旋转器若用图 6-16-3(a)的 Π 形电阻网络来实现，只要令该网络的 A 参数与式(6-16-2)中的 A 参数相等，则得

$$\left.\begin{aligned} G_1 &= G_2 = \frac{1}{R}\tan\frac{\theta}{2} \\ G_3 &= R\csc\theta \end{aligned}\right\} \tag{6-16-3}$$

同样，若用图 6-16-3(b)的 T 形电阻网络来实现，则得

$$\left.\begin{aligned} R_1 &= R_2 = -R\tan\frac{\theta}{2} \\ R_3 &= R\csc\theta \end{aligned}\right\} \tag{6-16-4}$$

可见，当 $0°<\theta<180°$时用 Π 形网络，$180°<\theta<360°$时用 T 形网络，只需用一个负电阻；否则，若在 $0°<\theta<180°$时用 T 形网络，在 $180°<\theta<360°$时用 Π 形网络，就要用两个负电阻。负电阻可用实验十四中的负阻抗变换器来实现。

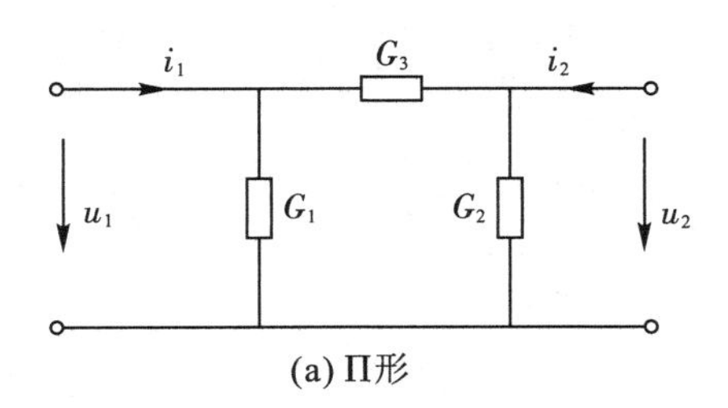

(a) Π形

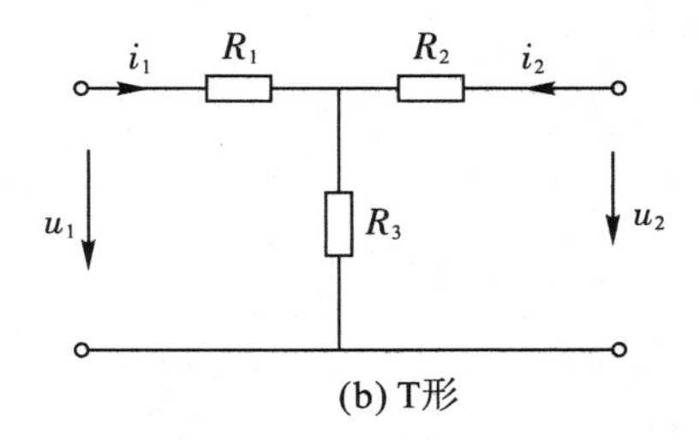

(b) T形

图 6-16-3　Π 形网络和 T 形网络

四、实验内容

(1) 设计一个 $\theta=-60°$的旋转器，定标系数 $R=1\ \text{k}\Omega$(预习时将元件参数计算好)。

(2) 调整负阻抗变换器的负阻值达到设计要求(注意：适当选择开路稳定端或者短路

稳定端作负阻端，以保证旋转器工作稳定）。

（3）组装旋转器。

（4）调整示波器坐标的定标值与定标系数 R 相符，用示波器观察 1 kΩ 电阻和二极管 2AP9 的伏安特性；然后观察经旋转器旋转后的伏安特性，注意是否将原特性曲线旋转了 -60°。

五、思考题

（1）在观察伏安特性时，如果示波器纵、横轴的定标值与设计时规定的定标系数 R 值不对应，将会出现什么情况？

（2）试说明旋转器的用途。

第七章　电路、信号与系统设计性实验

实验一　模拟万用表的设计、安装与测试

一、实验目的

学习万用表的设计、组装和测试。

二、实验仪器

(1) MF47F 型万用表。
(2) SS1791 可跟踪直流稳压电源。

三、实验原理

1. 预备知识

阅读第二章中实验仪器部分关于万用表原理和设计的内容。

2. 万用表线路设计

万用表总体线路如图 7-1-1 所示。在预习时，试分别画出电流表、电压表和欧姆表的分解电路，以及各表在实验板上的装接图。实验板如图 7-1-2 所示。微安表头和电位器 R_{P1} 已组装在表头盒内，只需用两根导线接入实验板即可。注意：电位器 R_{P1} 与微安表内阻之和已调节为 900 Ω，实验时严禁再自行调节 R_{P1}。

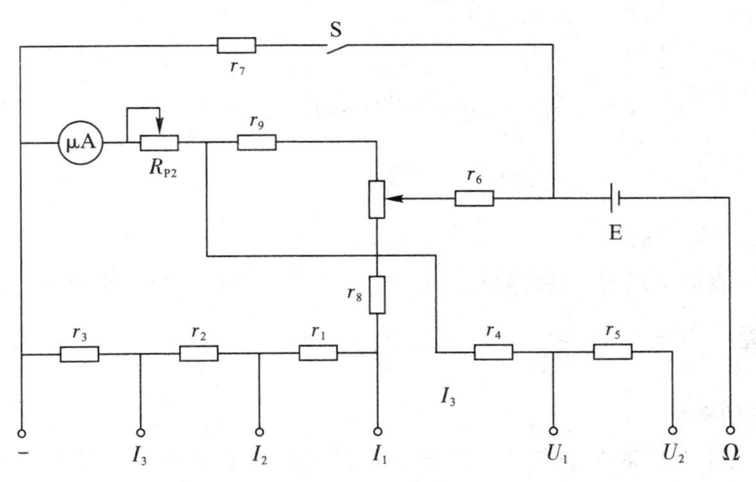

图 7-1-1　万用表总体线路图

给定微安表头的满偏值为 200 μA，内阻 r_0 与 R_{P1} 之和为 900 Ω，表头支路总电阻 $R_0=r_0+R_{P1}+R_{P2}+r_8+r_9=3600$ Ω。电流表量程共三挡：1 mA、10 mA 和 100 mA；电压表量程共两挡：10 V 和 20 V；欧姆表量程共两挡，中值电阻 R_T分别为 10 kΩ 和 1 kΩ。电池电压 $E=3$ V，欧姆表满偏电流（流过 r_6 的电流）$I_m=E/R_T=300$ μA。试计算各元件值（计算欧姆表分流电阻时，电位器 R_{P2}的动点以中央位置为准，$R_{P2}=500$ Ω）。要求在预习报告上写出计算过程。

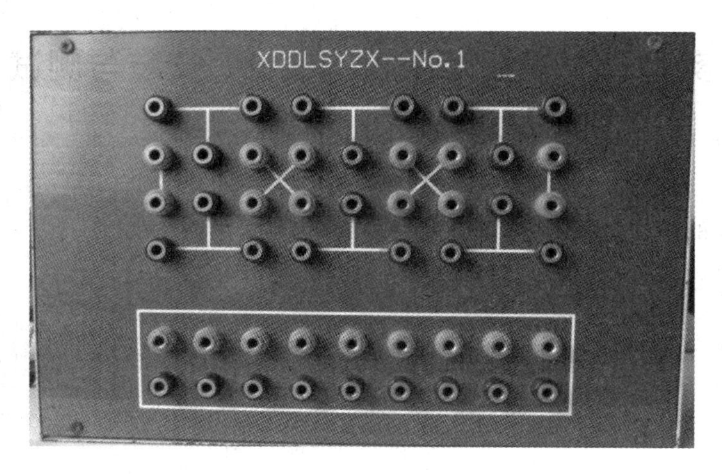

图 7-1-2 实验板 1

3. 计算欧姆刻度

在测量电阻时，需要一个欧姆刻度。当我们只有微安表刻度时，需要做下面的工作：根据要求，给出一系列的电流值 I，然后通过公式

$$R_X=\frac{I_0-I}{I}R_T$$

可以计算出一系列相应的电阻值。式中，$I_0=200$ μA，为微安表头的满偏值；R_T为中值电阻。再根据电流 I 和电阻 R_X的一一对应关系，将图 7-1-3 所示的微安表刻度改画成欧姆刻度。

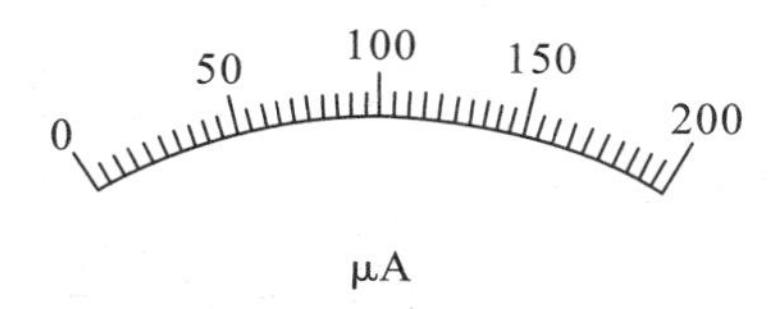

图 7-1-3 微安刻度

为保证 R_{P2}能正常调零，应计算电池电压 E 的最大值 E_{max}和最小值 E_{min}。

四、实验内容

1. 组装万用表

本实验所用元件多数为插件式，按事先画的连线图，将各元件插在实验板上适当位置。先组装电流表和电压表，待测试完后再组装欧姆表，并进行欧姆表的测试。

2. 校验电流表量程

按图 7－1－4 所示电路连接电路，其中标准表用万用表代替，R_1用电阻箱，起保护作用，根据被校表量程选取适当的数值，使电源 E 在 0～6 V 范围内变化时，被校表刚能满偏。实验时注意电源 E 应由小到大，逐渐升高 E 值，使被校表到达满偏，然后在被校表量程范围内，等间隔地选 5 个测点进行测试，将测试数据记入表 7－1－1 中。

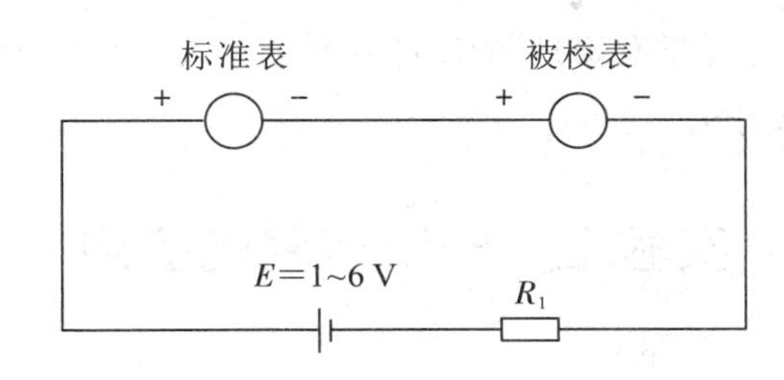

图 7－1－4　校验电流表电路

表 7－1－1　校验电流表结果

中值电阻 R_T					
电阻箱读数 R					
表头电流读数 I					
欧姆表读数					
误差/%					

3. 校验电压表量程

被校表与标准表按图 7－1－4 连接后，接于直流稳压电源输出端。调节电源电压，比较两表的读数。要求在量程范围内，等间隔地选 5 个测试点，将数据记入表 7－1－2 中。

表 7－1－2　校验电压表结果

量程					
被校值					
标准值					
误差/%					

4. 校验欧姆表

组装好欧姆表后，以电阻箱为标准电阻，用所组装的欧姆表测量标准电阻的阻值，检查组装欧姆表读数是否正确。欧姆表使用前应注意调零。组装欧姆表内部电源用稳压电源，E=3 V。测试 R_T=1 kΩ 挡时，电阻箱取值为 200 Ω、500 Ω、1 kΩ、5 kΩ 和 10 kΩ；测试 R_T=10 kΩ 挡时，电阻箱取值为 2 kΩ、5 kΩ、10 kΩ、50 kΩ 及 100 kΩ。读数时先在微安表头上读出电流值，然后根据电流读数计算出 R_X数值。

5. 检验欧姆表内部电源允许变化范围

将电位器 R_{P2} 分别左旋和右旋到底，表笔短路，调 E 值，使表头指针指向零欧姆位置，测量此时的 E 值。左旋和右旋两次测得的 E 值分别为 E_{max} 和 E_{min}。列表记录测量值和理论计算值，并加以比较。

五、思考题

(1) 改装表头扩大量程需要配以测量电路，原表头内允许通过的最大电流是否发生变化？

(2) 设计万用表需知道表头参数 I_0 和内阻 R_i，是否可以用欧姆表来测量表头的内阻 R_i(表头内阻通常为 200 Ω 到几千欧姆)？试设计一种测量表头内阻 R_i 的实验方案(线路、原理及对选用仪表器材的要求)。

实验二　一阶电路的应用

一、实验目的

研究电容补偿衰减器；应用 RC 电路与单结晶体管产生锯齿波和尖脉冲；通过实验了解一阶 RC 电路的应用。

二、实验仪器

(1) GDS1072B 数字存储示波器。

(2) TFG1010 DDS 函数信号发生器。

三、实验原理

1. 电容补偿衰减器

电容补偿衰减器原理线路如图 7-2-1 所示。其传输函数为

$$H(S)=\frac{R_2}{R_1+R_2}\left(\frac{1+s\tau_1}{1+s\tau}\right) \qquad (7-2-1)$$

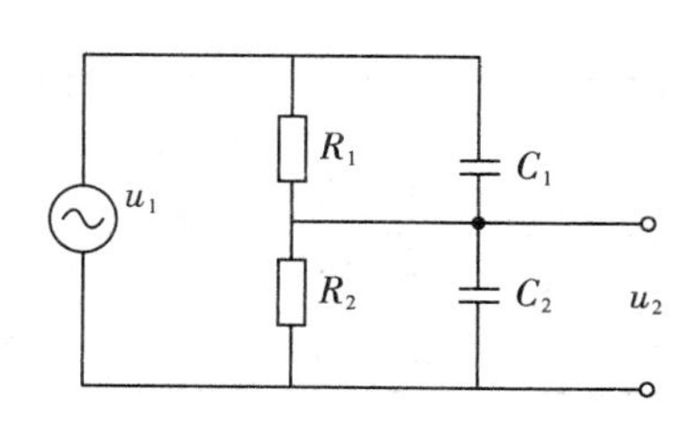

图 7-2-1　电容补偿衰减器

式中：

$$\tau_1=R_1C_1,\ \tau=RC$$

$$R=\frac{R_1R_2}{R_1+R_2},\ C=C_1+C_2$$

由式(7-2-1)可知，传输函数有一个极点 $s=-1/\tau$ 和一个零点 $s=-1/\tau_1$。当 $\tau_1=\tau$ 时，即 $R_1C_1=RC$，或者进一步表示成 $R_1C_1=R_2C_2$，极点和零点重合，此时式(7-2-1)可写成

$$H(S)=\frac{R_2}{R_1+R_2} \qquad (7-2-2)$$

因此衰减器的传输函数与频率无关，也就是说只要满足条件 $R_1C_1=R_2C_2$，衰减器是一个全通网络，传输系数是一个常数。

如果输入信号 $u_1(t)$ 是一阶跃信号 $u_1(t)=E\varepsilon(t)$，那么

$$u_2(t) = \frac{R_2}{R_1 + R_2}\left[1 - \left(1 - \frac{\tau_1}{\tau}\right)e^{-\frac{1}{\tau}t}\right]E\varepsilon(t) \tag{7-2-3}$$

分析上式可知：

(1) 最佳补偿。设 $\tau_1=\tau_2$，即 $R_1C_1=R_2C_2$，有 $\tau_1=\tau$，则

$$u_2(t) = \frac{R_2}{R_1 + R_2}EU(t) = \frac{R_2}{R_1 + R_2}u_1(t) \tag{7-2-4}$$

u_2与u_1只差一个小于1的常数，信号获得不失真传输，只是幅度衰减了。

(2) 欠补偿。设 $\tau_1<\tau_2$，即 $R_1C_1<R_2C_2$，则$\frac{\tau_1}{\tau}<1$。当 $t=0^+$ 时，$u_2(0^+)=\frac{ER_2}{R_1+R_2}\cdot\frac{\tau_1}{\tau}=\frac{C_1}{C_1+C_2}E<\frac{R_2}{R_1+R_2}E$；$t>0$ 后，$u_2(t)$按指数规律上升；$t=\infty$时，$u_2(\infty)=\frac{R_2}{R_1+R_2}E$。

(3) 过补偿。设 $\tau_1>\tau_2$，即 $R_1C_1>R_2C_2$，则$\frac{\tau_1}{\tau}>1$。当 $t=0^+$ 时，$u_2(0^+)=\frac{C_1}{C_1+C_2}E>\frac{R_2}{R_1+R_2}E$；$t>0$ 后，$u_2(t)$按指数规律下降；$t=\infty$时，$u_2(\infty)=\frac{R_2}{R_1+R_2}E$。

上述三种情况的波形如图7-2-2所示。

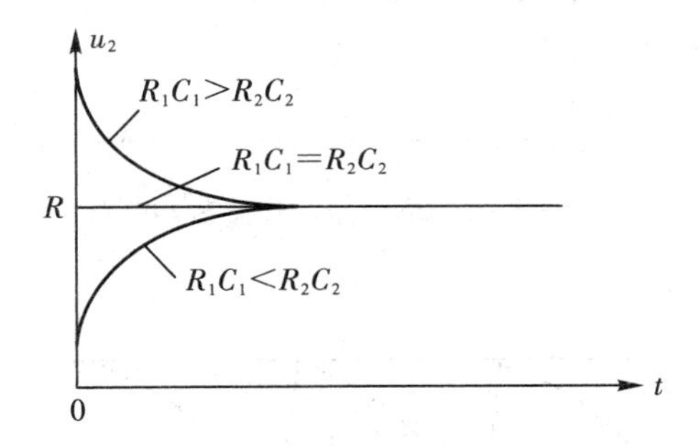

图7-2-2　阶跃信号通过衰减器的波形

2. 单结晶体管锯齿电压产生器

单结晶体管又称双基极二极管，是一种具有PN结的三端器件，其伏安特性如图7-2-3所示，具有负阻特性是它突出的特点。

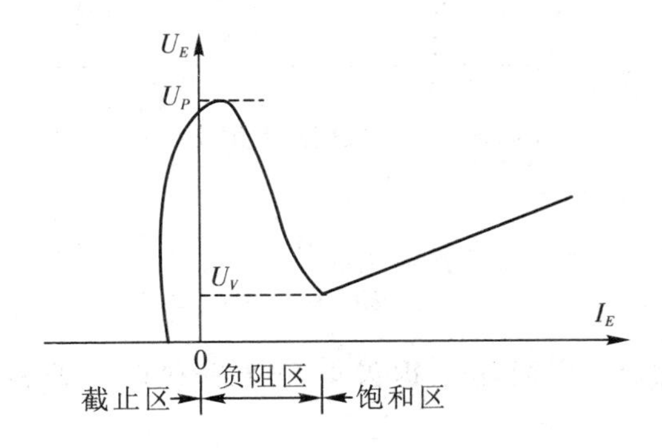

图7-2-3　单结晶体管伏安特性

使用单结晶体管的基本振荡电路如图 7－2－4 所示。开关 S 闭合后，电源 E 即通过电阻 R_2、R_1 在两个基极 b_2 与 b_1 之间建立了电压 U_{21}。此电压在基极与发射极间按比例分配，分压比 $\eta=U_{b2}/U_{b1}$ 是管子的参数之一。S 闭合后，E 又通过 R 给电容器 C 充电。充电起始电压 $u_C=0$，而 $U_e=u_C$，故在充电开始阶段管子处于截止区。随着充电电压 u_C 的升高，流过 eb_1 的电流逐渐增加。当 u_C 增至 U_P 时，eb_1 间电阻突然减小，u_C 通过发射极 e、基极 b_1 和电阻 R_1 放电，使 eb_1 间电流突然增加，而 U_e(即 u_C)迅速下降，此时管子工作在负阻区。当电压降至 $u_C<U_P$ 时，eb_1 间再次恢复高阻状态使管子截止，电路进入下一个充电、放电过程，形成周期振荡。上述电压 U_P 称峰点电压，U_V 称谷点电压。在电容器充电时，因 $\tau=RC$ 值较大，电压上升较慢，且近似直线。而放电时，因回路电阻迅速变小，放电电流突增，使 u_C 下降很快，这样在电容两端即形成了锯齿形电压。与此同时，放电电流又在 R_1 上形成一尖脉冲，波形示于图 7－2－5。

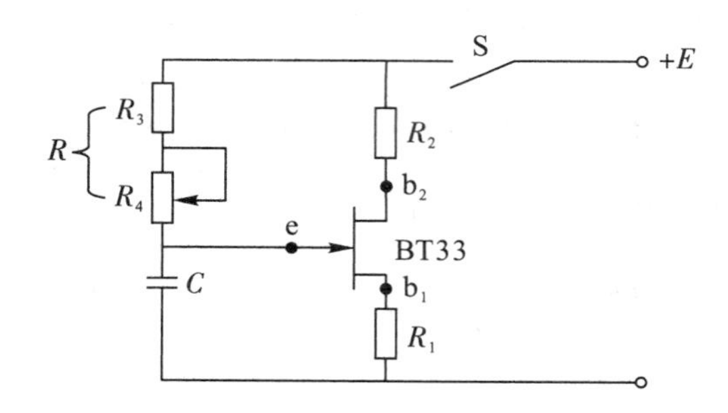

图 7－2－4　单结晶体管振荡器电路

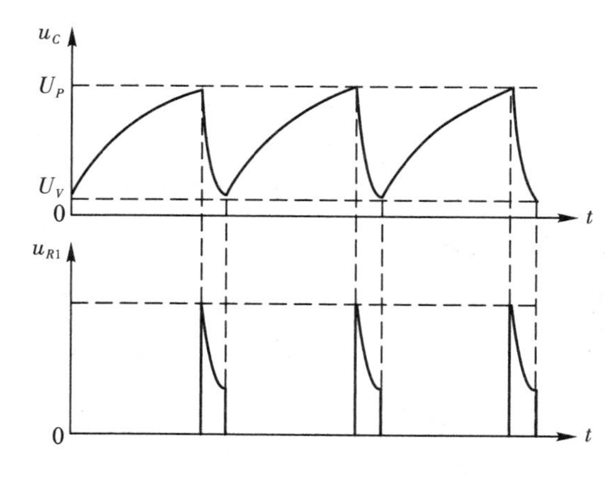

图 7－2－5　振荡器工作波形图

振荡频率为

$$f=\frac{1}{RC\ln\frac{1}{1-\eta}}\tag{7-2-5}$$

上述电路简单且稳定，广泛用于锯齿电压产生和硅可控整流器的触发脉冲产生电路。

四、实验内容

电容补偿衰减器实验步骤如下：

(1) 输入信号用信号发生器产生的方波，频率 $f=1.00$ kHz，方波幅度调整到 5.0 V。

(2) 方波信号加到实验板的补偿衰减器(2)号实验板电路的 a、c 两端，如图 7－2－6 所示，用示波器观察并记录 b、c 两端的电压波形。此时电路中 $R_1=R_2=10$ kΩ，$C_1=C_2=1000$ pF。

(3) 将 4700 pF 电容加在 a、b 两端，用示波器观察并描下 b、c 两端电压波形。

(4) 将 4700 pF 电容加在 b、c 两端，用示波器观察并描下 b、c 两端电压波形。

(5) 将方波信号加到补偿衰减器(1)电路的 a、c 两端，观察并描下 b、c 两端的电压波形。此时电路参数 $R_1=1$ kΩ，$C_1=0.1$ μF，$R_2=100$ kΩ，$C_2=1000$ pF。

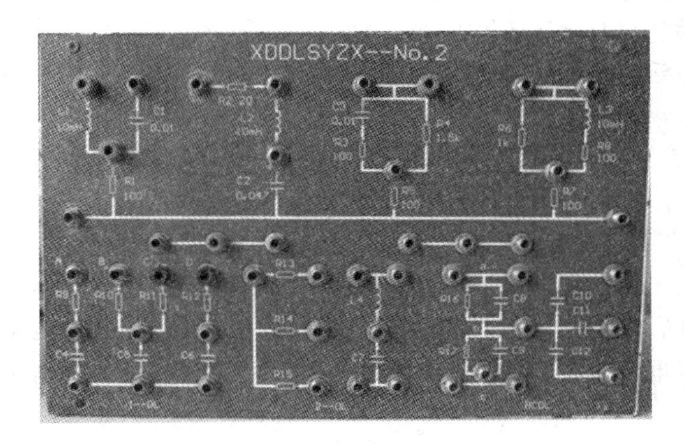

图 7－2－6　补偿衰减器 2 号实验板

按图 7－2－4 连接线路，用示波器观察并描下 $u_C(t)$和 $u_{R1}(t)$的波形，测量 $u_C(t)$波形的周期。改变 R_1，观察 $u_C(t)$波形周期的变化情况。图中 $E=12$ V，$R_1=240$ Ω，$R_2=360$ Ω，$R_3=5.1$ k，$R_4=4.7$ k，$C=0.1$ μF。

五、思考题

如何用示波器测量 $R_1C_1>R_2C_2$ 或 $R_1C_1<R_2C_2$ 情况下的 τ?

实验三　基本运算单元电路设计与实验

一、实验目的

(1) 学习运算放大器的工作特性。

(2) 通过本实验掌握基本运算单元的设计方法。

二、实验任务

(1) 利用运算放大器设计一个三输入同相加法器电路，使其满足：$u_0=u_1+u_2+u_3$。

(2) 利用运算放大器设计反相标量乘法器和同相乘法器，其放大倍数分别为100和51。

(3) 利用运算放大器设计一个积分器电路(最低频率为100 Hz)。

三、实验要求

(1) 按要求设计各运算单元的原理电路。

(2) 利用EWB软件对原理电路进行仿真。

(3) 说明基本运算单元电路的用途。

四、实验报告要求

(1) 介绍设计原理及设计过程。

(2) 介绍实验情况及测试结果。

(3) 说明基本运算单元电路的用途。

实验四　有源滤波器的设计

一、实验目的

(1) 了解低通、高通、带通和带阻四种有源滤波器的电路形式和工作特性。

(2) 学会根据电路元件参数计算各种滤波器的主要指标及根据主要指标调试电路元件参数的方法。

二、实验任务

(1) 查阅相关资料和书籍，设计一个低通滤波器，要求其上限截止频率为 $f_c=1$ kHz，$Q=0.707$。

(2) 设计一个高通滤波器，要求其下限截止频率为 $f_c=100$ Hz，$Q=0.707$。

(3) 设计一个二阶带通滤波器，要求中心频率 $f_0=1000$ Hz，品质因数 $Q=5\sim6$，通带 $B=200$ Hz。

(4) 设计一个带阻滤波器(陷波器)，其中心频率 $f_0=50$ Hz，$Q=5$。

三、实验要求

(1) 按要求设计四种有源滤波器的原理电路图。

(2) 用EWB软件对设计的滤波器进行模拟仿真，观察各自的幅频特性和相频特性曲线，了解电路中的元件参数对主要指标的影响。

(3) 在实验板上对各滤波器进行组装、调试，使其满足设计要求。

四、实验报告要求

(1) 简述低通、高通、带通和带阻四种滤波器的原理和设计方法。

(2) 用点测法测试四种滤波器的幅频特性，并测量截止频率以及带宽。
(3) 对实验结果进行分析，并与理论值进行比较。

实验五　用 555 电路设计出脉冲信号发生器

一、实验目的

(1) 了解 555 定时器电路的工作原理、特性。
(2) 学会用 555 电路设计多谐振荡器的设计方法。

二、实验任务

(1) 利用 555 电路设计一个多谐振荡器。
(2) 测量多谐振荡器产生波形的参数(周期、脉宽等)。

三、实验要求

(1) 设计多谐振荡器的原理电路图。
(2) 将设计好的电路在 EWB 软件上进行仿真，调整和确定电路的参数。
(3) 制定测试方案，组装电路，验证设计结果。

四、实验报告要求

(1) 简述 555 定时器电路的原理。
(2) 介绍设计方案及设计过程。
(3) 对测试结果进行分析。

实验六　移相器的设计与实现

一、实验目的

(1) 了解移相器的工作原理、特性。
(2) 学会移相器的设计方法。

二、实验任务

设计一个 0～180°的移相电路，要求：输出信号的幅度不变，相位可在 0～180°之间变化。

三、实验要求

(1) 按要求设计原理电路。
(2) 将设计好的电路在 EWB 软件上进行仿真，调整和确定电路的参数。
(3) 制定测试方案，组装电路，验证设计结果。

四、实验报告要求

(1) 详细介绍设计原理和设计(计算)过程。
(2) 介绍测试方案及实验过程。
(3) 对实验结果进行分析。

实验七　衰减器的设计与实现

一、实验目的

(1) 了解衰减器的工作原理及作用。
(2) 学会根据要求设计衰减器的方法。

二、实验任务

设计一个 0～60 dB 的衰减器，要求：
(1) 输出与输入的相位不变。
(2) 输入电阻 $R_i \geqslant 1\ \mathrm{M\Omega}$。
(3) 衰减器按 10 dB 分挡。

三、实验要求

(1) 按要求设计原理电路。
(2) 将设计好的电路在 EWB 软件上进行仿真，调整和确定电路的参数。
(3) 制定测试方案，组装电路，验证设计结果。

四、实验报告要求

(1) 详细介绍设计原理和设计(计算)过程。
(2) 介绍测试方案及实验过程。
(3) 对实验结果进行分析。

实验八　直流稳压电源的设计与实现

一、实验目的

熟悉稳压电源的工作原理，学习双路稳压电源的设计方法。

二、实验任务

设计一个双路稳压电源，要求如下。
(1) 输入电压：交流 220 V±10%/50 Hz。

(2) 输出电压：直流 1～15 V(1 A)；1～30 V(3 A)。

(3) 纹波电压：U_P<15 mV(最大负荷时)。

(4) 连续工作时间：t>8 h。

三、实验要求

(1) 设计双路稳压电源的原理电路图。

(2) 将设计好的电路在 EWB 软件上进行仿真，调整和确定电路的参数。

(3) 制定测试方案，组装电路，验证设计结果。

四、实验报告要求

(1) 详细介绍设计原理和设计(计算)过程。

(2) 介绍测试方案及实验过程。

(3) 对实验结果进行分析。

实验九　负阻和混沌电路的设计与实现

一、实验目的

(1) 熟悉非线性负电阻的工作特性。

(2) 学习混沌电路的设计方法。

二、实验任务

(1) 设计一个伏安关系如图 7-9-1 所示的分段非线性负电阻电路。

(2) 查阅相关资料，设计一个混沌电路，观察其中的混沌现象。

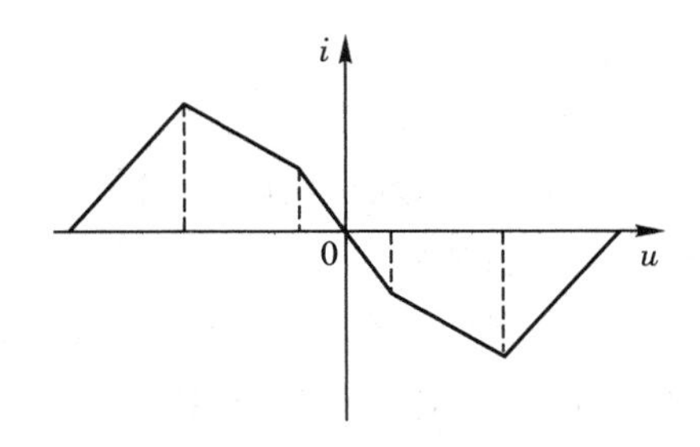

图 7-9-1　分段非线性曲线

三、实验要求

(1) 设计出非线性负电阻电路和混沌电路的电路原理图。

(2) 将设计好的电路在 EWB 软件上进行仿真，调整和确定电路的参数，仿真出混沌现象。

(3) 组装并调试电路，观察混沌现象。

四、实验报告要求

（1）详细介绍非线性负电阻和混沌电路的工作原理图，以及电路的设计过程。

（2）介绍测试方案及实验过程。

（3）写出收获和体会。

实验十　旋转器的设计与实现

一、实验目的

（1）了解旋转器的工作原理。

（2）研究旋转器对非线性元件伏安特性进行以原点为中心的旋转变换特性，了解负阻抗变换器的一种应用。

二、实验仪器

（1）双踪示波器。

（2）双路稳压电源。

（3）万用表。

（4）低频信号发生器。

三、实验任务

设计一个 $\theta=-60°$ 的旋转器电路，定标系数 $R=1\ \text{k}\Omega$。

四、实验内容

（1）根据设计电路组装旋转器。

（2）利用 EWB 软件对设计电路进行仿真。

（3）调整负阻抗变换器的负阻值达到设计要求（注意：适当选择开路稳定端或者短路稳定端作负阻端，以保证旋转器工作稳定）。

（4）调整示波器坐标的定标值与定标系数 R 相符，用示波器观察 1 kΩ 电阻和二极管 2AP9 的伏安特性；然后观察经旋转器转后的伏安特性，注意是否将原特性曲线旋转 $-60°$。

五、实验报告要求

（1）简述旋转器的工作原理。

（2）介绍旋转器的设计方案。

（3）叙述实验方案，并对实验结果进行分析。

（4）说明旋转器的用途。

实验十一　二阶 *RC* 双 T 阻带网络的设计与实现

一、实验目的

(1) 了解双 T 网络组成滤波的工作原理。
(2) 了解双 T 网络中的各元件参数对中心频率的影响。

二、实验仪器

(1) GDS1072B 数字存储示波器。
(2) YB2174C 交流毫伏表。

三、实验任务

设计一个中心频率为 75 Hz 的双 T 网络。

四、实验要求

(1) 在 EWB 软件平台上建立双 T 网络的仿真电路。
(2) 选择所需要的仪器设备。
(3) 接通电源，用波特仪测量该滤波器的幅频特性曲线和相频特性曲线。
(4) 将仿真结果与操作实验的结果进行比较。
(5) 改变实验电路中的元件参数，可以得到不同的中心频率 f_0。

五、实验报告要求

(1) 详细介绍双 T 网络工作原理图，以及电路的设计过程。
(2) 介绍测试方案及实验过程。
(3) 写出收获和体会。

实验十二　实验数据处理

一、实验目的

熟悉实验数据处理的现代化手段。

二、实验仪器

(1) TFG1010 DDS 函数信号发生器。
(2) 电子计算机(该仪器的原理和使用方法请参阅计算机方面的有关资料)。

三、实验任务

(1) 用数字频率计对 TFG1010 DDS 函数信号发生器输出的频率(指定为 25 kHz)进行等精度测量，共计取 40 个数据在计算机上处理。

(2) 用数字电压表对直流稳压电源的输出电压(指定 $E=5$ V)进行等精度测量，然后用计算机进行数据处理。

(3) 测量 *RLC* 串联电路的谐振特性(点测法)，用最小二乘法进行曲线拟合。

四、实验要求

熟悉原理和方法；编制所需程序(用 BASIC 或 FORTRAN 语言)；进行必要的测量；完成数据处理工作。

本实验后所附用 BASIC 语言编制的"计算机处理数据程序"仅供参考。

计算机处理数据程序：

```
n=Total measured amount
a=Bad value amount
CLS
INPUT"请输入测量数据的个数：",n
DIM x(n)
DIM y(n)
DIM vi(n)
FOR i=1 TO n
    PRINT"请输入第";i;
    INPUT"个测量数值：",x(i)
NEXT
sum=0
FOR i=1 TO n
    sum=sum+x(i)
NEXT
average=sum/n
PRINT"输入测量数据的平均值为：",average
FOR i=0 TO n
    vi(n)=x(i)-average
NEXT i
vi2=0
FOR i=1 TO n
    vi2=vi2+vi(i)*vi(i)
NEXT i
stand=SQR(vi2/(n-1))
PRINT"输入数据的标准偏差为：",standd
INPUT"Press any key when ready...",nouse
badnum=0
FOR i=1 TO n
    vi=x(i)-average
    PRINT"第";i;"个测量数据的剩余误差为：";vi
    IF ABS(vi)>ABS(3*standd) THEN
      badnum=badnum+1
      PRINT"第";i;"个数据为坏值：",x(i)
    END IF
```

```
NEXT i
INPUT ″Press any key when ready …″, nouse
goodnum=0
badnum=0
j=1
FOR i=1 TO n
    vi=x(i)-average
    IF ABS(vi)<=ABS(3 * standd) THEN
      y(j)=x(i)
      j=j+1
      goodnum=goodnum+1
    ELSE
      badnum=badnum+1
    END IF
NEXT i
IF goodnum=0 THEN
  PRINT ″Bad Value too Much! ″
END
END IF
PRINT ″剔除坏值个数：″, badnum
sum=0
PRINT ″有效测量数据：″
FOR j=1 TO goodnum
    PRINT y(j);
    sum=sum+y(j)
NEXT j
IF n=0 THEN
  PRINT ″Bad Value Too Much! ″
  END
END IF
average=sum/goodnum
PRINT
PRINT ″有效数据的均值为：″, average
FOR j=1 TO goodnum
    vi(j)=y(j)-average
NEXT j
vi2=0
FOR j=1 TO goodnum
    vi2=vi2+vi(j) * vi(j)
NEXT j
stand=SQR(vi2/(goodnum-1))
PRINT ″有效数据的标准偏差为：″, standd
PRINT ″有效数据均值的标准偏差为：″, stand/goodnum
PRINT ″最终测量结果为：″, average; ″±″; 3 * (standd/goodnum)
END
```

附录　实验报告样本

直流电源外特性与戴维南定理

一、实验目的

（1）掌握电源外特性的测试方法，了解电源内阻对电源输出特性的影响。

（2）验证戴维南定理，学习用实验方法测量等效电源的参数。

二、实验仪器

____

____

____

____

____

____

三、实验原理

1. 电源的外特性

（1）直流电压源外特性。实际电压源与理想电压源是有差别的，它总有内阻，其端电压不为定值，可以用一个理想电压源与电阻相串联的模型来表征实际电压源。

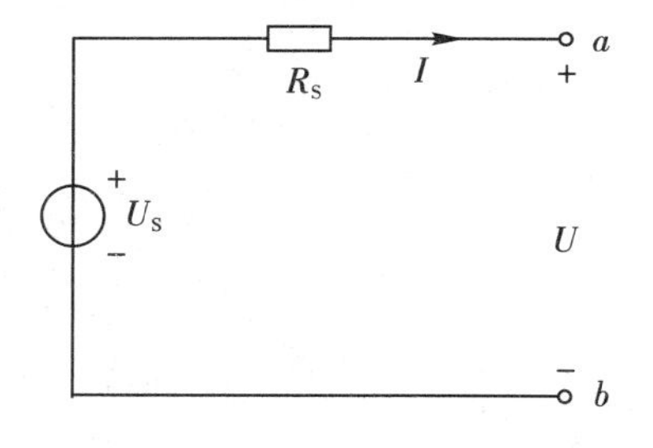

实际电压源模型

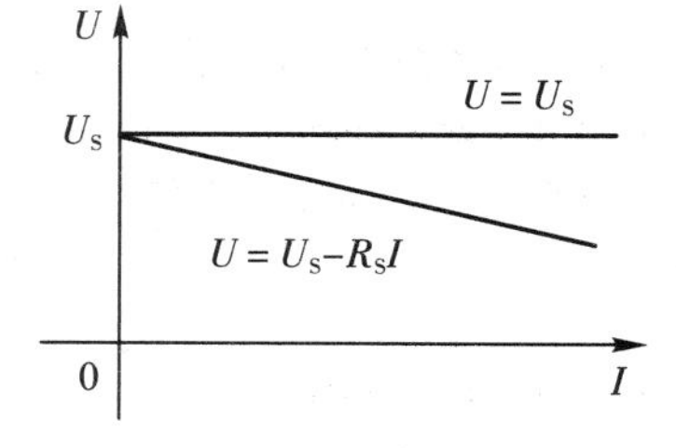

实际电压源伏安特性

（2）直流电流源外特性。实际电流源与理想电流源也有差别，其电流值不为定值，可以用一个理想电流源与电阻相并联的模型来表征实际电流源。

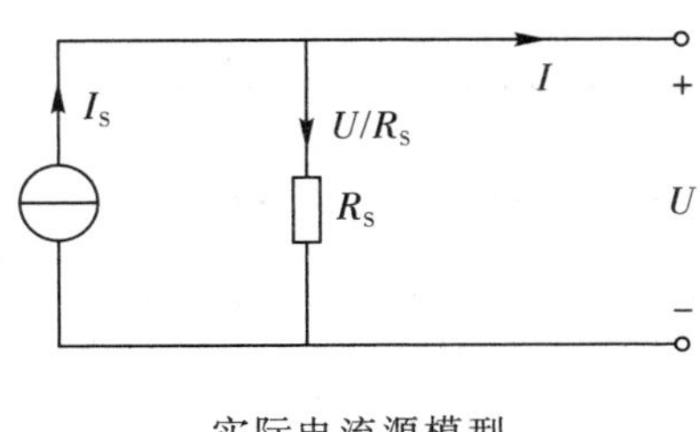

实际电流源模型

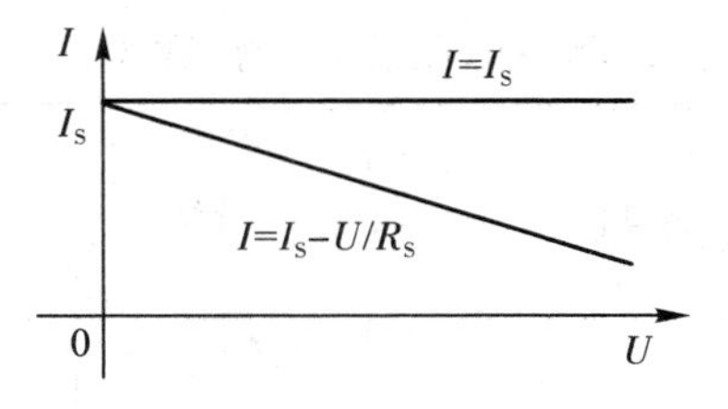

实际电流源伏安特性

2. 戴维南定理的验证

（1）戴维南定理内容。任何一个线性单口网络都可以等效为一个实际电压源模型，其等效电势为U_{oc}，内阻为R_i。

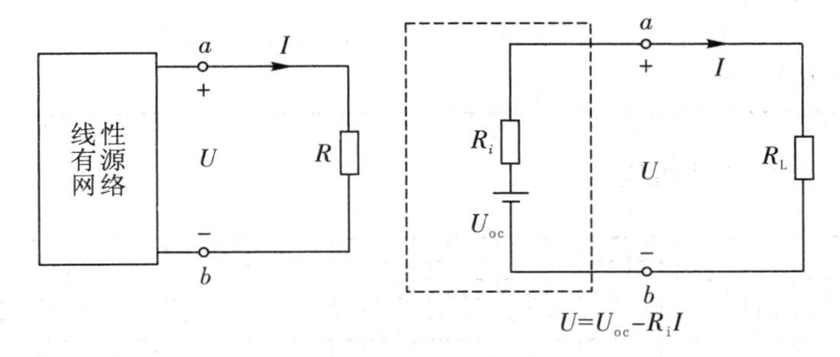

（2）U_{oc}和R_i的测量方法。用高内阻（相对于等效电源内阻）的电压表测量a、b端开路电压U_{ab}，则$U_{oc}=U_{ab}$；用低内阻的电流表测量a、b端短路电流I_{sc}，则$R_i=U_{oc}/I_{sc}$。半压法测R_i，电压表测量电阻R_L电压$U_L=U_{oc}/2$时，$R_i=R_L$。伏安曲线法（线性网络不允许开路或短路的情况下使用）。

3. 伏安特性的测量

（1）无源单口网络。

（2）有源单口网络。

如图所示，改变负载R_L可测得一组U、I值，请画出外特性曲线。

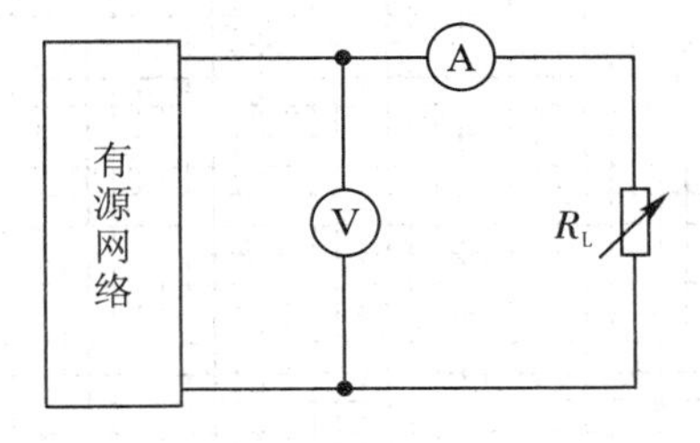

四、实验内容

1. 测量电压源外特性

（1）画出测量电压源外特性实验电路图。

(2) 记录测量电压源外特性数据。

R_i \ 测量值 \ R_L		5 kΩ	4 kΩ	3 kΩ	2 kΩ	1 kΩ
$R_i=0\ \Omega$	U/V					
	I/mA					
$R_i=150\ \Omega$	U/V					
	I/mA					
$R_i=680\ \Omega$	U/V					
	I/mA					

(3) 画出电压源外特性曲线。

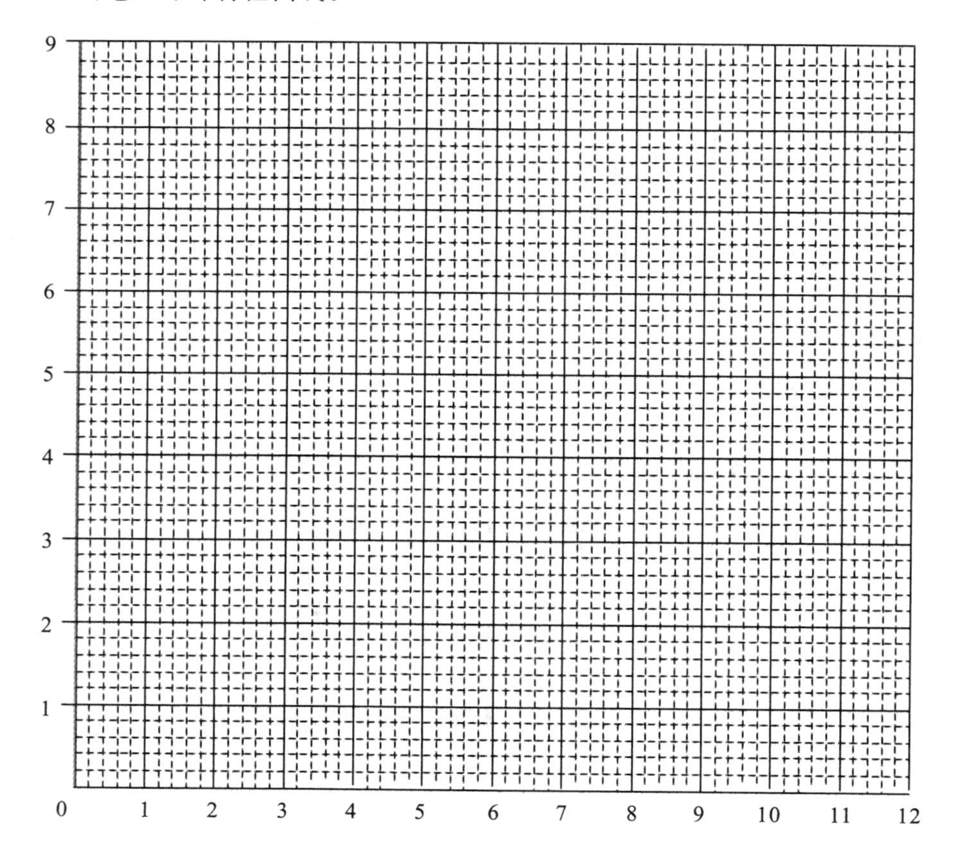

（4）结论。

2. 验证戴维南定理

（1）画出测量只含独立电源的线性网络外特性电路图。

（2）记录只含独立电源的线性网络外特性测量数据。

R_L/Ω	1000	800	600	400	200	100
U/V						
$I_L=U/R_L/(mA)$						

（3）测量只含独立电源的线性网络等效参数 $U_{oc}=$＿＿＿＿＿＿和 $R_i=$＿＿＿＿＿＿。

（4）画出测量等效电源外特性电路图。

（5）记录等效电源外特性测量数据。

R_L/Ω	1000	800	600	400	200	100
U/V						
$I_L=U/R_L/(mA)$						

（6）线性网络电源外特性与等效电源外特性曲线。

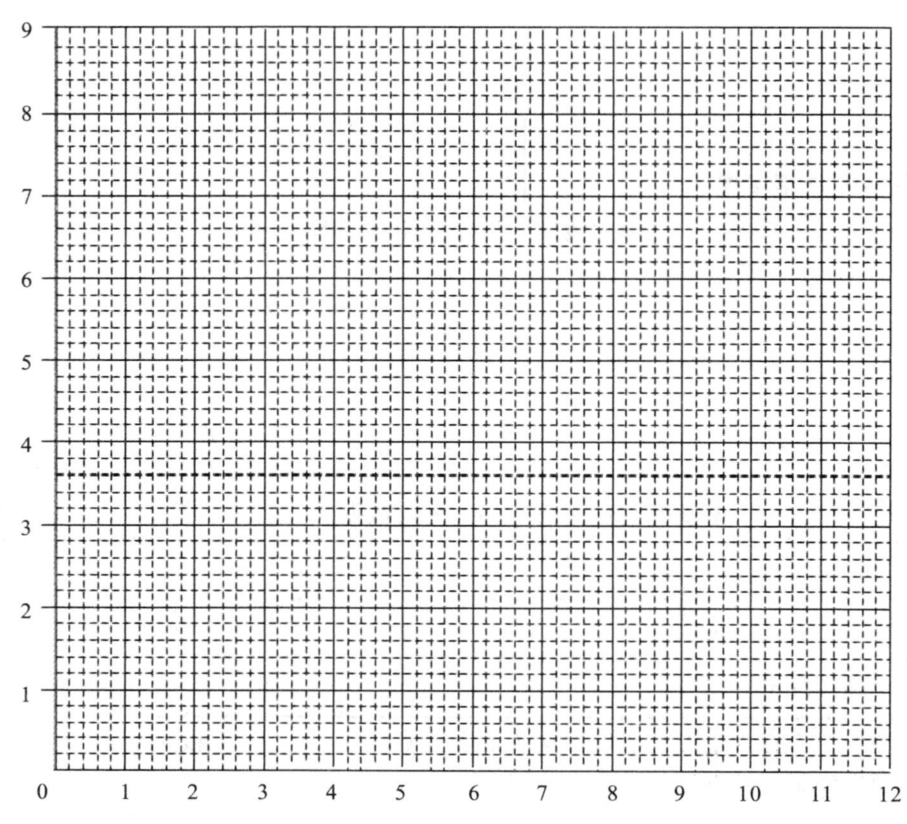

（7）结论。

五、思考题

（1）利用负载电阻 R_L 等于等效内阻 R_i 时，电源电压平均分配在 R_L 和 R_i 上的规律，提出测量 R_i 的方案。

（2）测量二端网络的开路电压U_{oc}和短路电流I_{sc}，由$R_i=U_{oc}/I_{sc}$计算R_i的方法有什么使用条件？

六、附原始实验数据

参 考 文 献

[1] 程增熙，等. 电路、信号与系统实验. 修订版. 西安：西安电子科技大学出版社，1998
[2] 张永瑞，等. 电路分析基础. 3 版. 西安：西安电子科技大学出版社，2006
[3] 吴大正，等. 信号与线性系统分析. 4 版. 北京：高等教育出版社，2005
[4] 陈同占，等. 电路基础实验. 北京：清华大学出版社，2003
[5] 黄大刚，等. 电路基础实验. 北京：清华大学出版社，2008
[6] 汤全武，等. 信号与系统实验. 北京：高等教育出版社，2008
[7] 张钰，等. 信号与系统实验. 北京：科学出版社，2012
[8] 徐云，等. 电路实验与测量. 北京：清华大学出版社，2008
[9] 王久和，等. 电工电子实验教程. 修订版. 北京：电子工业出版社，2008
[10] 李振声，等. 电工电子实验教程. 北京：科学出版社，2010
[11] 孟涛. 电工电子 EDA 实践教程. 北京：机械工业出版社，2012
[12] 侯守军. 电子技术实验与实训. 北京：国防工业出版社，2009
[13] 高瑞平，等. 电工电子实训基础. 上海：同济大学出版社，2009
[14] 严俊，等. 信号与系统：实验·设计·仿真. 成都：电子科技大学出版社，2008